高等学校电子信息类系列教材

地理信息系统及 3S 空间信息技术

韦 娟 主编

U0378632

西安电子科技大学出版社

内 容 简 介

　　本书共七章，主要内容包括地理信息系统的基本概念、基础理论，空间数据结构和空间数据库，空间数据采集与处理，空间分析方法及产品输出，地理信息系统的开发与应用，全球定位系统，3S空间信息技术及GIS新技术等。

　　本书可作为空间信息与数字技术专业本科生专业基础课教材或相关专业研究生的参考书，亦可供有关科研和产业部门的技术人员参考。

　　★ 本书配有电子教案，需要者可登录出版社网站，免费下载。

图书在版编目(CIP)数据

地理信息系统及 3S 空间信息技术/韦娟主编. 一西安：西安电子科技大学出版社，2010.9(2022.8 重印)
ISBN 978 - 7 - 5606 - 2464 - 8

Ⅰ. ① 地… 　Ⅱ. ① 韦… 　Ⅲ. ① 地理信息系统-高等学校-教材 　② 遥感技术-高等学校-教材 　③ 全球定位系统(GPS)-高等学校-教材 　Ⅳ. ① P2 　② TP79

中国版本图书馆 CIP 数据核字(2010)第 138859 号

责任编辑 李亚利 云立实 李惠萍
出版发行 西安电子科技大学出版社(西安市太白南路 2 号)
电　　话 (029)88202421 88201467 　邮　　编 710071
网　　址 www.xduph.com 　　电子邮箱 xdupfxb001@163.com
经　　销 新华书店
印刷单位 西安日报社印务中心
版　　次 2010 年 9 月第 1 版 　2022 年 8 月第 3 次印刷
开　　本 787 毫米×1092 毫米 　1/16 印张 12.5
字　　数 292 千字
印　　数 3401～3900 册
定　　价 28.00 元
ISBN 978 - 7 - 5606 - 2464 - 8/P

XDUP 2756001 - 3

前　言

　　空间信息与数字技术是为适应我国现代化对空间信息科学与技术专业人才的迫切需要而创设的新专业。地理信息系统是该专业的一门专业基础课。

　　地理信息系统是随着计算机技术的迅速发展，在原有学科交叉处派生出来的一门新兴边缘学科。它是用来处理和分析空间数据的一门综合性信息技术，涉及计算机科学技术、信息和管理学、地学、空间科学及测量学等学科。要使该专业的学生只通过这一门课程对空间信息科学有一个基本、全面的了解，是有较大难度的。这对本书的编者提出了较高的要求：既要介绍清楚地理信息系统的基本原理、结构、应用，又要结合信息技术，以最新的 GIS 技术为基础，融合GPS、RS 等技术。

　　本书系统全面地讲述了地理信息系统的原理、结构、关键的技术方法、发展现状和动态，并结合当前地理信息系统应用热点，讲述了 3S 技术及 GIS 在其他领域的应用。全书共分 7 章，主要内容包括 GIS 的基本概念和涉及的基础理论、空间数据结构和空间数据库、空间数据采集与处理、空间分析方法及产品输出、GPS、3S 集成及 GIS 新技术等。

　　参加本书编写工作的有西安石油大学的韦敏和西北工业大学的宁方立。本书由韦娟任主编。

　　在本书编写过程中，参阅了大量的文献和资料，除了书末列出的参考书目外，还有些图片和资料来自杂志或网络。在此，编者向原作者们表示真诚的谢意。

　　由于作者水平所限，书中不当之处在所难免，恳请广大读者批评指正。

　　本书获得西安电子科技大学教材建设基金资助。

编　者

2010 年 4 月

目　录

第 1 章 绪 论

20世纪90年代以来，人类社会正从工业经济时代迈向知识经济时代，一场以信息技术为核心的革命正在深刻改变着人类生活与社会的面貌，作为全球信息化浪潮重要组成部分的地理信息系统的建设与应用，日益引起科技界、企业界和政府部门的广泛关注。地理信息系统、遥感技术和全球定位系统三者有机结合，构成了科学地理学日臻完善的技术体系，引起世界各国普遍重视。地理信息系统是管理和分析空间数据的科学技术，它及时而又准确地向地学工作者以及各级管理和生产部门提供有关区域综合、方案优选、战略决策等方面可靠的地理或空间信息，这就是地理信息系统的主要职能。

1.1 地理信息系统的基本概念

1.1.1 信息、地理信息

1. 信息和数据

信息(Information)是用文字、数字、符号、语言、图像等介质来表示的事件、事物、现象等的内容、数量或特征，向人们(或系统)提供关于现实世界新的事实和知识，作为生产、建设、经营、管理、分析和决策的依据。信息具有客观性、适用性、可传输性和共享性等特征。信息来源于数据(Data)。数据是一种未经加工的原始资料。数字、文字、符号、图像等都是数据。数据是客观对象的表示，而信息则是数据内涵的意义，是数据的内容和解释。例如，从实地或社会调查数据中可获取到各种专门信息；从测量数据中可以抽取出地面目标或物体的形状、大小和位置等信息；从遥感图像数据中可以提取出各种地物的图形大小和专题信息。

2. 地理信息

地理信息是有关地理实体的性质、特征和运动状态的表征及一切有用的相关知识，它是对表达地理特征与地理现象之间关系的地理数据的解释，而地理数据则是各种地理特征和现象间关系的符号化表示，包括了空间位置数据、属性特征数据(简称属性数据)及时间特征数据三部分。空间位置数据描述地物所在位置，这种位置既可以根据大地参照系定义，如大地经纬度坐标，也可以定义为地物间的相对位置关系，如空间上的相邻、包含等。属性特征数据有时又称非空间数据，属于一定地物，描述其特征的定性或定量指标。时间特征数据是指地理数据采集或地理现象发生的时刻/时段。时间特征数据对环境模拟分析非常重要，正受到地理信息系统学界越来越多的重视。空间位置、属性及时间是地理空间分析的三大基本要素。

3. 地理信息的特征

地理信息除了具有信息的一般特性，还具有以下独特特性：

（1）空间特征：地理信息具有空间特征，属于空间信息，其数据是与确定的空间位置联系在一起的，这是地理信息区别于其他类型信息的一个最显著的标志。地理信息的这种特征是通过统一的地理定位基础来实现的，即按照经纬网或公里网建立的地理坐标来实现空间位置的确定，并可以按照指定的区域进行信息的合并或分割。

（2）属性特征：地理信息既有空间特征，又有属性特征，通常在二维空间定位的基础上，按专题来表达多维即多层次的属性信息，给对地理环境中的岩石圈、大气圈、水圈、生物圈及其内部的复杂交互作用进行综合性的研究提供了可能性，为地理环境多层次属性数据的分析提供了方便。

（3）时间特征：地理信息具有时间特征，通常可按照时间的尺度来区分地理信息，超短期的如台风、森林火灾等，短期的如江河洪水、作物长势等，中期的如水土流失、城市化等，超长期的如火山活动、地壳变形等。地理信息的这种动态变化的特征，要求在地理信息的应用中重视自然历史过程的动态变化，及时获取定期更新地理数据，对未来进行预测预报，以免因为使用过时的信息造成决策的失误，或者因缺乏可靠的动态数据而不能对变化中的地理事件或现象做出合理的预测预报和科学论证。因此，要研究地理信息，首先必须把握地理信息的这种区域性的、多层次的和动态变化的特征，然后才能选择正确的手段，实现地理环境的综合分析、管理、规划和决策。

1.1.2　信息系统

1. 信息系统的基本组成

信息系统是具有采集、管理、分析和表达数据能力的系统。在计算机时代，信息系统都部分或全部由计算机系统支持，并由计算机硬件、软件、数据和用户四大要素组成。另外，智能化的信息系统还包括知识。

计算机硬件包括各类计算机处理及终端设备；软件是支持数据信息的采集、存储加工、再现和回答用户问题的计算机程序系统；数据则是系统分析与处理的对象，构成系统的应用基础；用户是信息系统所服务的对象。

2. 信息系统的类型

根据系统所执行的任务，信息系统可分为事务处理系统（Transaction Process System）和决策支持系统（Decision Support System）。事务处理系统强调的是数据的记录和操作，民航订票系统是其典型示例之一。决策支持系统是用以获得辅助决策方案的交互式计算机系统，一般由语言系统、知识系统和问题处理系统共同构成。

1.1.3　地理信息系统

地理信息系统（Geographic Information System 或 Geo-Information System，GIS）有时又称为"地学信息系统"或"资源与环境信息系统"。它是一种特定的十分重要的空间信息系统。它是在计算机硬、软件系统支持下，对整个或部分地球表层（包括大气层）空间中的有关地理分布数据进行采集、储存、管理、运算、分析、显示和描述的技术系统。地理信息系统处理、管理的对象是多种地理空间实体数据及其关系，包括空间定位数据、图形数据、遥感图像数据、属性数据等，用于分析和处理在一定地理区域内分布的各种现象和过程，解决复杂的规划、决策和管理问题。

通过上述的分析和定义可提出 GIS 的如下基本概念：

（1）GIS 的物理外壳是计算机化的技术系统，它又由若干个相互关联的子系统构成，如数据采集子系统、数据管理子系统、数据处理和分析子系统、图像处理子系统、数据产品输出子系统等，这些子系统的优劣、结构直接影响着 GIS 的硬件平台、功能、效率、数据处理的方式和产品输出的类型。

（2）GIS 的操作对象是空间数据，即点、线、面、体这类有三维要素的地理实体。空间数据的最根本特点是每一个数据都按统一的地理坐标进行编码，实现对其定位、定性和定量的描述，这是 GIS 区别于其他类型信息系统的根本标志，也是其技术难点之所在。

（3）GIS 的技术优势在于它的数据综合、模拟与分析评价能力，可以得到常规方法或普通信息系统难以得到的重要信息，实现地理空间过程演化的模拟和预测。

（4）GIS 与测绘学和地理学有着密切的关系。大地测量、工程测量、矿山测量、地籍测量、航空摄影测量和遥感技术为 GIS 中的空间实体提供各种不同比例尺和精度的定位数；电子速测仪、GPS 全球定位技术、解析或数字摄影测量工作站、遥感图像处理系统等现代测绘技术的使用，可直接、快速和自动地获取空间目标的数字信息产品，为 GIS 提供丰富和更为实时的信息源，并促使 GIS 向更高层次发展。地理学是 GIS 的理论依托。有的学者断言："地理信息系统和信息地理学是地理科学第二次革命的主要工具和手段。如果说 GIS 的兴起和发展是地理科学信息革命的一把钥匙，那么，信息地理学的兴起和发展将是打开地理科学信息革命的一扇大门，必将为地理科学的发展和提高开辟一个崭新的天地。"GIS 被誉为地学的第三代语言——用数字形式来描述空间实体。

GIS 根据其研究范围可分为全球性信息系统和区域性信息系统；根据其研究内容可分为综合信息系统与专题信息系统。将同级的各种专业应用系统集中起来，可以构成相应地域同级的区域综合系统。在规划、建立应用系统时应统一规划这两种系统的发展，以减小重复浪费，提高数据共享程度和实用性。根据其使用的数据模型，GIS 还可分为矢量、栅格和混合信息系统。

1.1.4 地理信息系统与一般信息系统的比较

从数据源的角度来看，图形和图像数据是地理信息系统数据的一个主要来源，分析处理的结果也常用图形的方式来表示。而一般的信息系统，则多以统计数据、表格数据为主。这一点也使地理信息系统在硬件和软件上与一般的管理信息系统有所区别。

1. 两者的区别

地理信息系统和一般信息系统的区别如下：

（1）在硬件上，为了处理图形和图像数据，系统需要配置专门的输入和输出设备，如数字化仪、绘图机、图形图像的显示设备等；许多野外实地采集和台站观测得到的资源信息是模拟量形式的，系统还需要配置模—数转换设备，这些设备往往超过中央处理机的价格，体积也比较大。

（2）在软件上，要求研制专门的图形和图像数据的分析算法和处理软件，这些算法和软件又直接和数据的结构及数据库的管理方法有关。

（3）在信息处理的内容和采用目的方面，一般的信息系统主要是查询检索和统计分析，处理的结果大多是制成某种规定格式的表格数据；而地理信息系统除了基本的信息检索和统计分析外，主要用于分析研究资源的合理开发利用，制定区域发展规划及地区的综合治理方案，对环境进行动态的监视和预测预报，为国民经济建设中的决策提供科学依据，为生产实践提供信息和指导。

由于地理信息系统是一个复杂的自然和社会的综合体，所以信息的处理必然是多因素的综合分析。系统分析是基本的方法，例如，研究某种地理信息系统中各组成部分间的相互关系，利用统计数据建立系统的数学模型，根据给定的目标函数，进行数学规划，寻求最优方案，使该系统的经济效益为最佳；或者分析系统中各部分之间的反馈联系，建立系统的结构模型，采用系统动力学的方法，进行动态分析，研究系统状态的变化和预测发展趋势等。计算机仿真是一种有效而经济的分析方法，便于分析各种因素的影响和进行方案的比较，在自然环境和社会经济的许多应用研究中常被采用。此外，地理信息系统还有分析量算的功能，如计算面积、长度、密度、分布特征等以及地理实体之间的关系运算。

2. 两者的共同之处

地理信息系统和一般的信息系统也有许多共同之处。两者都是以计算机为核心的信息处理系统，都具有数据量大和数据之间关系复杂的特点，也都随着数据库技术的发展在不断地改进和完善。比较起来，商用的信息系统发展快，用户数量大，而且已有定型的软件产品可供选用，这也促进了软件系统的标准化。地理信息系统，由于上述一些特点，多是根据具体的应用要求专门设计，数据格式和组织管理方法各不相同。目前国外已有几百个空间数据处理系统和软件包，几乎没有两个系统是一样的。尽管大家都认为标准化是很重要的，也作了许多努力（例如建立计算机制图的标准和规范），但分析的算法和软件系统还谈不上标准化的问题。事实上，地理信息系统正作为一种空间信息的处理系统，成为一个单独的研究和发展领域。

1.2　地理信息系统的构成

完整的 GIS 主要由四个部分构成，即计算机硬件系统、计算机软件系统、空间数据库，以及系统管理和操作人员，其核心部分是计算机软/硬件系统。空间数据库反映了 GIS 的地理内容，而管理和操作人员（即用户）则决定系统的工作方式和信息表示方式。地理信息系统的组成如图 1-1 所示。

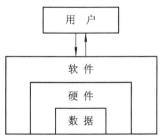

图 1-1　地理信息系统的组成

1.2.1　计算机硬件系统

计算机硬件是计算机系统中实际物理装置的总称,可以是电子的、电的、磁的、机械的、光的元件或装置,是 GIS 的物理外壳。系统的规模、精度、速度、功能、形式、使用方法甚至软件都与硬件有极大的关系,受硬件指标的支持或制约。GIS 由于其任务的复杂性和特殊性,必须由计算机设备支持。GIS 硬件配置一般包括四个部分,见图 1-2。

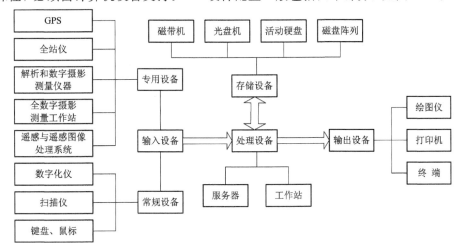

图 1-2　GIS 硬件的组成

（1）计算机主机：硬件系统的核心,包括从主机服务器到桌面工作站,用作数据的处理、管理与计算；

（2）数据输入设备：数字化仪、扫描仪、手写笔、光笔、键盘、鼠标、通信端口等；

（3）数据存储设备：磁带机、光盘机、活动硬盘、磁盘阵列等；

（4）数据输出设备：绘图仪、打印机、终端等。

1.2.2　计算机软件系统

GIS 软件是系统的核心,用于执行 GIS 功能的各种操作,包括数据输入、处理、数据库管理、空间分析和图形用户界面等,如图 1-3 所示。

图 1-3　计算机软件系统的层次

1. 计算机系统软件

计算机系统软件主要指计算机操作系统(MS-DOS，UNIX，Windows 等)，它关系到 GIS 软件和开发语言使用的有效性，因此，也是 GIS 软硬件环境的重要组成部分。

2. 地理信息系统专业软件

GIS 专业软件一般指具有丰富功能的通用 GIS 软件，它包含了处理地理信息的各种高级功能，可作为其他应用系统的平台，其代表产品有 ArcInfo、MapInfo、MapGIS、GeoStar 等。

GIS 专业软件一般都包括以下主要核心模块：

(1) 数据输入和编辑。支持手扶跟踪数字化、图形扫描及矢量化，以及对图形和属性数据提供修改和更新等编辑操作。

(2) 空间数据管理。能对大型的、分布式的、多用户数据库进行有效的存储、检索和管理。

(3) 数据处理和分析。能转换各种标准的矢量格式和栅格格式数据，完成地图投影转换，支持各类空间分析功能等。

(4) 数据输出。提供地图制作、报表生成、符号生成、汉字生成和图像显示等。

(5) 用户界面。提供生产图形用户界面工具，使用户不用编程就能制作友好和美观的图形用户界面。

(6) 系统二次开发能力。利用提供的应用开发语言，可编写各种复杂的地理信息系统应用系统。

3. 数据库软件

数据库软件除了在地理信息系统专业软件中用于支持复杂空间数据的管理软件以外，还包括服务于以非空间属性数据为主的数据库系统，这类软件有 Oracle、SQL Server 等。这些也是地理信息系统软件的重要组成部分，而且由于这类数据库软件具有快速检索、满足多用户并发和数据保障等功能，目前已实现在现成的关系型商业数据库中存储 GIS 的空间数据，例如 SDE 就是很好的解决方案。

1.2.3 空间数据

空间数据是地理信息的载体，是地理信息系统的操作对象，它具体描述地理实体的空间特征、属性特征和时间特征。空间特征是指地理实体的空间位置及其相互关系；属性特征表示地理实体的名称、类型和数量等；时间特征指实体随时间而发生的相关变化。根据地理实体的空间图形表示形式，可将空间数据抽象为点、线、面三类元素，它们的数据表达可以采用矢量和栅格两种组织形式，分别称为矢量数据结构和栅格数据结构。

在地理信息系统中，空间数据是以结构化的形式存储在计算机中的，称为地理空间数据库。数据库由数据库实体和数据库管理系统组成。数据库实体存储有许多数据文件和文件中的大量数据，而数据库管理系统主要用于对数据的统一管理，包括查询、检索、增删、修改和维护等功能。

地理数据库存储的数据包含空间数据、属性数据和时态数据等。由于具有独特的存储空间数据的功能，所以地理数据库也称为空间数据库。

1.2.4　系统开发、管理和使用人员

人是 GIS 中的重要构成因素。地理信息系统从其设计、建立、运行到维护的整个生命周期，处处都离不开人的作用。仅有系统软/硬件和数据还构不成完整的地理信息系统，还需要人进行系统组织、管理、维护和数据更新、系统扩充完善、应用程序开发，并灵活采用地理分析模型提取多种信息，为研究和决策服务。

1.3　地理信息系统的功能与应用

由计算机技术与空间数据相结合而产生的地理信息系统这一高新技术，包含了处理信息的各种高级功能，但是它的基本功能是数据的采集、管理、处理、分析和输出。地理信息系统依托这些基本功能，通过利用空间分析技术、模型分析技术、网络技术、数据库和数据集成技术、二次开发环境等，演绎出丰富多彩的系统应用功能，满足社会和用户的广泛需求。

1.3.1　基本功能

1. 数据采集与输入

数据的采集与输入是地理信息系统基本功能的源泉，主要用于获取数据，保证地理信息系统数据库中的数据在内容与空间上的完整性、数值逻辑一致性与正确性等。一般而论，地理信息系统数据库的建设占整个系统建设投资的 70% 或更多，并且这种比例在近期内不会有明显的改变。因此，信息共享与自动化数据输入成为地理信息系统研究的重要内容。目前可用于地理信息系统数据采集的方法与技术很多，有些仅用于地理信息系统，如手扶跟踪数字化仪。自动化扫描输入与遥感数据集成最为人们所关注。

2. 数据编辑与处理

由采集和输入得到的源数据比较粗糙，因而需进行数据的编辑、接边、分层、图形与属性连接、加注记等处理。数据处理是地理信息系统的基础功能之一。数据处理的任务和操作内容有以下几种。

（1）数据变换：指将数据从一种数学状态转换为另一种数学状态，包括投影变换、辐射纠正、比例尺缩放、误差改正和处理等。

（2）数据重构：指将数据从一种几何形态转换为另一种几何形态，包括数据拼接、数据截取、数据压缩、结构转换等。

（3）数据抽取：指对数据从全集合到子集的条件提取，包括类型选择、窗口提取、布尔提取和空间内插等。

3. 数据存储与管理

数据库是数据存储与管理的最新技术，是一种先进的软件工程。地理信息系统数据库是区域内一定地理要素特征以一定的组织方式存储在一起的相关数据的集合。由于地理信

息系统数据库具有数据量大，空间数据与属性数据具有不可分割的联系，以及空间数据之间具有显著的拓扑结构等特点，因此地理信息系统数据库管理功能除了与属性数据有关的DBMS功能之外，对空间数据的管理技术主要包括：空间数据库的定义、数据访问和提取、从空间位置检索空间物体及其属性、从属性条件检索空间物体及其位置、开窗和接边操作、数据更新和维护等。

4. 空间分析

空间分析功能是地理信息系统的一个独立研究领域，它的主要特点是帮助确定地理要素之间新的空间关系，它不仅已成为区别于其他类型系统的一个重要标志，而且为用户提供了灵活解决各类专门问题的有效工具。

（1）叠加分析：通过将同一地区两个不同图层的特征相叠加，不仅建立新的空间特征，而且能将输入的特征属性予以合并，易于进行多条件的查询检索、地图裁剪、地图更新和应用模型分析等。

（2）缓冲区分析：研究根据数据库的点、线、面实体，自动建立各种类型要素的缓冲多边形，用以确定不同地理要素的空间接近度或邻近性。它是地理信息系统重要的和基本的空间分析功能之一。例如规划建设一个开发区，需要通知一定范围内的居民动迁；在林业规划中，需要按照距河流一定纵深范围来确定森林砍伐区，以防止水土流失等。

（3）数字地形分析：地理信息系统提供了构造数字高程模型及有关地形分析的功能模块，包括坡度、坡向、地表粗糙度、山谷线、山脊线、日照强度、库容量、表面积、立体图、剖面图和通视分析等，为地学研究、工程设计和辅助决策提供重要的基础性数据。

5. 数据显示与输出

将用户查询的结果或数据分析的结果以合适的形式输出是 GIS 问题求解过程的最后一道工序。GIS 为用户提供了许多用于地理数据表现的工具，其形式通常有两种：在计算机屏幕上显示或通过绘图仪输出。对于一些对输出精度要求较高的应用领域，高质量的输出功能对 GIS 是必不可少的，这方面的技术主要包括数据校正、编辑、图形整饰、误差消除、坐标变换、出版印刷等，输出的也可以是诸如报告、表格、地图等硬拷贝图件。

1.3.2 地理信息系统的应用

地理信息系统的综合特性，决定了它具有广泛的用途。目前，地理信息系统的应用遍及环境、资源、石油、电力、地籍、公安、急救、市政管理、城市规划、经济咨询、灾害损失预测、投资评价、政府管理和军事等众多领域。地理信息系统在各方面的应用主要通过系统中的各种数学模型、多要素空间数据库及应用软件来实现。

1. 资源管理

资源清查、管理和分析是地理信息系统最基本的职能，包括森林和矿产资源的管理、野生动植物的保护、土地资源利用评价，以及水资源的时空分布特征研究等。地理信息系统的主要任务是将各种来源的数据汇集在一起，并通过系统的统计和覆盖分析功能，按多种边界和属性条件，提供区域多种条件组合形式的资源统计和进行原始数据的快速再现，为资源的合理开发利用和规划决策提供依据。

2. 区域与城乡规划

区域与城乡规划中要处理许多不同性质和不同特点的问题，它涉及资源、环境、人口、交通、经济、教育、文化和金融等多个地理变量和大量数据。地理信息系统的数据库管理有利于将这些数据信息归并到统一系统中，最后进行城市与区域多目标的开发和规划，包括城镇总体规划、城市建设用地适宜性评价、环境质量评价、道路交通规划、公共设施配置，以及城市环境的动态监测等。地理信息系统为这些规划功能的实现提供了强有力的工具。例如，规划人员利用地理信息系统对交通流量、土地利用和人口数据进行分析，预测将来的道路等级；工程人员利用地理信息系统将地质、水文和人文数据结合起来，进行路线和构造设计；地理信息系统软件帮助政府部门完成总体规划、分区，现有土地利用、分区一致性，空地、开发区和设施位置等分析工作，是实现区域规划科学化和满足城市发展的重要保证。

3. 灾害监测和预防

利用地理信息系统，借助遥感遥测的数据，可以有效地进行森林火灾的预测预报、洪水灾情监测和洪水淹没损失的估算，为救灾抢险和防洪决策提供及时准确的信息。例如，黄河三角洲地区的防洪减灾研究表明，在地理信息系统支持下，通过建立大比例尺数字地形模型和获取有关的空间和属性数据，利用地理信息系统的叠加分析等功能，可以计算出若干个泄洪区域内被淹没的土地利用类型及其面积，比较不同泄洪区内房屋和财产损失等，以确定泄洪区内人员撤退、财产转移和救灾物资供应的最佳路线，保证以最快的速度有效应付突发事件。

4. 环境评估

利用 GIS 技术建立城市环境监测、分析及预报信息系统；为实现环境监测与管理的科学化、自动化提供最基本的条件；在区域环境质量现状评价过程中，利用地理信息系统技术的辅助，实现对整个区域的环境质量进行客观、全面的评价，以反映出区域中受污染的程度以及空间分布状态；在野生动植物保护中，世界野生动物基金会采用地理信息系统空间分析功能，帮助世界最大的猫科动物改变它目前濒于灭种的境地。以上种种都取得了很好的应用效果。

5. 作战指挥

现代战争的一个基本特点就是"3S"技术被广泛地应用到从战略构思到战术安排的各个环节。它往往在一定程度上决定了战争的成败。如海湾战争期间，美国国防制图局为战争的需要在工作站上建立了地理信息系统与遥感的集成系统，它能用自动影像匹配和自动目标识别技术，处理卫星和高空侦察机实时获得的战场数字影像，及时地将反映战场现状的正射影像叠加到数字地图上，数据直接传送到海湾前线指挥部和五角大楼，为军事决策提供 24 小时的实时服务。

6. 宏观决策

地理信息系统利用拥有的数据库和因特网传输技术，通过一系列决策模型的构建和比较分析，为国家宏观决策提供依据。例如系统支持下的土地承载力的研究，可以解决土地资源与人口容量的规划。我国在三峡地区研究中，通过利用地理信息系统和机助制图的方法，建立环境监测系统，为三峡宏观决策提供了建库前后环境变化的数量、速度和演变趋势等可靠的数据。

总之,地理信息系统正越来越成为国民经济各有关领域必不可少的应用工具,相信它的不断成熟与完善将为社会的进步与发展做出更大的贡献。

1.4　地理信息系统的研究内容及相关学科

1.4.1　地理信息系统的研究内容

地理信息系统是在地理学研究和生产实践的需求中产生的。地理信息系统的应用使技术系统不断完善,并逐渐发展了地理信息系统的理论;理论研究又指导开发新一代高效地理信息系统,并不断拓宽其应用领域,加深应用的深度;地理信息系统的应用,又对理论研究和技术方法提出了更高的要求。这三个方面的研究内容是相互联系、相互促进的。地理信息系统研究的内容主要有三个方面,如图 1-4 所示。

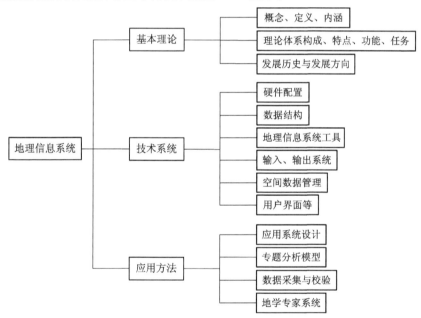

图 1-4　地理信息系统内容体系

1. 地理信息系统基本理论研究

地理信息系统基本理论研究包括:研究地理信息系统的概念、定义和内涵;地理信息系统的信息论研究;建立地理信息系统的理论体系;研究地理信息系统的构成、功能、特点和任务;总结地理信息系统的发展历史,探讨地理信息系统发展方向等理论问题。

2. 地理信息系统技术系统设计

地理信息系统技术系统设计包括:地理信息系统硬件设计与配置;地理空间数据结构及表示;输入与输出系统;空间数据库管理系统;用户界面与用户工具设计;地理信息系统工具软件研制;微机地理信息系统的开发;网络地理信息系统的研制等。

3. 地理信息系统应用方法研究

地理信息系统应用方法研究包括：应用系统设计和实现方法；数据采集与校验；空间分析函数与专题分析模型；地理信息系统与遥感技术结合方法；地学专家系统研究等。

总之，地理信息系统的内容主要包括：有关的计算机软/硬件；空间数据的获取及计算机输入；空间数据模型及数字表达；数据的数据库存储及处理；数据的共享、分析与应用；数据的显示与视觉化；地理信息系统的网络化等。

1.4.2　地理信息系统的相关学科

地理信息系统是 20 世纪 60 年代开始迅速发展起来的地理学研究的新技术，是集地理学、地图学、计算机科学、测绘遥感学、环境科学、城市科学、空间科学、地球科学、信息科学和管理科学等为一体的多学科新兴边缘学科。作为传统科学与现代技术相结合的产物，地理信息系统研究计算机技术与空间地理分布数据的结合，通过一系列空间操作和分析，为地球科学、环境科学和工程设计，乃至国民经济的发展、城市建设及企业经营提供对规划管理和决策有用的信息，并回答用户提出的有关问题。而这些学科的发展都不同程度地提供了一些构成地理信息系统的技术与方法。为了更好地掌握并深刻理解地理信息系统，有必要认识和理解与地理信息系统相关的学科。

地理学是一门研究人类生活空间的学科，地理学研究空间分析的传统历史悠久，它为GIS 提供了一些空间分析的方法与观点，成为 GIS 部分理论的依托。地理学的许多分支学科，如地图学、大地测量学等都与 GIS 有着密切的相依关系。另一方面，地理信息系统也以一种新的思想和新的技术手段解决地理学的问题，使地理学研究中的数学方法得到充分发挥。地理信息系统的相关学科见图 1-5。

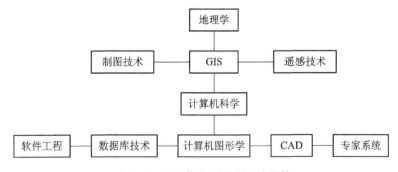

图 1-5　地理信息系统的相关学科

1. 地理学

地理学是一门研究人类赖以生存的空间的科学。在地理学研究中，空间分析的理论和方法具有悠久的历史，它为地理信息系统提供了有关空间分析的基本观点与方法，成为地理信息系统的基础理论依托。而地理信息系统的发展也为地理问题的解决提供了全新的技术手段，并使地理学研究的数学传统得到了充分发挥。

地理系统的内部及其外界，不仅存在着物质和能量的交流，还存在着信息交流，这种信息交流使得系统许多似不相关的形态各异的要素联系起来，共同作用于地理系统。而地理信息系统体现着一种信息联系，由系统建立者输入，而由机器存储的各种影像、地图和图表都包含了丰富的地理空间信息的数据，通过指针或索引等组织信息相关联；系统软件对空间数据编码解码和处理；用户对 GIS 发出指令，GIS 按约定的方式做出解释后，获得用户指令信息，调用系统内的数据提取相应的信息，从而对用户做出反应，这是信息按一定方式流动的过程。

由此可见，地理信息系统不仅要以信息的形式表达自然界实体之间物质与能量的流动，更为重要的是以最直接的方式反映了自然界的信息联系，并可以快速模拟这种联系发展的结果，达到地理预测的目的。

总之，自然界与人类存在着深刻的信息联系，地理学家所面对的是一个形体的、自然的地理世界，而感受到的却是一个地理信息世界。地理研究实际上是基于这个与真实世界并存而且在信息意义上等价的信息世界。GIS 以地理信息世界表达地理现实世界，可以真实、快速地模拟各种自然的过程和思维的过程，对地理研究和预测具有十分重要的作用。

2. 地图学

地图是记录地理信息的一种图形语言形式。从历史发展的角度来看，地理信息系统脱胎于地图，地图学理论与方法对地理信息系统的发展有着重要的影响。GIS 是地图信息的又一种新的载体形式，它具有存储、分析、显示和传输空间信息的功能，尤其是计算机制图为地图特征的数字表达、操作和显示提供了一系列方法，为地理信息系统的图形输出设计提供了技术支持；同时，地图仍是目前地理信息系统的重要数据来源之一。但 GIS 与地图二者又有本质区别：地图强调的是数据分析、符号化与显示，而地理信息系统更注重于信息分析。

地图是认识和分析研究客观世界的常用手段，尽管地图的表现形式发生了种种变化，但是依然可以认为构成地图的主要因素有三：地图图形、数学要素和辅助要素。地图图形是用地图符号所表示的制图区域内，各种自然和社会经济现象的分布、联系以及时间变化等的内容部分（又称地理要素），如江河山地、平原、土质植被、居民点、道路、行政界限或其他专题内容等，这是地图构成要素中的主体部分。数学要素是决定图形分布位置和几何精度的数学基础，是地图的"骨架"。其中包括地图投影及坐标网、比例尺、大地控制点等。辅助要素是为了便于读图与用图而设置的。如图例就是显示地图内容的各种符号的说明，还有图名、地图编制和出版单位、编图时间和所用编图资料的情况、出版年月等。有的地图上还有补充资料，用以补充和丰富地图的内容。如在图边或图廓内空白处，绘制一些补充地图或剖面图、统计图等。有时还有一些表格或某一方面的重点文字说明。

从地理信息系统的发展过程可以看出，地理信息系统的产生、发展与制图系统存在着密切的联系，两者的相通之处是基于空间数据库的表达、显示和处理。从系统构成与功能上看，一个地理信息系统具有机助制图系统的所有组成和功能，并且地理信息系统还有数据处理的功能。地图是一种图解图像，是根据地理思想对现实世界进行科学抽象和符号表示的一种地理模型，是地理思维的产物，也是实体世界地理信息的高效载体，地图可以从不同方面、不同专题，系统地记录和传输实体世界历史的、现在的和规划预测的地理景观信息。

3. 计算机科学

地理信息系统技术的创立和发展是与地理空间信息的表达、处理、分析和应用手段的不断发展分不开的。20 世纪 60 年代初，在计算机图形学的基础上出现了计算机化的数字地图。地理信息系统与计算机的数据库技术、计算机辅助设计（CAD）、计算机辅助制图（CAM）和计算机图形学（Computer Graphics）等有着密切的联系。但是它们都无法取代地理信息系统的作用。

数据库管理系统（Database Management System，DBMS）是操作和管理数据库的软件系统，提供可被多个应用程序和用户调用的软件系统，支持可被多个应用程序和用户调用的数据库的建立、更新、查询和维护功能。GIS 在数据管理上借鉴 DBMS 的理论和方法，非几何属性数据有时也采用通用 DBMS 或在其上开发的软件系统管理。对于空间地理数据的管理，通用的 DBMS 有两个明显的弱点：第一，缺乏空间实体定义能力。目前流行的网状结构、层次结构、关系结构等，都难以对空间结构全面、灵活、高效地加以描述。第二，缺乏空间关系查询能力。通用 DBMS 的查询主要是针对实体的查询，而 GIS 中则要求对实体的空间关系进行查询，如关于方位、距离、包容、相邻、相交和空间覆盖关系等，显然，通用 DBMS 难以实现对地理数据的空间查询和空间分析。数据是信息的载体，对数据进行解释可提取信息。通用数据库和地理数据库都是针对数据本身进行管理的，而 GIS 则在数据管理基础上，通过地理模型运算，产生有用的地理信息。取得信息的多少和质量，与地理模型的水平密切相关。

计算机图形学是利用计算机处理图形信息以及借助图形信息进行人—机通信处理的技术，是 GIS 算法设计的基础。GIS 是随着计算机图形学技术的发展而不断发展完善的，但是计算机图形学所处理的图形数据是不包含地理属性的纯几何图形，是地理空间数据的几何抽象，可以实现 GIS 底层的图形操作，但不能完成数据的地理模型分析和许多具有地理意义的数据处理，不能构成完整的 GIS。

计算机辅助设计（Computer-Aided Design，CAD）是指通过计算机辅助设计人员进行设计，以提高设计的自动化程度，节省人力和时间；而专门用于制图的计算机辅助制图（Computer-Aided Mapping），采用计算机进行几何图形的编辑和绘制。

GIS、CAD 和 CAM 的区别：

（1）CAD 不能建立地理坐标系和完成地理坐标变换。

（2）GIS 的数据量比 CAD、CAM 大得多，结构更为复杂，数据间联系紧密，这是因为 GIS 涉及的区域广泛，精度要求高，变化复杂，要素众多，相互关联，单一结构难以完整描述。

（3）CAD 和 CAM 不具备 GIS 具有地理意义的空间查询和分析功能。

4. 遥感

遥感是一种不通过直接接触目标物而获得其信息的新型探测技术。在 GIS 领域，它通常是指获取和处理地球表面的信息，尤其是自然资源与人文环境方面的信息，并最后反映在相片或数字影像上的技术。影像通常需要经过图像处理方可使用。图像处理包括各种可以对相片或数字影像进行处理的操作，这些操作包括影像压缩，影像存储，影像增强、处理以及量化影像模式识别等。目前，遥感已经成为环境研究中极有价值的工具，不同学科的专业人员不断地发现航空遥感不同数据在各领域内的潜在应用。遥感和图像处理技术被用于获取和处理地球表面有关的信息；GIS 的发展则源于对土地属性信息与相应几何表达的集成及空间分析的需求。从地理信息系统本身的角度出发，随着应用领域的开拓和深入，它首先要求存储大量的有关数据，通过不断地积累和延伸，从而具备反映自然历史过程和人为影响趋势的能力，揭示事物发展的内在规律。但是地理信息系统数据库几乎只是通过地图数字化建立起来的，用户不能接触到原始资料及其有关信息，而地理信息系统中的原始数据却是有效地模拟地球表面和控制误差传播的基础。其次，地理信息系统为了保持系统的动态性和现势性，它还要求及时地更新系统中的数据。目前地理信息系统中存储的信息只是现实世界的一个静态模型，需要定时或及时更新。遥感作为一种获取和更新空间数据的强有力手段，能及时地提供准确、综合和大范围内进行动态检测的各种资源与环境数据，因此遥感信息就成为地理信息系统十分重要的信息源。另一方面，GIS 中的数据可以作为遥感影像分析的一种辅助数据。在两者集成过程中，GIS 主要用于数据处理、操作和分析；而遥感则作为一种数据获取、维护与更新 GIS 中的数据的手段；此外，GIS 可用于基于知识的遥感影像分析。地理信息系统和遥感是两个相互独立发展起来的技术领域，随着它们应用领域的不断开拓和自身的不断发展，即由定性到定量、由静态到动态、由现状描述到预测预报的不断深入和提高，它们的结合也逐渐由低级向高级阶段发展。最早的结合工作包括把航空遥感相片经目视判读和处理后编制成各种类型的专题图，然后将它们数字化和输入地理信息系统。从上世纪 70 年代中后期开始，各种影像分析系统得到了迅速而广泛地发展。大量的遥感数据以及图像分析系统图像分类所形成的各类专题信息，可以直接输入地理信息系统，整个过程能在"全数字"的环境下进行。图像数据能够在生成编辑地图的屏幕上显示，标志着遥感和地理信息系统的结合进入了新的阶段。

　　遥感作为空间数据采集手段，已成为地理信息系统的主要信息源与数据更新途径。遥感图像处理系统包含若干复杂的解析函数，并有许多方法用于信息的增强与分类。另外，大地测量为地理信息系统提供了精确定位的控制系统，尤其是全球定位系统可快速、廉价地获得地表特征的位置信息。航空相片及其精确测量方法的应用使得摄影测量成为地理信息系统主要的地形数据来源。总之，遥感是地理信息系统的主要数据源与更新手段，同时，地理信息系统的应用又进一步支持遥感信息的综合开发与利用。

5. 管理科学

　　传统意义上的管理信息系统是以管理为目的，在计算机硬件和软件支持下具有存储、处理、管理和分析数据能力的信息系统，如人才管理信息系统、财务管理信息系统、服务业管理信息系统等。这类信息系统的最大特征是它处理的数据没有或者不包括空间特征。

　　另一类管理信息系统是以具有空间分析功能的地理信息系统为支持、以管理为目标的信息系统，它利用地理信息系统的各种功能实现对具有空间特征的要素进行处理分析以达到管理区域系统的目的，如城市交通管理信息系统、城市供水管理信息系统、节水农业管理信息系统等。

　　事实上，可以形象地把地理信息系统与其他学科的关系用一棵树来表示，如图 1 - 6 所示。

　　正如图 1 - 6 所述，"树根"表示 GIS 的技术基础，如测量学、计算机科学与数学等；"树枝"表示 GIS 的应用，应用的结果与需求返回到"树根"；"雨滴"是每个应用中的数据来源，包括各种测量如地形测量、环境测量等，并为它的发展提供了有效的手段。地理信息系统的应用主要是在环境科学、地理学和社会科学等领域。

图 1-6 GIS 学科"树"〔Charistopher. B. Jones〕

1.5 GIS 的发展概况

1.5.1 GIS 的国际发展状况

纵观 GIS 的发展,可将其分为以下几个阶段。

1. 地理信息系统的开拓期(20 世纪 60 年代)

在 20 世纪 50 年代末和 60 年代初计算机获得广泛应用以后,其很快就被应用于空间数据的存储和处理,计算机成为地图信息存储和计算处理的装置,很多地图被转换为能被计算机利用的数字形式,出现了地理信息系统的早期雏形。1963 年,加拿大测量学家 R. F. Tomlinson 首先提出了地理信息系统这一术语,并建立了世界上第一个实用的地理信息系统——加拿大地理信息系统(CGIS),用于自然资源的管理和规划。Tomlinson 被誉为地理信息系统之父。当时地理信息系统的特征是和计算机技术的发展水平联系在一起的,表现在计算机存储能力小，磁带存取速度慢；机助制图能力较强，地学分析功能比较简单，实现了手扶跟踪的数字化方法，可以完成地图数据的拓扑编辑及分幅数据的自动拼接，开创了格网单元的操作方法，发展了许多面向格网的系统。例如哈佛大学的 SYMAP 是最著名的例子。这些技术奠定了地理信息系统发展的基础。

这一时期，地理信息系统发展的另一显著标志是许多有关的组织和机构纷纷建立，例如 1966 年美国成立城市和区域信息系统协会（URISA），1969 年又建立州信息系统全国协会（NASIS）；国际地理联合会（IGU）于 1968 年设立了地理数据收集和处理委员会（CGDSP）。这些组织和机构的建立，对于传播地理信息系统的知识和发展地理信息系统的技术，起到了重要的指导作用。

2. 地理信息系统的巩固发展期（20 世纪 70 年代）

在 20 世纪 70 年代，计算机发展到第三代，随着计算机技术迅速发展，数据处理速度加快，内存容量增大，而且输入、输出设备比较齐全，大容量直接存取设备——磁盘的推出，为地理数据的录入、存储、检索、输出提供了强有力的手段，特别是人机对话和随机操作的应用，可以通过屏幕直接监视数字化的操作，而且制图分析的结果能很快看到，并可以进行实时的编辑。这时，由于计算机技术及其在自然资源和环境数据处理中的应用，促使地理信息系统迅速发展。例如 1970～1976 年，美国地质调查所就建成 50 多个信息系统，分别作为处理地理、地质和水资源等领域空间信息的工具。其他如加拿大、联邦德国、瑞典和日本等国也先后发展了自己的地理信息系统。

地理信息系统的发展，使一些商业公司开始活跃起来，地理信息系统软件开始形成市场，例如 Jack Dangermong 创立的 ESRI 公司开发的著名的 ArcInfo 软件。同时，软件管理问题也开始受到重视。例如，国际地理联合会（IGU）先后于 1975 年和 1976 年两次调查了与空间数据处理有关的计算机软件，并于 1980 年由美国地质调查局（USGS）出版了《空间数据处理计算机软件》三卷一套的报告，总结了 1979 年以前世界各国地理信息系统发展的概貌。与此同时，Duane F. Marble 等拟定了处理空间数据的计算机软件说明的标准格式，对全部软件进行了系统的分类，提出地理信息系统今后的发展应着重研究空间数据处理的算法、数据结构和数据库管理系统三个方面。

这一阶段还先后召开了一系列地理信息系统的国际学术讨论会，例如，IGU 于 1970 年在加拿大渥太华首次召开了第一次国际地理信息系统会议 GIS1970。1978 年，国际测量联盟（FIG）规定第三委员会的主要任务是研究地理信息系统，同年在联邦德国的达姆斯塔特工业大学召开了第一次地理信息系统讨论会等。这期间，许多大学（如美国的纽约州立大学布法罗校区等）开始注意培养地理信息系统方面的人才，创建了地理信息系统实验室。地理信息系统这一技术受到了政府部门、商业公司和大学的普遍重视，成为一个引人注目的领域。

3. 地理信息系统技术大发展时期（20 世纪 80 年代）

由于大规模和超大规模集成电路的问世，第四代计算机的推出，特别是微型计算机和远程通信传输设备的出现，对地理信息系统的技术提高起到了促进作用。在系统软件方面，完全面向数据管理的数据库管理系统（DBMS）通过操作系统（OS）管理数据，系统软件工具和应用软件工具得到研制，数据处理开始和数学模型、模拟等决策工具结合。先后开发出了 ArcInfo、Genamap、Microstation 和 System9 等地理信息系统基础软件。地理信息系统的应用领域迅速扩大，从资源管理、环境规划到应急反应，从商业服务区域划分到政治选举分区等，涉及到许多的学科与领域，如古人类学、景观生态规划、森林管理、土木工程以及计算机科学等。这时期，许多国家制定了本国的地理信息系统发展规划，启动了若干科研项目，建立了一些政府性、学术性机构，如美国于 1987 年成立了国家地理信息与分析中心（NCGIA），英国于 1987 年成立了地理信息协会。同时，商业性的咨询公司、软件制造商大量涌现，并提供系列专业化服务。地理信息系统不仅引起工业化国家，例如英国、法国、联邦德国、挪威、瑞典、荷兰、以色列、澳大利亚、苏联等国的普遍兴趣，而且不再受国家界线的限制，开始用于解决全球性的问题。

4. 地理信息系统的应用普及时代（20 世纪 90 年代起）

随着计算机的软硬件均得到飞速的发展，网络已进入千家万户，地理信息系统已成为许多机构必备的工作系统，尤其是政府决策部门在一定程度上由于受地理信息系统影响而改变了现有机构的运行方式、设置与工作计划等。另外，社会对地理信息系统的认识普遍提高，需求大幅度增加，从而导致地理信息系统应用的扩大与深化。国家级乃至全球性的地理信息系统已成为公众关注的问题，例如地理信息系统已列入美国政府制定的"信息高速公路"计划，美国前副总统戈尔提出的"数字地球"战略也包括地理信息系统。毫无疑问，地理信息系统将发展成为现代社会最基本的服务系统。

进入 21 世纪，地理信息系统正在开始走进千家万户，社会逐步进入地理信息系统应用的普及阶段。例如，地理信息系统与因特网结合，实现了人类对社会巨大资源的共享和利用，称为网络 GIS；地理信息系统与 GPS 和电信公司相结合，开创了基于移动位置服务（Location Based Service，LBS）的个体客户服务新时代，称为移动 GIS 等。

1.5.2　GIS 的国内发展状况

我国地理信息系统方面的工作自 20 世纪 80 年代初开始，以 1980 年中国科学院遥感应用研究所成立全国第一个地理信息系统研究室为标志。在几年的起步发展阶段中，我国地理信息系统在理论探索、硬件配制、软件研制、规范制订、区域试验研究、局部系统建立、初步应用试验和技术队伍培养等方面都取得了进步，积累了经验，为在全国范围内展开地理信息系统的研究和应用奠定了基础。

地理信息系统进入发展阶段的标志是从第七个五年计划（1986～1990 年）开始，地理信息系统研究作为政府行为，正式列入国家科技攻关计划，我国开始了有计划、有组织、有目标的科学研究、应用实验和工程建设工作。许多部门同时开展了地理信息系统研究与开发工作，如全国性地理信息系统（或数据库）实体建设、区域地理信息系统研究和建设、城市地理信息系统、地理信息系统基础软件或专题应用软件的研制和地理信息系统教育培训。通过近五年的努力，在地理信息系统技术上的应用开创了新的局面，并在全国性应用、区域管理、规划和决策中取得了实际的效益。

自上世纪 90 年代起，地理信息系统步入快速发展阶段。我国开始执行地理信息系统和遥感联合科技攻关计划，强调地理信息系统的实用化、集成化和工程化，力图使地理信息系统从初步发展时期的研究实验、局部应用走向实用化和生产化，为国民经济重大问题提供分析和决策依据。同时，我们应努力实现基础环境数据库的建设，推进国产软件系统的实用化、遥感和地理信息系统技术一体化。

总之，中国地理信息系统事业经过十几年的发展，取得了重大的进展。地理信息系统的研究和应用正逐步形成行业，具备了走向产业化的条件。

1.5.3　地理信息系统的发展动态

近年来地理信息系统技术发展迅速，其主要的原动力来自日益广泛的应用领域对地理信息系统不断提出的要求。另一方面，计算机科学的飞速发展为地理信息系统提供了先进的工具和手段，许多计算机领域的新技术，如面向对象技术、三维技术、图像处理和人工智能技术等，都可直接应用到地理信息系统中。

1. 地理信息系统存在的问题

1）数据结构方面

目前通用的 GIS 主要有矢量、栅格或两者相加的混合系统，即使是混合系统实际上也是将两类数据分开存储，需要执行不同的任务时取用不同的数据形式。

在矢量结构方面，其缺点是处理位置关系（包括相交、通过、包含等）相当费时，且缺乏与 DEM 和 RS 直接结合的能力。在栅格结构方面，存在着栅格数据分辨率低、精度差、难以建立地物间的拓扑关系，难以操作单个目标及栅格数据存储量大等问题。

2）面向对象技术研究

目前，大多数 GIS 软件的空间数据模型采用拓扑数据结构或关系数据模型。拓扑数据模型通常仅用于表达多边形与几何元素之间的关系，由于缺少目标标识和信息传播等工具，很难处理复杂地物。关系数据模型是将数据的逻辑结构归结为满足一定条件的二维表达式，由于关系模型要求关系表中不能包含另一个关系，这就使得不能用一个目标包含其他目标的方法去构造复杂目标。

面向对象方法为人们通过计算机直接描述现实世界提供了一条适合于人类思维模式的方法。面向对象技术在 GIS 中的应用，即面向对象的 GIS，已成为 GIS 的发展方向。这是因为空间信息较之传统数据库处理的一维信息更为复杂、繁琐，面向对象的方法为描述复杂的空间信息提供了一条直观、结构清晰、组织有序的方法，因而倍受重视。

面向对象的 GIS 较之传统的 GIS 有下列优点：

（1）所有的地物以对象形式封装，而不是以复杂的关系形式存储，使系统组织结构良好、清晰。

（2）以对象为基础，消除了分层的概念。

（3）面向对象的一般—特殊结构和整体—部分结构使 GIS 可以直接定义和处理复杂的地物类型。

（4）根据面向对象后期绑定（Late-binding）的思想，用户可以在现有抽象数据类型和空间操作箱上定义自己所需的数据类型和空间操作方法，增强系统的开发性和可扩充性。

（5）基于图标的面向对象的用户界面，便于用户操作和使用。面向对象的 GIS 也存在一些尚待进一步研究的问题：

① 复杂对象的操作仍受硬件条件的限制；

② 对象的独立性与粒度问题；

③ 矢量和栅格数据统一的、支持动态拓扑结构和复合对象表示的面向对象的数据结构问题。

3）时空系统

传统的地理信息系统只考虑地物的空间特性，忽略了其时间特性。在许多应用领域中，如环境检测、地震救援、天气预报等，空间对象是随时间变化的，而这种动态变化规律在求解过程中起着十分重要的作用。过去 GIS 忽略时态主要是受软硬件条件的限制，也有技术方面的原因。近年来，对 GIS 中时态特性的研究变得十分活跃，即所谓"时空系统"。通常把 GIS 的时间维分成处理时间维和有效时间维。处理时间又称数据库时间或系统时间，它指在 GIS 中处理发生的时间；有效时间亦称事件时间或实际时间，它指在实际应用领域事件出现的时间。时空系统主要研究时空模型，以及时空数据的表示、存储、操作、查询和时空分析。目前比较流行的做法是在现有数据模型基础上扩充，如在关系模型的元组中加入时间，在对象模型中引入时间属性。在这种扩充的基础上如何解决从表示到分析的一系列问题仍有待进一步研究。

4）三维地理信息系统的研究

三维 GIS 是许多应用领域对 GIS 的基本要求。目前的 GIS 大多提供了一些较为简单的三维显示和操作功能，但这与真三维表示和分析还有很大差距。真正的三维 GIS 必须支持真三维的矢量和栅格数据模型及以此为基础的三维空间数据库，解决三维空间操作和分析问题。三维 GIS 的主要研究方向包括：三维数据结构的研究（主要包括数据的有效存储、数据状态的表示和数据的可视化），三维数据的生成和管理，地理数据的三维显示（主要包括三维数据的操作，表面处理，栅格图像、全息图像显示，层次处理等）。

2. 地理信息系统发展趋势

随着计算机和信息技术的发展，GIS 迅速地变化着，呈现以下主要发展态势：

1）GIS 网络化

因特网的迅速发展，使得在因特网上实现 GIS 应用日益引起人们的关注。一般把因特网中的 GIS 称为 WWW GIS 或 Web GIS，中文名为万维网地理信息系统。

建立万维网 GIS 服务器及实现相关技术成为研究 GIS 的热门技术。万维网地理信息系统（Web GIS）或互联网地理信息系统（Internet GIS）是当前地理信息系统发展的一个重要方向。

万维网是近几年来互联网技术中最重要的发展之一，它有 3 个显著优点：一是界面友好，二是跨平台与易连接，三是超文本连接或者超链接。以上三点是万维网最突出的优点，也是分布式信息的显著特点。

万维网地理信息系统是地理信息系统在万维网上的实现，是利用万维网技术对传统地理信息系统的改造和发展。与传统 GIS 相比，Web GIS 有以下特点：

（1）适应性强。Web GIS 是基于互联网的，因而是全球的，且它可以在各种不同的平台上运行。

（2）应用面广。由于网络的功能，使得 Web GIS 可以应用到整个社会，真正实现 GIS 的无所不能，无处不在。

（3）现势性强。Web GIS 在网上进行地理信息的实时更新，因而人们能得到最新信息和最新动态。

（4）维护社会化。数据的采集、输入，空间信息的分析与发布将在社会协调下运作，对 Web GIS 的维护将是社会化的，可减少重复的劳动。

（5）使用简单。Web GIS 用户可以直接从网上获取所需要的各种地理信息。用户可以直接进行各种地理信息的分析，而不用关心空间数据库的维护和管理。

网络技术虽然发展速度惊人，但是在 GIS 应用方面还有一定局限，主要表现为以下几方面：

（1）地理数据的传输。目前，对于 GIS 数据的网络传输仍然有一些局限，由于 GIS 的数据通常容量较大，现在网络宽带的能力在中远距离的大量数据传输过程中，速度不够令人满意，这将会是网络技术在 GIS 发展过程中的一个瓶颈问题；

（2）GIS 网络软件的开发。网络技术给 GIS 技术的发展带来了更多潜力，但是到目前为止，GIS 软件工业界还没有充分地将这些潜力发挥出来，许多技术在 GIS 领域仍然处于研究和试验阶段，达到商业化、实用化还有一定的距离；

（3）网络技术在 GIS 中的有效使用。技术的发展只有在给人们带来利益时才有真正的价值，网络技术有巨大潜力，但是如何在 GIS 领域得到有效的使用，充分、恰当地发挥出它的潜能仍然是需要人们探索的问题。

2）开放式 GIS

开放式地理信息系统（Open GIS）是指在计算机和通信环境下，根据行业标准和接口（Interface）所建立起来的地理信息系统。一般说来，接口是一组语义相关的成员函数，并且同函数的实体相分离。Open GIS 是为了使不同的地理信息系统软件之间具有良好的互操作性，以及在异构分布数据库中实现信息共享的途径。

开放式地理信息系统具有下列特点：

（1）互操作性：不同地理信息系统软件之间连接方便，信息交换没有障碍。

（2）可扩展性：硬件方面，可在不同软件、不同档次的计算机上运行，其性能和硬件平台的性能成正比；软件方面，增加了新的地学空间数据和地学数据处理功能。

（3）技术公开性：开放的思想主要是对用户公开，公开源代码及规范说明是重要的途径之一。

（4）可移植性：独立于软件、硬件及网络环境，因此它不需修改便可在不同的计算机上运行。

除此之外，开放式地理信息系统还具有诸如兼容性、可实现性、协同性等特点。

为了研究和开发开放式地理信息系统技术，1996 年在美国成立的开放地理信息联合会主要研究和建立了开放式地理数据交互操作规程（Open Geodata Interoperable Specification，OGIS）。OGIS 是为了寻找一种方式，将地理信息系统技术、分布处理技术、面向对象方法、数据库设计及实时信息获取方法更有效地结合起来。基于 OGIS 规范制订的开放系统模型是一种软件工程和系统设计方法，这种方法应用于 GIS 领域，侧重于改变当前 GIS 模型中特定的应用系统及其功能与它内部数据模型及数据格式紧密捆绑的现状。当然，OGIS 只是对 Open GIS 定义了抽象的互操作规程，具体如何实现，还需采用分布式对象的技术，通过 Acrobat、OLE、ActiveX、Java 等实现。

某种程度上，Internet 浏览器与 Java 及相关技术的结合促成了现行计算模式向 C/S 体系转变这一根本性变革，而该模式与 Open GIS 的完美结合，又为最终实现数字地球奠定了基础。没有 Open GIS 技术，地理信息系统将始终处于无组织、自我封闭的状态，不能真正成为服务于整个社会的产业以及实现地理信息全球范围内的共享与互操作。从数据的观点看，开放式地理信息系统是未来网络环境下地理信息系统技术发展的必然趋势。

3）时态 GIS

人们都在一定的空间和时间环境中生存并从事各种社会活动。从信息系统，尤其是 GIS 的实用角度出发，时间可以看成是一条没有端点，向过去和将来无限延伸的线轴，它是现实世界的第四维。

时间和空间不可分割地联系在一起，跟踪和分析空间信息随时间的变化，应当是 GIS 的一个合理目标。这样的 GIS 就被称为时态 GIS(Temporal GIS)。记录历史数据有时候是非常重要的。在 GIS 中也要经常查询历史，最明显的例子就是宗地，一块宗地可能经过许多次的买卖或变化。在土地纠纷中，人们需要详细的历史记录作为法律依据。GIS 在环境应用中，也经常需要用到多时态的信息对环境进行综合评价。所以，研究 GIS 的时态问题则成为当今 GIS 领域的一个重要方向。

时态 GIS 的组织核心是时空数据库，其概念基础则是时空数据模型。时空数据结构的选择应以不同类型的时空过程和应用目的作为出发点。如果地理空间是 2 维（或 2.5 维）的，则时态 GIS 是 3 维的；若需要表示和处理 3 维的空间目标，则时态 GIS 是 4 维的。

虽然人们已分别在时态数据库和空间数据库研究方面取得很大进展，但是"时态"和"空间"，即"时空"两者难以简单地组合起来，这导致了时态 GIS 研究与应用的困难。作为一种系统方法，时态 GIS 的研究和应用还有很长的路要走。

4）3 维 GIS

在许多地学研究中，人们所要研究的对象是充满整个 3D 空间的，如大气污染、洋流、地质模型等，必须用一个(X，Y，Z)的 3D 坐标来描述。在 3D GIS 中，研究对象通过空间 X，Y，Z 轴进行定义，描述的是真 3D 的对象。

随着许多行业诸如地质、矿山、海洋、城市地下管网、城市空间规划、城市景观分析、无线通信覆盖范围分析等对三维 GIS 的需求日益迫切，3D GIS 的理论和应用近年来受到许多学者的关注。到目前为止，虽然有 3D GIS 系统问世，但其功能远远不能满足人们分析问题的需要，原因主要是 3D GIS 理论不成熟，其拓扑关系模型一直没有解决；另外三维基础上的数据量十分大，很难建立一个有效的，易于编程实现的三维模型。因而一个能直观、全面、清晰地表达 3D GIS 中复杂的拓扑关系，并能简捷地完成三维 GIS 空间数据分析和操作的数据模型也就成了人们研究 3D GIS 的核心问题。

由于在三维几何与拓扑方面的复杂性，难以用一个完善的三维数据模型来描述所有的三维空间目标，因此，采用集成的方法是研究三维 GIS 理论和应用发展的重要方向。空间数据模型的集成充分利用不同的数据模型在描述不同空间实体时所具有的优点，将它们集成在一起，实现对三维空间现象的有效、完整的描述。此外，在 3D 空间数据结构的基础上发展 4D 空间数据结构也引起了人们的重视。

5）虚拟 GIS

虚拟 GIS(VGIS)就是 GIS 与虚拟环境技术的结合。虚拟环境(Virtual Environment)也称虚拟现实(Virtual Reality)，是当代信息技术高速发展、各种技术综合集成的产物，是一种最有效地模拟人在自然环境中视、听、动等行为的高级人机交互技术。这种模拟具有两个基本特征："临境感"(immersive)和"交互性"(interactive)。

由于技术的限制，目前还未能开发出适用于遥感和 GIS 用户需要的真 3 维可视化的数据分析软件包。GIS 与虚拟环境技术相结合，将虚拟环境带入 GIS，将使 GIS 更加完美，GIS 用户在计算机上就能处理真 3 维的客观世界。虚拟环境将能更有效地管理、分析空间实体数据。因此，开发虚拟 GIS(VGIS)已成为 GIS 发展的一大趋势。

6）多媒体 GIS

多媒体技术（Multimedia）是一种集声、像、图、文、通信等为一体，并以最直观的方式表达和感知信息，以形象化的、可触摸（触屏）的甚至声控对话的人机界面操纵信息处理的技术。应用多媒体技术必将对 GIS 的系统结构、系统功能及应用模式的设计产生极大的影响，使得 GIS 的表现形式更丰富、更灵活、更友好。

多媒体地理信息系统（MGIS）将文字、图形（图像）、声音、色彩、动画等技术融为一体，为 GIS 应用开拓了新的领域和广阔的前景。它不仅能为社会经济、文化教育、旅游、商业、决策管理和规划等提供生动、直观、高效的信息服务，而且将使电脑技术真正走进人类社会生活。多媒体技术在 GIS 领域的深入应用，乃至出现具有良好集成能力的 MGIS 是技术发展的必然。

7）5S 技术的结合

5S 技术指的是全球定位系统（GPS）、数字摄影测量系统（DPS）、遥感技术（RS）、地理信息系统（GIS）和专家系统（ES）。5S 技术的结合与集成充分体现了学科发展从细分走向综合的规律。

GIS 发展的重要趋势是与全球定位系统（GPS）和遥感（RS）的集成，从而构成实时的、动态的 GIS。GPS 为 GIS 的快速定位和更新提供手段，遥感技术的多谱段、多时相、多传感器和多分辨率的特点，为 GIS 不断注入"燃料"，反过来又可利用 GIS 来支持从遥感影像数据中自动提取语义和非语义信息。

GIS 发展的另一个重要方向是智能化的决策支持系统，其中最主要的表现就是与专家系统（ES）的结合。两者相辅相成，提高了管理效率，同时也丰富了计算机技术在控制性规划管理中的应用，是目前辅助决策的一个有前途的研究方向。

另外，如果在 GIS 与 GPS 结合的基础上，再加上由 CCD 摄影机实时摄像和用 DPS 进行自动影像处理，则可以形成实时 GIS 运行系统，用于公路、铁路、线路状况的自动监测和管理，也可建立起作战时的现场自动指挥系统等。

由上述 5S 技术整体结合所构成的系统是高度自动化、实时化和智能化的 GIS 系统。该系统不仅具有自动、实时地采集、处理和更新数据的功能，而且能够智能式地分析和运用数据，为各种应用提供科学的决策咨询，并回答用户可能提出的各种复杂问题。

8）GIS 中的应用模型

近年来，GIS 开始向空间决策支持系统方向发展，对应用模型的依赖，特别是对模型分析、模拟能力的依赖表现得更为明显。应用模型的使用和发展，已成为 GIS 进一步发展的重要前提和现代 GIS 发展水平的重要标志。

GIS 中的应用模型大多为数学模型，而当前面向不同专业的数学模型正在进一步分化，单纯的统计分析模型已不再是 GIS 应用模型的主流，为此，应进一步加强专业知识与数学、计算机技术的联系，提高专业研究支持的力度。

目前，从 GIS 应用模型的建立和使用过程看，还存在不少值得注意的问题。如在很多情况下，模型都作为应用程序的组成部分，嵌入应用程序，在这种管理下的模型，其共享性和灵活性都很差。随着对 GIS 应用模型的需求量不断增大,上述问题将表现得越来越突出。模型库系统的发展将是实现 GIS 应用模型有效生成、管理和使用的必由之路。开发模型自动生成、半自动生成技术,发展具有智能水平的建模工具和模型管理系统将是今后 GIS 模型库系统研究的主要内容和挑战,需要进一步研究人工智能和知识工程方法在 GIS 模型库系统中的应用途径。

复习与思考题

1. 什么是地理信息系统? 它与一般的计算机应用系统有哪些异同点?
2. 地理信息系统由哪些部分组成? 它与其他信息系统的主要区别有哪些?
3. 地理信息系统的基本功能有哪些?
4. 与其他信息系统相比,地理信息系统的哪些功能是比较独特的?
5. 地理信息系统可应用于哪些领域? 根据你的了解论述地理信息系统的应用前景。
6. 对于地理信息系统社会化的发展趋势,你是怎么理解的?

第 2 章　空间数据结构和空间数据库

空间数据是 GIS 的核心，是地理信息系统的操作对象，因此获取所需要的空间数据，并建立空间数据库成为 GIS 的首要任务，即将反映地理实体特性的地理数据存储在计算机中，这涉及到空间数据结构问题和空间数据库模型问题，前者解决地理数据以什么形式在计算机中存储和处理，后者描述实体及其相互关系。

2.1　空间信息基础

地理信息系统是以地理实体作为描述、反映现实世界中空间对象的单体。在地理信息系统中需要描述地理实体的名称、位置、形状、功能等内容，这些内容反映了地理实体的时间、空间和属性三种特性，其中空间特性是地理信息所特有的，也是造成空间数据结构和数据库模型异常复杂的原因所在。此外，实体间的空间关系对空间查询和分析具有重要意义。

2.1.1　地理系统和地理实体

地理信息来源于地理系统。著名科学家钱学森曾指出：地理系统是一个开放的复杂巨系统。所谓开放性是指地理系统与其他系统有关联，有物质和信息的交往，不是一个封闭系统；复杂巨系统是指地理系统有成千上万的种类繁多的子系统。

抽象是人们观察和分析复杂事物和现象的常用手段之一。将地理系统中复杂的地理现象进行抽象得到的地理对象称为地理实体或空间实体、空间目标，简称实体（Entity）。实体是现实世界中客观存在的，并可相互区别的事物。实体可以指个体，也可以指总体，即个体的集合。抽象的程度与研究区域的大小、规模不同而有所不同，如在一张小比例尺的全国地图中，西安市被抽象为一个点状实体，抽象程度很大；而在较大比例尺的西安市地图上，需要将西安市的街道、房屋详尽地表示出来，西安市则被抽象为一个由简单点、线、面实体组成的庞大复杂组合实体，其抽象程度较前者而言较小。所以说，实体是一个具体有概括性、复杂性、相对意义的概念。

2.1.2　实体的描述和存储

在地理信息系统中，根据具体要求，需要描述实体各个侧面如名称、位置、形状和获取这些信息的方法、时间和质量等，记录实体的这些描述内容的空间数据具有三个基本特征：空间特征、属性特征和时间特征。根据反映实体特征的不同，空间数据可分为不同的类型：几何数据、关系数据、属性数据和元数据。不同类型的空间数据在计算机中是以不同的空间数据结构存储的。

1. 空间实体的描述

通常需要从如下方面对地理实体进行描述：

（1）编码：用于区别不同的实体，有时同一个实体在不同的时间具有不同的编码，如上行和下行的火车。编码通常包括分类码和识别码。分类码标识实体所属的类别，识别码对每个实体进行标识，是唯一的，用于区别不同的实体。

（2）位置：通常用坐标值的形式（或其他方式）给出实体的空间位置。

（3）类型：指明该地理实体属于哪一种实体类型，或由哪些实体类型组成。

（4）行为：指明该地理实体可以具有哪些行为和功能。

（5）属性：指明该地理实体所对应的非空间信息，如道路的宽度、路面质量、车流量、交通规则等。

（6）说明：用于说明实体数据的来源、质量等相关的信息。

（7）关系：与其他实体的关系信息。

2. 空间数据的特征

空间数据具有三个基本特征，如图 2-1 所示。

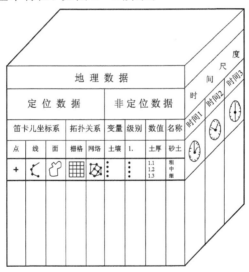

图 2-1　空间数据的基本特征

（1）属性特征——用以描述事物或现象的特性，即用来说明"是什么"，如事物或现象的类别、等级、数量、名称等。

（2）空间特征——用以描述事物或现象的地理位置，又称几何特征、定位特征，如界桩的经纬度等。

（3）时间特征——用以描述事物或现象随时间的变化，例如人口数的逐年变化。

由于空间实体具有上述特征，所以在 GIS 中的表示是非常复杂的。目前的 GIS 还较少考虑到空间数据的时间特征，只考虑其属性特征与空间特征的结合。实际上，由于空间数据具有时间维，过时的信息虽不具有现势性，但却可以作为历史性数据保存起来，因而就会大大增加 GIS 表示和处理数据的难度。

3. 空间数据的类型

空间数据可以按多种方式进行分类，如表 2 - 1 所示。

表 2 - 1　空间数据的分类

按数据来源	按数据结构	按数据特征	按几何特征	按数据发布形式
地图数据 影像数据 文本数据	矢量数据 栅格数据	空间数据 非空间属性数据	点 线 面、曲面 体	数字线画图 数字栅格画图 数字高程模型 数字正射影像图

1）按照数据来源分类

按照数据来源分类，GIS 中的空间数据可以分为以下三种类型。

（1）地图数据：地图数据来源于各种类型的普通地图和专题地图。这些地图的内容丰富，图上空间实体间的空间关系直观，实体的类别或属性清晰，实测地形图还具有很高的定位精度。

（2）影像数据：影像数据主要来源于卫星遥感和航空遥感，包括多平台、多层面、多种传感器、多时相、多光谱、多角度和多种分辨率的遥感影像数据，这也是 GIS 最有效的数据来源之一。

（3）文本数据：文本数据来源于各类调查报告、实测数据、文献资料、解译信息等。

2）按照数据结构分类

数据结构即数据组织的形式，是适合于计算机存储、管理、处理的数据逻辑结构。换言之，是指数据以什么形式在计算机中存储和处理。数据按一定的规律储存在计算机中，是计算机正确处理和用户正确理解的保证。

按照数据结构分类，GIS 的空间数据可以分为以下两种类型。

（1）矢量数据：矢量数据是用欧氏空间的点、线、面等几何元素来表达空间实体的几何特征的数据。

（2）栅格数据：栅格数据是将空间分割成有规则的网络，在各个网格上给出相应的属性值来表示空间实体的一种数据组织形式。

3）按照数据特征分类

按照数据特征分类，GIS 中的空间数据可以分为以下两种类型。

（1）空间定位数据：空间定位数据是表达空间实体在地球上位置的坐标数据，也称几何数据、位置数据。即说明"在哪里"，如用 X、Y 坐标来表示。

（2）非空间属性数据：描述空间数据的属性特征的数据，也称非几何数据。即说明"是什么"，如类型、等级、名称、状态等。

此外，还有关系数据和元数据。

关系数据是描述空间数据之间的空间关系的数据，如空间数据的相邻、包含等，主要是指拓扑关系。拓扑关系是一种对空间关系进行明确定义的数学方法。

元数据是描述数据的数据。在地理空间数据中，元数据说明空间数据内容、质量、状况和其他有关特征的背景信息，便于数据生产者和用户之间的交流。

　4）按照数据几何特征分类

　　按照数据几何特征分类，GIS 中的数据可以分为以下几种类型：

　　（1）点：点是对 0 维的空间实体的抽象数据，如测量用的三角点、电视塔等。

　　（2）线：线是对 1 维线性的空间实体的抽象数据，如河流、道路等。

　　（3）面：面是对 2 维线性的空间实体的抽象数据，如湖泊、行政区等。

　　（4）曲面：曲面是对在地面上连续分布的空间实体的抽象数据，通常被称为 2.5 维数据，如地形、气温等。

　5）按照数据发布形式分类

　　按照数据发布形式不同，GIS 中的空间数据可分为 4D 数据：

　　（1）数字线画图（DLG）数据：DLG 数据是现有地形图要素的矢量数据，保存各要素间的空间关系和相关的属性信息，全面地描述地表目标。

　　（2）数字栅格图（DRG）数据：DRG 数据是现有纸质地图经计算机处理后得到的栅格数据文件。每一幅地图在扫描数字化后，经几何纠正，并进行内容更新和数据压缩处理，即可得到数字栅格图。

　　（3）数字高程模型（DEM）数据：DEM 数据是以数字形式表达的地形起伏数据。

　　（4）数字正射影像（DOM）数据：DOM 数据是对遥感数字影像，经逐像元进行投影差改正、镶嵌，按国家基本比例尺地形图图幅范围剪裁生成的数字正射投影影像数据。

2.1.3　实体的空间特征

　　空间特征是地理实体所特有的特征，是 GIS 数据组织、处理和维护的难点所在，可用空间维数、空间特征类型和空间类型组合方式说明实体的空间特征。

　1. 空间维数

　　空间有零维、一维、二维、三维之分，对应着不同的空间特征类型：点、线、面、体。在地图中实体维数的表示可以改变。如一条河流在小比例尺地图上是一条线（单线河），在大比例尺图上是一个面（双线河）。

　2. 空间特征类型

　　（1）点状实体：点或节点、点状实体。点：有特定位置，维数为 0 的物体。

　　（2）线状实体：具有相同属性的点的轨迹、线或折线，由一系列的有序坐标表示，并具有长度、弯曲度、方向性等特性，线状实体包括线段、边界、链、弧段、网络等。

　　（3）面状实体（多边形）：是对湖泊、岛屿、地块等一类现象的描述，在数据库中由一封闭曲线加内点来表示。它具有面积、范围、周长等属性还具有其他地物相邻、内岛屿、锯齿状外形等空间特征，而且具有独立性、重叠性与非重叠性等特性。

　　（4）体、立体状实体：用于描述三维空间中的现象与物体，它具有长度、宽度及高度等属性，立体状实体一般具有体积、每个二维平面的面积、内岛、断面图与剖面图等空间特征。

　3. 实体类型组合

　　现实世界的各种现象比较复杂，往往由上述不同的空间类型组合而成，例如根据某些空间类型或几种空间类型的组合将空间问题表达出来，如图 2-2 所示，复杂实体由简单实体组合表达。

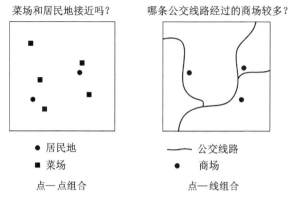

图 2-2　不同空间类型组合表达复杂空间问题

2.1.4　空间关系

空间关系是指各空间实体之间的空间关系，包括拓扑空间关系、顺序空间关系和度量空间关系。由于拓扑空间关系对 GIS 查询和分析具有重要意义，在 GIS 中，空间关系一般指拓扑空间关系。

1. 定义

拓扑关系是一种对空间结构关系进行明确定义的数学方法。是指图形在保持连续状态下变形，但图形关系不变的性质。可以假设图形绘在一张高质量的橡皮平面上，将橡皮任意拉伸和压缩，但不能扭转或折叠，这时原来图形的有些属性保留，有些属性发生改变，前者称为拓扑属性，后者称为非拓扑属性或几何属性，如表 2-2 所示。这种变换称为拓扑变换或橡皮变换。

表 2-2　拓扑属性和非拓扑属性

拓 扑 属 性	非拓扑（几何）属性
一个点在一条弧段的端点 一条弧段是一简单弧段(自身不相交) 一个点在一个区域的边界上 一个点在一个区域的内部/外部 一个点在环的内/外部 一个面是一个简单面 一个面的连续性(面内任两点从一点可在面的内部走向另一点)	两点间距离 一点指向另一点的方向 弧段的长度 一个区域的周长 一个区域的面积

2. 拓扑关系的种类

点(结点)、线(链、弧段、边)、面(多边形)三种要素是拓扑元素。它们之间最基本的拓扑关系是关联和邻接。

(1) 关联：不同拓扑元素之间的关系。如结点与链、链与多边形等。

(2) 邻接：相同拓扑元素之间的关系。如结点与结点、链与链、面与面等。邻接关系是借助于不同类型的拓扑元素描述的，如面通过链而邻接。

在 GIS 的分析和应用功能中，还可能用到其他拓扑关系。

（3）包含关系：面与其他拓扑元素之间的关系。如果点、线、面在该面内，则称为被该面包含。如某省包含的湖泊、河流等。

（4）几何关系：拓扑元素之间的距离关系。如拓扑元素之间距离不超过某一半径的关系。

（5）层次关系：相同拓扑元素之间的等级关系。如国家由省（自治区、直辖市）组成，省（自治区、直辖市）由县组成等。

3. 拓扑关系的表示

在目前的 GIS 中，主要表示基本的拓扑关系，而且表示方法不尽相同。在矢量数据中拓扑关系可以由表 2 - 3 来表示。

表 2 - 3　拓扑关系的表达

面—链关系：	面	构成面的链	
链—结点关系：	链	链两端点的结点	
结点—链关系：	结点	通过该结点的链	
链—面关系：	链	左面	右面

4. 拓扑关系的意义

空间数据的拓扑关系对于 GIS 数据处理和空间分析具有重要的意义，因为：

（1）拓扑关系能清楚地反映实体之间的逻辑结构关系，它比几何关系具有更大的稳定性，不随地图投影而变化。

（2）有助于空间要素的查询，利用拓扑关系可以解决许多实际问题。如某县的邻接县，即面面相邻问题。又如供水管网系统中某段水管破裂后，找关闭它的阀门，就需要查询该线（管道）与哪些点（阀门）关联。

（3）根据拓扑关系可重建地理实体，如图 2 - 3 所示。例如根据弧段构建多边形，实现面域的选取；根据弧段与结点的关联关系重建道路网络，进行最佳路径选择等。

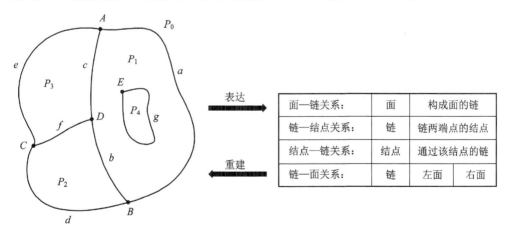

图 2 - 3　拓扑关系的重建

2.2　空间数据结构类型

2.2.1　栅格数据结构

1. 定义

基于栅格模型的数据结构称为栅格数据结构，是最简单最直接的空间数据结构，是指将空间分割成有规则的网格，成为栅格单元，在各个单元上给出相应的属性值来表示地理实体的一种数据组织形式。栅格结构是以规则的阵列来表示空间地物分布的数据组织，组织中的每个数据表示地物的非几何属性特征。如图2-4所示，在栅格结构中，点用一个栅格单元表示；线状地物用沿线走向的一组相邻栅格单元表示，每个栅格单元最多只有两个相邻单元在线上；面或区域用记有区域属性的相邻栅格单元的集合表示，每个栅格单元可有多于两个的相邻单元同属一个区域。

<table>
<tr><td>0 0 0 0 0 0 0 0</td><td>0 0 0 0 0 0 0 0</td><td>0 4 4 7 7 7 7 7</td></tr>
<tr><td>0 0 0 0 0 0 0 0</td><td>0 0 0 2 0 0 0 0</td><td>4 4 4 4 4 7 7 7</td></tr>
<tr><td>0 0 0 0 0 0 0 0</td><td>2 2 2 0 0 0 0 0</td><td>4 4 4 8 8 7 7</td></tr>
<tr><td>0 0 0 0 0 0 0 0</td><td>0 0 0 0 0 2 0 0</td><td>0 0 4 8 8 7 7</td></tr>
<tr><td>0 0 0 5 0 0 0 0</td><td>0 0 0 0 0 2 0 0</td><td>0 0 8 8 8 8 8</td></tr>
<tr><td>0 0 0 0 0 0 0 0</td><td>0 0 0 0 0 2 0 0</td><td>0 0 0 8 8 8 8</td></tr>
<tr><td>0 0 0 0 0 0 0 0</td><td>0 0 0 0 0 0 2 0</td><td>0 0 0 0 8 8 8</td></tr>
<tr><td>0 0 0 0 0 0 0 0</td><td>0 0 0 0 0 0 0 2</td><td>0 0 0 0 0 8 8 8</td></tr>
<tr><td>(a) 点</td><td>(b) 线</td><td>(c) 面</td></tr>
</table>

图2-4　点、线、区域的格网

2. 特点

栅格结构的显著特点是：属性明显，定位隐含，即数据直接记录属性的指针或属性本身，而所在位置则根据行列号转换为相应的坐标。如图2-4(a)所示，数据5表示属性或编码为5的一个点，其位置是由其所在的第5行、第4列交叉得到的。由于栅格结构是按一定的规则排列的，所表示的实体的位置很容易隐含在格网文件的存储结构中。在格网文件中每个代码本身明确地代表了实体的属性或属性的编码，如果为属性的编码，则该编码可作为指向实体属性表的指针。图2-4(a)表示了代码为5的点实体；图2-4(b)表示了一条代码为2的线实体；而图2-4(c)则表示了三个面实体，代码分别为4、7和8。由于栅格行列阵列易于被计算机存储、操作和显示，因此这种结构容易实现，算法简单，且易于扩充、修改，也很直观，给地理空间数据处理带来了极大的方便。

与矢量数据结构相比较，栅格数据结构表达地理要素比较直观，容易实现多元数据的叠合操作，便于与遥感图像及扫描输入数据相匹配建库和使用等。

3. 决定栅格单元尺寸

栅格结构表示的地表是不连续的，是量化和近似离散的数据。在栅格结构中，地表被分成相互邻接、规则排列的矩形方块(特殊的情况下也可以是三角形或菱形、六边形等)，每个地块与一个栅格单元相对应。栅格数据的比例尺就是栅格大小与地表相应单元大小之比。在许多栅格数据处理时，常假设栅格所表示的量化表面是连续的，以便使用某些连续函数。由于栅格结构对地表的量化，在计算面积、长度、距离、形状等空间指标时，若栅格尺寸较大，则造成较大的误差。

网格边长决定了栅格数据的精度，但是，当用栅格数据来表示地理实体时，不论网格边长多小，与原实体特征相比较，信息都会丢失，这是由于复杂的实体采用统一的网格造成的。一般的，可以通过保证最小多边形的精度标准来确定网格尺寸，使形成的栅格数据既有效地逼近地理实体，又能最大限度地减少数据量。

如图 2-5 所示，设研究区域最小图斑的面积为 S，当网格边长为 L 时，该图斑可能丢失；当边长为 $L/2$ 时，该图斑得到很好的表示。所以合理的网格尺寸为

$$L = \frac{1}{2}(\min\{S_i\})^{1/2}$$

式中，$i=1, 2, \cdots, n$（区域多边形数）。

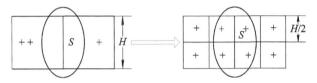

图 2-5　栅格尺寸（L）的确定

由此可知，栅格数据结构的缺点是很显著的，例如数据精度取决于网格的边长，当网格边长缩小时，网格单元的数量呈几何级数递增，造成存储空间的迅速增加；由于相邻网格单元属性值的相关性，造成栅格数据的冗余度，特别当表示不规则多边形时，数据冗余度更大；栅格数据对于网络分析和建立网络连接关系比较困难等。

4. 决定栅格单元代码的方式

由于在一个栅格的地表范围内，可能存在多于一种的地物，而表示在相应的栅格结构中常常是一个代码，因此在决定栅格代码时尽量保持地表的真实性，保证最大的信息容量。图 2-6 所示为某栅格范围的一块矩形的地形区域，内部含有 A、B、C 三种地物类型，O 点为中心点，在决定其栅格代码时，可根据需要采取如下的方案。

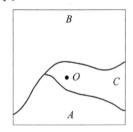

图 2-6　栅格单元代码的确定

1）中心点法

用位于栅格中心处的地物类型或现象特性决定栅格代码，在图 2-6 所示的矩形区域中，中心点 O 落在代码为 C 的地物范围内，故相应的栅格单元代码为 C，这种方法常用于具有连续分布特性的地理要素，如降雨量分布、人口密度图等。

2）面积占优法

以占矩形区域面积最大的地物类型或现象特性作为栅格单元的代码，从图 2-6 来看，显见 B 类地物所占面积最大，故相应栅格代码定为 B。面积占优法常用于分类较细，地物类别斑块较小的情况。

3）重要性法

根据栅格内不同地物的重要性，选取最重要的地物类型决定相应的栅格单元代码，设图 2-6 中 A 类是最重要的地物类型，则栅格单元的代码应为 A。重要性法常用于具有特殊意义而面积较小的地理要素，特别是点、线状地理要素，如城镇、交通枢纽、交通线、河

流水系等，在栅格中代码应尽量表示这些重要地物。

4）百分比法

根据矩形区域内各地理要素所占面积的百分比数确定栅格单元的代码，如可记面积最大的两类 BA，也可以根据 B 类和 A 类所占面积百分比数在代码中加入数字。

5. 编码方法

1）直接栅格编码

直接栅格编码就是将栅格数据看做一个数据矩阵，逐行（或逐列）逐个记录代码，可以每行都从左到右逐个记录，也可以奇数行地从左到右而偶数行地从右向左记录，为了特定目的还可采用其他特殊的顺序，如图 2-7 所示。

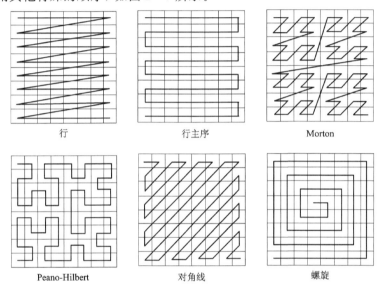

图 2-7　一些常用的栅格排列顺序

2）压缩编码方法

栅格数据的压缩编码方法，如链码、游程长度编码、块码和四叉树编码等，其目的就是用尽可能少的数据量记录尽可能多的信息，分为信息无损编码和信息有损编码两类。信息无损编码是指编码过程中没有任何信息损失，通过解码操作可以完全恢复原始信息；信息有损编码是指为了提高编码效率，最大限度地压缩数据，在压缩过程中损失一部分相对不太重要的信息，解码时这部分信息难以恢复。在地理信息系统中多采用信息无损编码，而对原始遥感影像进行压缩编码时，有时也采取有损压缩编码方法。

· 链式编码（Chain Codes）

链式编码又称为弗里曼（Freeman，1961）链码或边界链码。链式编码主要是记录线状地物和面状地物的边界。它将线状地物和区域边界表示为由某一起始点开始和某些基本方向上的单位矢量链组成。单位矢量的长度为一个栅格单元，每个后续点可能位于其前继点的 8 个基本方向之一。基本方向可定义为：东=0，东南=1，南=2，西南=3，西=4，西北=5，北=6，东北=7 等八个基本方向，如图 2-8 所示。

如果对于图 2-9 所示的线状地物确定其起始点为像元（1，5），则其链式编码为

1，5，3，2，2，3，3，2，3

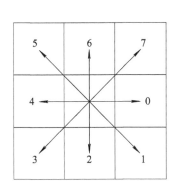

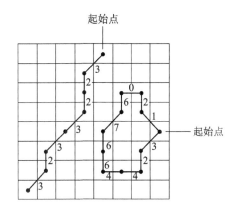

图 2-8　链式编码的方向代码图　　　　　　　图 2-9　链式编码示意图

对于图 2-9 所示的区域边界，假设其原起始点定为像元(5,8)，则该区域边界按顺时针方向的链式编码为

5, 8, 3, 2, 4, 4, 6, 6, 7, 6, 0, 2, 1

链式编码的前两个数字表示起点的行、列数，从第三个数字开始的每个数字表示单位矢量的方向，八个方向以 0～7 的整数代表。

链式编码对线状和多边形的表示具有很强的数据压缩能力，特别是对计算面积、长度、转折方向和凹凸度等运算十分方便，类似矢量数据结构，比较适于存储图形数据。缺点是对边界做合并和插入等修改，编辑比较困难。这种编码有些类似矢量结构，不具有区域的性质，因此对区域空间分析运算比较困难。

· 游程长度编码(Run-Length Codes)

游程长度编码又称为行程编码，是栅格数据压缩的重要编码方法，也是图像编码中比较简单的方式之一。其基本思路是：对于一幅栅格图像，常常有行(或列)方向上相邻的若干点具有相同的属性代码，因此可采取某种方法压缩那些重复的记录内容。其方法有两种方案：一种编码方案是，只在各行(或列)数据的代码发生变化时依次记录该代码以及相同的代码重复的个数，从而实现数据的压缩。例如对图 2-4(c)所示栅格数据，可沿行方向进行如下游程长度编码：

(0, 1), (4, 2), (7, 5);

(4, 5), (7, 3);

(4, 4), (8, 2), (7, 2);

(0, 2), (4, 1), (8, 3), (7, 2);

(0, 2), (8, 4), (7, 1), (8, 1);

(0, 3), (8, 5);

(0, 4), (8, 4);

(0, 5), (8, 3)。

此编码只用了 44 个整数就可以表示，而在前述的直接编码中需要 64 个整数表示，可见游程长度编码压缩数据是十分有效又简便的。另一种游程长度编码方案就是逐个记录各行(或列)代码发生变化的位置和相应代码，如对图 2-4(c)所示栅格数据的另一种游程长度编码如下(沿列方向)：

(1, 0), (2, 4), (4, 0);

(1, 4), (4, 0);

(1, 4), (5, 8), (6, 0);

(1, 7), (2, 4), (4, 8), (7, 0);

(1, 7), (2, 4), (3, 8), (8, 0);

(1, 7), (3, 8);

(1, 7), (6, 8);

(1, 7), (5, 8)。

从以上数据可以看出，属性的变化愈少，游程愈长，则压缩的比例越大。或者说，压缩的大小与图的复杂程度成反比。因此这种编码方式最适合于类型区面积较大的专题图、遥感影像分区集中的分类图，而不适合于类型连续变化或类型区域分散的分类图。

这种编码在栅格加密时，数据量不会明显增加，压缩效率高，它最大限度地保留了原始栅格结构，编码解码运算简单，且易于检索、叠加、合并等操作，因而这种压缩编码方法得到了广泛的应用。

· 块码

块码是游程长度编码扩展到二维的情况，采用方形区域作为记录单元，每个记录单元包括相邻的若干栅格，数据结构由初始位置（行、列号）和半径，再加上记录单位的代码组成。图 2-4(c)所示图像的块码如图 2-10(a)所示，编码如下：

(1, 1, 1, 0), (1, 2, 2, 4), (1, 4, 1, 7), (1,5,1,7), (1,6,2,7), (1,8,1,7),

(2, 1, 1, 4), (2, 4, 1, 4), (2, 5, 1, 4), (2, 8, 1, 7),

(3, 1, 1, 4), (3, 2, 1, 4), (3, 3, 1, 4), (3, 4, 1, 4), (3,5,2,8), (3,7,2,7),

(4, 1, 2, 0), (4, 3, 1, 4), (4, 4, 1, 8),

(5, 3, 1, 8), (5, 4, 2, 8), (5, 6, 1, 8), (5, 7, 1,7), (5, 8,1,8),

(6, 1, 3, 0), (6, 6, 3, 8),

(7, 4, 1, 0), (7, 5, 1, 8),

(8, 4, 1, 0), (8, 5, 1, 0)。

其中块码用了 120 个整数，比直接编码还多，这是为了描述方便。该例中将栅格划分很粗糙，在实际应用中，栅格划分细，数据冗余多，才能显出压缩编码的效果。

块码具有可变的分辨率，即当代码变化小时，图块大，就是说在区域图斑内部分辨率低；反之，分辨率高，以小块记录区域边界地段，以此达到压缩的目的。因此块码与游程长度编码相似，随着图形复杂程度的提高而降低效率。图斑越大，压缩比越高；图斑越碎，压缩比越低。块码在合并、插入、检查延伸性、计算面积等操作时有明显的优越性。而在某些操作时，则必须把游程长度编码和块码解码，转换为基本栅格结构进行。

· 四叉树

栅格数据可用四叉树结构存储，这种数据结构的原理是：将整个图像区逐步分解为一系列被单一类型区域内含的方形区域，最小的方形区域为一个栅格像元。分割的原则是，将图像区域划分为四个大小相同的象限，而每个象限又可根据一定规则判断是否继续等分为次一层的四个象限，其终止判据是，不管是哪一层上的象限，只要划分到子象限中的数值都相同为止，不论大小，均作为最后的存储单元。四叉树通过树状结构记录这种划分，并通过这种四叉树状结构实现查询、修改、量算等操作。图 2 - 10(b)为四叉树分解，各子象限尺度大小不完全一样，但都是同代码栅格单元，其四叉树如图 2 - 10(c)所示。

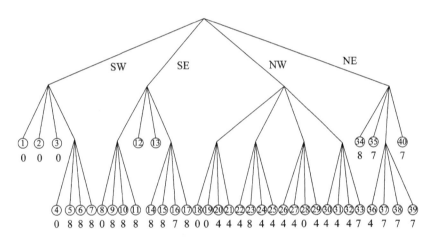

(a) 块码分割　　　　　　　　　　　　(b) 四叉树分解

(c) 四叉树编码

图 2 - 10　四叉树编码

图 2 - 10(c)中最上面的那个结点叫做树根结点，代表整个栅格区域。总共有 4 层结点，每个结点对应一个象限，如 2 层 4 个结点分别对应于整个图形的四个象限，排列次序依次为南西(SW)、南东(SE)、北西(NW)和北东(NE)，不能再分的结点称为终止结点(又称叶子结点)，可能落在不同的层上，该结点代表的子象限具有单一的代码，所有终止结点所代表的方形区域覆盖了整个图形。从上到下，从左到右为叶子结点编号如图 2 - 10(c)所示，共有 40 个叶子结点，也就是原图被划分为 40 个大小不等的方形子区，图 2 - 10(c)中最下面的一排数字表示各子区的代码。

由上面图形的四叉树分解可见，四叉树中象限的尺寸是大小不一的，位于较高层次的象限较大，深度小即分解次数少，而低层次上的象限较小，深度大即分解次数多，这反映了图上某些位置单一地物分布较广而另一些位置上的地物比较复杂，变化较大。正是由于四叉树编码能够自动地依照图形变化而调整象限尺寸，因此它具有极高的压缩效率。

采用四叉树编码时，为了保证四叉树分解能不断地进行下去，要求图像必须为 $2^n \times 2^n$ 的栅格阵列，n 为极限分割数，$n+1$ 为四叉树的最大高度或最大层数。图 2 - 4(c)为 $2^3 \times 2^3$

的栅格，因此最多划分 3 次，最大层数为 4。对于非标准尺寸的图像，需首先通过增加背景的方法将图像扩充为 $2^n \times 2^n$ 的图像。

四叉树编码有许多优点：

（1）容易而有效地计算多边形的数量特征。

（2）阵列各部分的分辨率是可变的，边界复杂部分四叉树较高，即分级多，分辨率也高，而不需表示的细节部分则分级少，分辨率低。因而既可精确表示图形结构，又可减少存储量。

（3）栅格到四叉树及四叉树到简单栅格结构的转换比其他压缩方法容易，许多运算可以在编码数据上直接实现，大大地提高了运算效率。

（4）多边形中嵌套不同类型小多边形的表示较方便。

四叉树编码是优秀的栅格压缩编码之一。

四叉树编码的最大缺点是，树状表示的变换不具有稳定性，相同形状和大小的多边形可能得出不同四叉树结构，故不利于形状分析和模式识别。但因它允许多边形中嵌套多边形，即所谓"洞"的结构存在，使越来越多的地理信息系统工作者对四叉树结构产生兴趣。

上述这些压缩数据的方法应视图形的复杂情况合理选用，同时应在系统中备用相应的程序。另外，用户的分析目的和分析方法也决定着压缩方法的选取。

总之，对数据的压缩是以增加运算时间为代价的。链码的压缩效率较高，已经近矢量结构，对边界的运算比较方便，但不具有区域的性质，区域运算困难；游程长度编码既可以在很大程度上压缩数据，又最大限度地保留了原始栅格结构，编码解码十分容易；块码和四叉树码具有区域性质，又具有可变的分辨率，有较高的压缩效率，四叉树编码可以直接进行大量图形图像运算，效率较高，是很有前途的方法，并在此基础上已经发展了用于三维数据的八叉树编码等。

2.2.2　矢量数据结构

1.定义

矢量数据结构通过记录坐标的方式尽可能精确地表示点、线、面（多边形）等地理实体，坐标空间设为连续，允许任意位置、长度和面积的精确定义。事实上，其精度仅受数字化设备的精度和数值记录字长的限制，在一般情况下，比栅格结构精度高得多。

点实体包括由单独一对坐标定位的一切地理或制图实体。在矢量数据结构中，除点实体坐标外，还应存储一些与点实体有关的其他数据来描述点实体的类型、制图符号和显示要求等。

线实体可以定义为由直线元素组成的各种线性要素，就是用一系列足够短的直线首尾相接表示一条曲线，当曲线被分割成多而短的线段后，这些小线段可以近似地看成直线段，而这条曲线也可以足够精确地由这些小直线段序列表示。矢量结构中只记录这些小线段的起止点坐标，将曲线表示为一个坐标序列，坐标之间认为是以直线段相连，在一定精度范围内可以逼真地表示各种形状的线状地物。

多边形（有时也称为区域）数据是描述地理空间信息最重要的一类数据，指一个任意形状、边界完全闭合的空间区域。具有名称属性和分类属性的区域实体多用多边形表示，如行政区、土地类型、植被分布等；具有标量属性的区域有时也用等值线描述（如地形、降雨量等)。多边形边界将整个空间划分为两个部分：包含无穷远点的部分称为外部，另一部分称为内部。把这样的闭合区域称为多边形是由于区域的边界线同前面介绍的线实体一样，可以被看做是由一系列多而短的直线段组成，每个小线段作为这个区域的一条边，因此这种区域就可以看做是由这些边组成的多边形了。

跟踪式数字化仪对地图数字化产生矢量结构的数字地图，适合于矢量绘图仪绘出。矢量结构允许最复杂的数据以最小的数据冗余进行存储，相对栅格结构来说，数据精度高，所占空间小，是高效的空间数据结构。

2. 特点

矢量结构的特点是：定位明显、属性隐含，其定位是根据坐标直接存储的，而属性则一般存于文件头或数据结构中某些特定的位置上，这种特点使得其图形运算的算法总体上比栅格数据结构复杂得多，有些甚至难以实现。当然这种结构也有其便利和独到之处，在计算长度、面积、形状和图形编辑、几何变换操作中，矢量结构有很高的效率和精度，而在叠加运算、邻域搜索等操作时则比较困难。

3. 编码方法

1）点实体

对于点实体和线实体的矢量编码比较直接，只要能将空间信息和属性信息记录完全就可以了。点是空间上不能再分的地理实体，可以是具体的或抽象的，如地物点、文本位置点或线段网络的结点等，由一对 x、y 坐标表示。图 2-11(a)表示了点实体矢量编码的基本内容。

2）线实体

线实体主要用来表示线状地物(如公路、水系、山脊线等)、符号线和多边形边界，有时也称为"弧"、"链"、"串"等，其矢量编码一般包括的内容如图 2-11(b)所示。

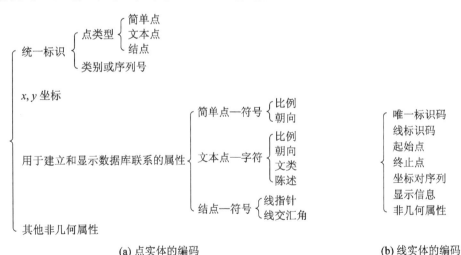

(a) 点实体的编码　　　　　　　　　　　　　　　　(b) 线实体的编码

图 2-11　矢量数据结构编码方法

其中唯一标识码是系统排列序号；线标识码可以标识线的类型；起始点和终止点号可直接用坐标表示；显示信息是显示时的文本或符号等；与线相联系的非几何属性可以直接存储于线文件中，也可单独存储，而由标识码连接查找。

3）多边形

多边形矢量编码不但能表示位置和属性，更为重要的是要能表达区域的拓扑性质，如形状、邻域和层次等，以便使这些基本的空间单元可以作为专题图资料进行显示和操作。由于要表达的信息十分丰富，基于多边形的运算多而复杂，因此多边形矢量编码比点和线实体的矢量编码要复杂得多，也更为重要。

多边形矢量编码除有存储效率的要求外，一般还要求所表示的各多边形有各自独立的形状，可以计算各自的周长和面积等几何指标；各多边形拓扑关系的记录方式要一致，以便进行空间分析；要明确表示区域的层次，如岛—湖—岛的关系等。因此，它与机助制图系统仅为显示和制图目的而设计的编码有很大不同。

· 实体式

实体式数据结构是指构成多边形边界的各个线段，以多边形为单元进行组织。按照这种数据结构，边界坐标数据和多边形单元实体一一对应，各个多边形边界都单独编码和数字化。

例如对图2-12所示的多边形 A、B、C、D、E，可以用表2-4的数据来表示。

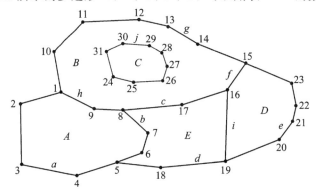

图2-12　多边形原始数据

表2-4　多边形数据文件

多边形	数 据 项
A	$(x_1,y_1),(x_2,y_2),(x_3,y_3),(x_4,y_4),(x_5,y_5),(x_6,y_6),(x_7,y_7),(x_8,y_8),(x_9,y_9),$ (x_1,y_1)
B	$(x_1,y_1),(x_9,y_9),(x_8,y_8),(x_{17},y_{17}),(x_{16},y_{16}),(x_{15},y_{15}),(x_{14},y_{14}),(x_{13},y_{13}),$ $(x_{12},y_{12}),(x_{11},y_{11}),(x_{10},y_{10}),(x_1,y_1)$
C	$(x_{24},y_{24}),(x_{25},y_{25}),(x_{26},y_{26}),(x_{27},y_{27}),(x_{28},y_{28}),(x_{29},y_{29}),(x_{30},y_{30}),(x_{31},y_{31}),$ (x_{24},y_{24})
D	$(x_{19},y_{19}),(x_{20},y_{20}),(x_{21},y_{21}),(x_{22},y_{22}),(x_{23},y_{23}),(x_{15},y_{15}),(x_{16},y_{16}),(x_{19},y_{19})$
E	$(x_5,y_5),(x_{18},y_{18}),(x_{19},y_{19}),(x_{16},y_{16}),(x_{17},y_{17}),(x_8,y_8),(x_7,y_7),(x_6,y_6),$ (x_5,y_5)

这种数据结构具有编码容易、数字化操作简单和数据编排直观等优点。但这种方法也有以下明显缺点：

（1）相邻多边形的公共边界要数字化两遍，造成数据冗余存储，可能导致输出的公共边界出现间隙或重叠。

（2）缺少多边形的邻域信息和图形的拓扑关系。

（3）岛只作为一个单个图形，没有建立与外界多边形的联系。

因此，实体式编码只用在简单的系统中。

· 索引式

索引式数据结构采用树状索引，以减少数据冗余并间接增加邻域信息，具体方法是对所有边界点进行数字化，将坐标对以顺序方式存储，由点索引与边界线号相联系，以线索引与各多边形相联系，形成树状索引结构。

树状索引结构消除了相邻多边形边界的数据冗余和不一致的问题，在简化过于复杂的边界线或合并多边形时可不必改造索引表，邻域信息和岛状信息可以通过对多边形文件的线索引处理得到，但是比较繁琐，因而给邻域函数运算、消除无用边、处理岛状信息以及检查拓扑关系等带来一定的困难，而且两个编码表都要以人工方式建立，工作量大且容易出错。

图 2-13 和图 2-14 分别为图 2-12 的多边形文件和线文件树状索引图。

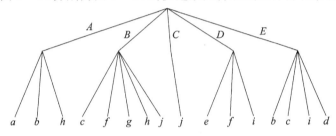

图 2-13　线与多边形之间的树状索引

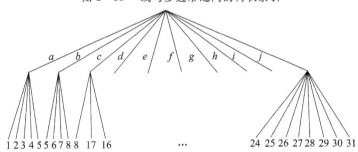

图 2-14　点与线之间的树状索引

· 双重独立式

双重独立式编码是有名的美国人口统计系统采用的一种编码方式，简称为 DIME（Dual Independent Map Encoding，双重独立式的地图编码法）编码系统。它以城市街道为编码的主体。其特点是采用了拓扑编码结构，这种结构最适合于城市信息系统。其中街道与河流为线状要素，弯曲线段则由一系列直线段表示。

双重独立式数据结构是对网状或面状要素的任何一条线段，用其两端的结点及相邻面域来予以定义。例如对图 2-15 所示的多边形数据，用双重独立数据结构表示如表 2-5 所示。表中的第一行表示线段 a 的方向是从结点 1 到结点 8，其左侧面域为 O，右侧面域为 A。

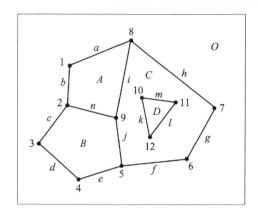

图 2-15 多边形原始数据

表 2-5 双重独立式(DIME)编码

线号	左多边形	右多边形	起点	终点
a	O	A	1	8
b	O	A	2	1
c	O	B	3	2
d	O	B	4	3
e	O	B	5	4
f	O	C	6	5
g	O	C	7	6
h	O	C	8	7
i	C	A	8	9
j	C	B	9	5
k	C	D	12	10
l	C	D	11	12
m	C	D	10	11
n	B	A	9	2

在双重独立式数据结构中,结点与结点或者面域与面域之间为邻接关系,结点与线段或者面域与线段之间为关联关系。这种邻接和关联的关系称为拓扑关系。利用这种拓扑关系来组织数据,可以有效地进行数据存储正确性检查,同时便于对数据进行更新和检索。因为在这种数据结构中,当编码数据经过计算机编辑处理以后,面域单元的第一个始结点应当和最后一个终结点相一致,而且当按照左侧面域或右侧面域来自动建立一个指定的区域单元时,其空间点的坐标应当自行闭合。如果不能自行闭合,或者出现多余的线段,则表示数据存储或编码有错,这样就达到数据自动编辑的目的。例如,从上表中寻找右多边形为 A 的记录,则可以得到组成 A 多边形的线及结点(见表 2-6),通过这种方法可以自动形成面文件,并可以检查线文件数据的正确性。

此外,这种数据结构除了通过线文件生成面文件外,还需要点文件,这里不再列出。

表 2 - 6　自动生成的多边形 A 的线及结点

线号	起点	终点	左多边形	右多边形
a	1	8	O	A
i	8	9	C	A
n	9	2	B	A
b	2	1	O	A

· 链状双重独立式

链状双重独立式数据结构是 DIME 数据结构的一种改进。在 DIME 中,一条边只能用直线两端点的序号及相邻的面域来表示,而在链状数据结构中,将若干直线段合为一个弧段(或链段),每个弧段可以有许多中间点。其端点则为弧段的交点或起终点。这种方式的弧段坐标文件是在数字化过程中由一系列点的位置坐标组成的。弧段(或链段)文件由弧记录组成,存储弧段的起止点号和弧段左右多边形号。结点文件一般是通过软件自动生成的。在数字化弧段过程中,由于数字化操作的误差,各弧段在同一结点处的坐标不可能完全一致,需要进行匹配处理。当其偏差在允许的范围内时,可取同名结点的坐标平均值。如果偏差过大,则弧段需要重新数字化。

2.2.3　矢量栅格一体化数据结构

由于矢量是面向目标组织数据,而栅格结构是面向空间分布组织数据的,它们各有优势,适用面不同。目前,有的 GIS 软件同时支持这两种格式,并能实现二者之间的相互转换,但这需要较多的内存和处理时间,为此需要寻求一种能同时具有矢量和栅格两种特性的一体化数据结构。

1. 矢量、栅格数据结构的优缺点

矢量数据结构具体分为点、线、面,可以构成现实世界中各种复杂的实体。当问题可描述成线或边界时,采用矢量数据结构特别有效。矢量数据的结构紧凑,冗余度低,并具有空间实体的拓扑信息,容易定义和操作单个空间实体,便于网络分析。矢量数据的输出质量好、精度高。

矢量数据结构的复杂性,导致了操作和算法的复杂化,作为一种基于线和边界的编码方法,不能有效地支持影像代数运算,如不能有效地进行点集的集合运算(如叠加),运算效率低而复杂。由于矢量数据结构的存储比较复杂,导致空间实体的查询十分费时,需要逐点、逐线、逐面地查询。矢量数据和栅格数据表示的影像数据不能直接运算(如联合查询和空间分析),交互时必须进行矢量和栅格转换。矢量数据与 DEM(数字高程模型)的交互是通过等高线来实现的,不能与 DEM 直接进行联合空间分析。

栅格数据结构是通过空间点的密集而规则的排列表示整体的空间现象的。其数据结构简单,定位存取性能好,可以与影像和 DEM 数据进行联合空间分析,数据共享容易实现,对栅格数据的操作比较容易。

栅格数据的数据量与格网间距的平方成反比,较高的几何精度的代价是数据量的极大增加。因为只使用行和列作为空间实体的位置标识,故难以获取空间实体的拓扑信息,难

以进行网络分析等操作。栅格数据结构不是面向实体的，各种实体往往是叠加在一起反映出来的，因而难以识别和分离。对点实体的识别需要采用匹配技术，对线实体的识别需采用边缘检测技术，对面实体的识别则需采用影像分类技术，这些技术不仅费时，而且不能保证完全正确。

矢量、栅格数据结构特点的比较如表 2-7 所示。

表 2-7　矢量、栅格数据结构特点比较

数据结构	优　　点	缺　　点
矢量	1. 便于面向实体的数据表达 2. 数据结构紧凑、冗余度低 3. 拓扑结构有利于网络分析、空间查询等	1. 数据结构较复杂 2. 软件实现的技术要求比较高 3. 多边形叠加等分析相对困难
栅格	1. 数据结构相对简单 2. 空间分析较容易实现 3. 有利于遥感数据的匹配应用和分析	1. 数据量大，冗余度高，需要压缩处理 2. 定位精度比矢量低 3. 拓扑关系难以表达

通过以上的分析可以看出，矢量数据结构和栅格数据结构的优缺点是互补的，为了有效地实现 GIS 中的各项功能（如与遥感数据的结合、有效的空间分析等），需要同时使用两种数据结构，并在 GIS 中实现两种数据结构的高效转换。

在 GIS 建立过程中，应根据应用目的和应用特点、可能获得的数据精度以及地理信息系统软件和硬件配置情况，选择合适的数据结构。一般来讲，栅格结构可用于大范围小比例尺的自然资源、环境、农林业等区域问题的研究。矢量结构用于城市分区或详细规划、土地管理、公用事业管理等方面的应用。

2. 矢栅一体化的概念

新一代集成化的地理信息系统，要求能够统一管理图形数据、属性数据、影像数据和数字高程模型（DEM）数据，称为四库合一。关于图形数据与属性数据的统一管理，近年来已取得突破性的进展，不少 GIS 软件商先后推出各自的空间数据库引擎（SDE），初步解决了图形数据与属性数据的一体化管理。而矢量与栅格数据，按照传统的观念，认为是两类完全不同性质的数据结构。当利用它们来表达空间目标时，对于线状实体，人们习惯使用矢量数据结构；对于面状实体，在基于矢量的 GIS 中，主要使用边界表达法，而在基于栅格的 GIS 中，一般用元子空间填充表达法。由此，人们联想到对用矢量方法表示的线状实体，是不是也可以采用元子空间填充法来表示，即在数字化一个线状实体时，除记录原始取样点外，还记录所通过的栅格。同样，每个面状地物除记录它的多边形边界外，还记录中间包含的栅格。这样，既保持了矢量特性，又具有栅格的性质，就能将矢量与栅格统一起来，这就是矢量与栅格一体化数据结构的基本概念。

2.3　空间数据模型

地理信息通过数据采集和编辑以后，送入到计算机的外存设备。对于海量的地理数据，再采用文件系统的方法来管理肯定不行了，必须采用数据库技术进行管理。因此，地理数据库成了 GIS 研究的重要课题。地理数据库是地理空间数据的集合，是一种与现实的地理世界保持一定相似性的实体模型。

由于传统数据模型存储空间数据的局限性，使得它们并不适用于空间数据的有效管理，地理信息系统需要研究自己的空间数据模型。

2.3.1　空间数据库

空间数据库也叫地图数据库，是地理信息系统的重要组成部分，为 GIS 提供空间数据的存储和管理方法。在数据获取过程中，空间数据库用于存储和管理地理信息；在数据处理、分析和数据输出阶段，它是地理信息的提供者。数据库设计的合理性关系到整个地理信息系统工程的成败。

1. 数据库的概念

数据库就是为一定目的服务，以特定的数据存储的相关联的数据集合，它是数据管理的高级阶段，是从文件管理系统发展而来的。地理信息系统的数据库（简称空间数据库或地理数据库）是某一区域内关于一定地理要素特征的数据集合。为了直观地理解数据库，可以把数据库与图书馆进行相关对比，如表 2-8 所示。

表 2-8　数据库与图书馆的相关对比

数据库	图书馆
数据	图书
数据模型	书卡编目
数据的物理组织	图书存放规则、书架
数据库管理系统	图书管理员
外存	书库
用户	读者
数据存取	图书阅览

2. 空间数据库的特点

空间数据库与一般数据库相比，具有以下特点：

（1）数据量大。地理系统是一个复杂的综合体，要用数据来描述各种地理要素，尤其是要素的空间位置，其数据量往往很大。

（2）不仅有地理要素的属性数据（与一般数据库中的数据性质相似），还有大量的空间数据，即描述地理要素空间分布位置的数据，并且这两种数据之间具有不可分割的联系。

（3）数据应用广泛，例如地理研究、环境保护、土地利用与规划、资源开发、生态环境、市政管理、道路建设等。

3. 数据库管理系统

数据库是关于事物及其关系的信息组合。早期的数据库物体本身与其属性是分开存储的，只能满足简单的数据恢复和使用。数据定义使用特定的数据结构定义，利用文件形式存储，称之为文件处理系统。

文件处理系统是数据库管理最普遍的方法，但是有很多缺点：首先每个应用程序都必须直接访问所使用的数据文件，应用程序完全依赖于数据文件的存储结构，数据文件修改时应用程序也随之修改。另外的问题是数据文件的共享。由于若干用户或应用程序共享一个数据文件，要修改数据文件必须征得所有用户的认可。由于缺乏集中控制也会带来一系列数据库的安全问题。数据库的完整性是严格的，信息质量很差比没有信息更糟。

数据库管理系统(Database Management System，DBMS)是在文件处理系统的基础上进一步发展的系统。DBMS 在用户应用程序和数据文件之间起到了桥梁作用。DBMS 的最大优点是提供了两者之间的数据独立性，即应用程序访问数据文件时，不必知道数据文件的物理存储结构。当数据文件的存储结构改变时，不必改变应用程序。

1）采用标准 DBMS 存储空间数据的主要问题

用标准的 DBMS 来存储空间数据，不如存储表格数据那样好，其主要问题包括：

（1）在 GIS 中，空间数据记录是变长的，因为需要存储的坐标点的数目是变化的，而一般数据库都只允许把记录的长度设定为固定长度。不仅如此，在存储和维护空间数据拓扑关系方面，DBMS 也存在着严重的缺陷。因而，一般要对标准的 DBMS 增加附加的软件功能。

（2）DBMS 一般都难以实现对空间数据的关联、连通、包含、叠加等基本操作。

（3）GIS 需要一些复杂的图形功能，一般的 DBMS 不能支持。

（4）地理信息是复杂的，单个地理实体的表达需要多个文件、多条记录、或许包括大地网、特征坐标、拓扑关系、空间特征量测值、属性数据的关键字以及非空间专题属性等，一般的 DBMS 也难以支持。

（5）具有高度内部联系的 GIS 数据记录需要更复杂的安全性维护系统。为了保证空间数据库的完整性，保护数据文件的完整性，保护系列必须与空间数据一起存储，否则一条记录的改变就会使其他数据文件产生错误。一般的 DBMS 都难以保证这些。

2）GIS 数据管理方法的主要四种类型

（1）对不同的应用模型开发独立的数据管理服务，这是一种基于文件管理的处理方法。

（2）在商业化的 DBMS 基础上开发附加系统。开发一个附加软件用于存储和管理空间数据和空间分析，使用 DBMS 管理属性数据。

（3）使用现有的 DBMS，通常是以 DBMS 为核心，对系统的功能进行必要扩充，空间数据和属性数据在同一个 DBMS 管理之下。需要增加足够数量的软件和功能来提供空间功能和图形显示功能。

（4）重新设计一个具有空间数据和属性数据管理和分析功能的数据库系统。

2.3.2　空间数据库的设计建立和维护

空间数据库系统在整个 GIS 中占有极其重要的地位，是 GIS 发挥作用的关键。空间数据库设计的成败，直接影响到 GIS 开发和应用水平及成效。空间数据库设计的实质是将地理空间实体以一定的组织形式在数据库系统中加以表达的过程，也就是地理信息系统中空间实体的模型化问题。

1. 空间数据库的设计

数据库因不同的应用要求会有各种各样的组织形式。数据库的设计就是根据不同的应用目的和用户要求，在一个给定的应用环境中，确定最优的数据模型、处理模式、存储结构、存取方法，建立能反映现实世界的地理实体间信息之间的联系，满足用户要求，又能被一定的 DBMS 接受，同时能实现系统目标并有效地存取、管理数据的数据库。主要包括需求分析、结构设计和数据层设计三部分。

1）需求分析

需求分析是整个空间数据库设计与建立的基础，即用系统的观点分析与某一特定的空间数据库应用有关的数据集合。主要工作有：

（1）调查用户需求，了解用户特点和要求，取得设计者与用户对需求的一致看法。

（2）需求数据的收集和分析，包括信息需求（信息内容、特征、需要存储的数据）、信息加工处理要求（如响应时间）、完整性与安全性要求等。

（3）编制用户需求说明书，包括需求分析的目标、任务、具体需求说明、系统功能与性能、运行环境等，是需求分析的最终成果。

需求分析是一项技术性很强的工作，应该由有经验的专业技术人员完成，同时用户的积极参与也是十分重要的。

在需求分析阶段应完成数据源的选择和对各种数据集的评价。

（1）数据源的选择：一个实用 GIS 系统的开发，通常其数据库开发的造价占整个系统造价的 70%～80%，所以数据库内数据源的选择对整个系统格外重要。数据来源有地图、遥感影像、GPS 数据及已有数据。

（2）对各种数据集的评价：GIS 数据来源多种，质量不同，需要评价。可以从以下三个方面进行：

① 数据的一般评价，包括数据是否为电子版、是否为标准形式、是否可直接被 GIS 使用、是否为原始数据、是否可可替代数据、是否与其他数据一致（指覆盖地区、比例尺、投影方式、坐标系等）；

② 数据的空间特性，包括空间特征的表示形式是否一致，如 GPS 点、大地控制测量点、认为划分的地理位置点等，空间地理数据的系列性，如不同地区信息的衔接、边界匹配问题等；

③ 属性数据特征的评价，包括属性数据的存在性、属性数据与空间位置的匹配性、属性数据的编码系统及属性数据的现势性等。

2）结构设计

空间数据结构设计结果是得到一个合理的空间数据模型，是空间数据库设计的关键。空间数据模型越能反映现实世界，在此基础上生成的应用系统就越能较好地满足用户对数据处理的要求。结构设计的主要过程见图 2-16。

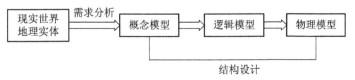

图 2-16　空间数据库结构设计

·概念设计

概念设计是把用户的需求加以解释，并用概念模型表达出来。具体是对需求分析阶段所收集的信息和数据进行分析、整理，确定地理实体、属性及它们之间的联系，将各用户的局部视图合并成一个总的全局视图，形成独立于计算机的反映用户观点的概念模式。概念模式与具体的 DBMS 无关，结构稳定，能较好地反映用户的信息需求。

表示概念模型最有力的工具是描述数据及其之间语义关系的语义数据模型，即实体—联系模型（E-R 模型），包括实体、联系和属性三个基本成分。用它来描述现实地理世界，不必考虑信息的存储结构、存取路径及存取效率等与计算机有关的问题，比一般的数据模型更接近于现实地理世界，具有直观、自然、语义较丰富等特点，在地理数据库设计中得到了广泛应用。

·逻辑设计

在概念设计的基础上，按照不同的转换规则将概念模型转换为具体 DBMS 支持的数据模型的过程，即导出具体 DBMS 可处理的地理数据库的逻辑结构（或外模式），包括确定数据项、记录及记录间的联系、安全性、完整性和一致性约束等。导出的逻辑结构是否与概念模式一致，能否满足用户要求，还要对其功能和性能进行评价，并予以优化。逻辑设计又称为数据模型映射。所以逻辑设计是根据概念模型和数据库管理系统来选择的。例如将上述概念设计所获得的 E-R 模型转换成关系数据库模型，其主要过程为：

① 确定各实体的主关键字；

② 确定并写出实体内部属性之间的数据关系表达式，即某一数据项决定另外的数据项；

③ 把经过消冗处理的数据关系表达式中的实体作为相应的主关键字；

④ 根据②、③形成新的关系；

⑤ 完成转换后，进行分析、评价和优化。

·物理设计

物理设计指数据库存储结构和存储路径的设计，即将数据库的逻辑模型在实际的物理存储设备上加以实现，从而建立一个具有较好性能的物理数据库。

物理设计的好坏将对地理数据库的性能影响很大，一个好的物理存储结构占有较小的存储空间，并对数据库的操作具有尽可能高的处理速度。在完成物理设计后，要进行性能分析和测试。

数据的物理表示分两类：数值数据和字符数据。数值数据可用十进制或二进制形式表示。通常二进制形式所占用的存储空间较少。字符数据可以用字符串的方式表示，有时也可利用代码值的存储代替字符串的存储。为了节约存储空间，常常采用数据压缩技术。

物理设计在很大程度上与选用的数据库管理系统有关。设计中应根据需要，选用系统所提供的功能。

·数据层设计

大多数 GIS 都将数据按逻辑类型分成不同的数据层进行组织。数据层是 GIS 中的一个重要概念。GIS 的数据可以按照空间数据的逻辑关系或专业属性分为各种逻辑数据层或专业数据层，原理上类似于图片的叠置。例如，地形图数据可分为地貌、水系、道路、植被、控制点、居民地等诸层分别存储。将各层叠加起来就合成了地形图的数据。在进行空间分析、数据处理、图形显示时，往往只需要若干相应图层的数据。

数据层的设计一般是按照数据的专业内容和类型进行的。数据的专业内容的类型通常是数据分层的主要依据，同时也要考虑数据之间的关系。如需考虑两类物体共享边界（道路与行政边界重合、河流与地块边界的重合）等，这些数据间的关系在数据分层设计时应体现出来。

不同类型的数据由于其应用功能相同，在分析和应用时往往会同时用到，因此在设计时应反映出这样的需求，即可将这些数据作为一层。例如，多边形的湖泊、水库，线状的河流、沟渠，点状的井、泉等，在 GIS 的运用中往往同时用到，因此可作为一个数据层。

2. 空间数据库的实现和维护

1）空间数据库的实现

根据空间数据库的逻辑设计和物理设计的结果，就可以建立空间数据库。这包括三项工作，即建立数据库结构、装入空间数据和试运行。

· 建立空间数据库结构

利用 DBMS 提供的数据描述语言描述逻辑设计和物理设计的结果，得到概念模式和外模式，编写功能软件，经编译、运行后形成目标模式，建立起实际的空间数据库结构。

· 数据装入

数据装入一般由编写的数据装入程序或 DBMS 提供的应用程序来完成。在装入数据之前要做许多准备工作，如对数据进行整理、分类、编码及格式转换（如专题数据库装入数据时，采用多关系异构数据库的模式转换、查询转换和数据转换）等。装入的数据要确保其准确性和一致性。最好是先装入试验性的空间数据对应用程序进行测试，以确认其功能和性能是否满足设计要求，并检查对数据库存储空间的占有情况，待调试运行基本稳定了，再大批量装入实际的空间数据。

· 调试运行

装入数据后，要对地理数据库的实际应用程序进行运行，执行各功能模块的操作，对地理数据库系统的功能和性能进行全面测试，包括需要完成的各功能模块的功能、系统运行的稳定性、系统的响应时间、系统的安全性与完整性等。经调试运行，若基本满足要求，则可投入实际运行。

由以上不难看出，建立一个实际的空间数据库是一项十分复杂的系统工程。

2）空间数据库的维护

空间数据库投入正式运行，标志着数据库设计和应用开发工作的结束和运行维护阶段的开始。本阶段的主要工作有：空间数据库的重组织、重构造和系统的安全性与完整性控制等。

· 空间数据库的重组织

在不改变空间数据库原来的逻辑结构和物理结构的前提下，改变数据的存储位置，将数据予以重新组织和存放。因为一个空间数据库在长期的运行过程中，经常需要对数据记录进行插入、修改和删除操作，这就会降低存储效率，浪费存储空间，从而影响空间数据库系统的性能。所以，在空间数据库运行过程中，要定期监测并改善数据库性能，分析评估存储空间和响应时间，必要时进行数据库重组织。

· 空间数据库的重构造

重构造指局部改变空间数据库的逻辑结构和物理结构。这是因为系统的应用环境和用户需求的改变，需要增加新的功能，对现有功能进行修正和扩充。数据库重构通过改写其概念模式（逻辑模式）的内模式（存储模式）进行。具体地说，对于关系型空间数据库系统，通过重新定义或修改表结构，或定义视图来完成重构；对非关系型空间数据库系统，改写后的逻辑模式和存储模式需重新编译，形成新的目标模式，原有数据要重新装入。空间数据库的重构，对延长应用系统的使用寿命非常重要，但只能对其逻辑结构和物理结构进行局部修改和扩充，如果修改和扩充的内容太多，那就要考虑开发新的应用系统。

· 空间数据库的完整性、安全性控制

空间数据库的完整性指数据的正确性、有效性和一致性，主要由后映像日志来完成，它是一个备份程序，当发生系统或介质故障时，利用它转储及恢复数据库；安全性指对数据的保护，需要及时调整授权和密码。

复习与思考题

1. GIS 的对象是什么？地理实体有什么特点？

2. 地理实体数据的特征是什么？请列举出某些类型的空间数据。

3. 空间数据的结构与其他非空间数据的结构相比较有什么特殊之处？试给出几种空间数据的结构描述。

4. 矢量数据与栅格数据的区别是什么？它们有什么共同点？

5. 矢量数据在结构表达方面有什么特色？

6. 矢量与栅格一体化的数据结构有什么好处？

7. 空间数据库的概念是什么？其组成部分有哪些？

8. 空间数据库的设计有哪些主要步骤和内容？

第 3 章　空间数据采集与处理

3.1　空间数据采集

3.1.1　数据源种类

地理信息系统的数据源是指建立地理信息系统数据库所需要的各种类型数据的来源。主要包括地图、遥感图像、文本资料、统计资料、实测数据、多媒体数据、已有系统的数据等。

1. 地图

地图是 GIS 最主要的数据源，因为地图包含着丰富的内容，不仅含有实体的类别和属性，而且含有实体间的空间关系。地图数据主要通过对地图的跟踪数字化和扫描数字化获取。地图数据通常用点、线、面及注记来表示地理实体及实体间的关系。我国大多数的 GIS 系统其图形数据大部分都来自地图。但由于地图具有以下特点，对其应用时须加以注意。

（1）地图存储介质的缺陷：地图多为纸质，其存放条件的不同，都存在不同程度的变形，具体应用时，须对其进行纠正。

（2）地图现势性较差：由于传统地图更新需要的周期较长，造成现存地图的现势性不能完全满足实际的需要。

（3）地图投影的转换：由于地图投影的存在，使得对不同地图投影的地图数据进行交流前，须先进行地图投影的转换。

2. 遥感影像数据

遥感数据是 GIS 的重要数据源。遥感数据含有丰富的资源与环境信息，在 GIS 支持下，可以与地质、地球物理、地球化学、地球生物、军事应用等方面的信息进行信息复合和综合分析。遥感数据是一种大面积的、动态的、近实时的数据源，遥感技术是 GIS 数据更新的重要手段。但是因为每种遥感影像都有其自身的成像规律、变形规律，所以对其应用要注意影像的纠正、影像的分辨率、影像的解译特征等方面的问题。

3. 统计数据

国家和军队的许多部门和机构都拥有不同领域（如人口、基础设施建设、兵要地志等）的大量统计资料，这些都是 GIS 的数据源，尤其是 GIS 属性数据的重要来源。

4. 实测数据

野外试验、实地测量等获取的数据可以通过转换直接进入 GIS 的地理数据库，以便于进行实时的分析和进一步的应用。GPS(全球定位系统)所获取的数据也是 GIS 的重要数据源。

5. 数字数据

目前,随着各种专题图件的制作和各种 GIS 系统的建立,直接获取数字图形数据和属性数据的可能性越来越大。数字数据也成为 GIS 信息源不可缺少的一部分。但对数字数据的采用需注意数据格式的转换和数据的精度、可信度的问题。

6. 多媒体数据

多媒体数据(包括声音、录像等)通常可通过通信口传入 GIS 的地理数据库中,目前其主要功能是辅助 GIS 的分析和查询。

7. 已有系统的数据

GIS 还可以从其他已建成的信息系统和数据库中获取相应的数据。由于规范化、标准化的推广,不同系统间的数据共享和可交换性越来越强,这样就拓展了数据的可用性,增加了数据的潜在价值。

8. 文本资料

文本资料是指各行业、各部门的有关法律文档、行业规范、技术标准、条文条例等,如边界条约等。这些也属于 GIS 数据。

对于一个多用途的或综合型的系统,一般都要建立一个大而灵活的数据库,以支持其广泛的应用范围。而对于专题型和区域型统一的系统,数据类型与系统功能之间则具有非常密切的关系。

3.1.2　空间数据采集

1. 属性数据的采集

属性数据即空间实体的特征数据,一般包括名称、等级、数量、代码等多种形式,属性数据的内容有时直接记录在栅格或矢量数据文件中,有时则单独输入数据库存储为属性文件,通过关键码与图形数据建立联系。

对于要输入属性库的属性数据,则通过键盘可直接键入。

对于要直接记录到栅格或矢量数据文件中的属性数据,必须先对其进行编码,将各种属性数据变为计算机可以接受的数字或字符形式,以便于 GIS 存储管理。

下面主要从属性数据的分类、分级和编码方面对其进行说明。

1) 属性数据分类

分类是将具有共同的属性或特征的事物或现象归并在一起,而把不同属性或特征的事物或现象分开的过程。分类的基本原则是科学性、系统性、可扩性、实用性、兼容性。

属性数据常用的分类方法有线分类法、面分类法。线分类法是将初始的分类对象按所选定的若干个属性或者特征依次分成若干个层级目录,并编排成一个有层次的、逐级展开的分类体系。面分类法是将给定的分类对象按选定的若干个属性或特征分成彼此互不依赖、互不相干的若干面,每个面中又可分成许多彼此独立的若干个类。

2) 属性数据分级

分级是对事物或现象的数量或特征进行等级的划分,主要包括分级数和分级界线。分级多采用数学方法，如数列分级、最优分割分级等。

3）属性数据的编码

属性数据的编码是指确定属性数据的代码的方法和过程。代码是一个或一组有序的易于被计算机或人识别与处理的符号，是计算机查找信息的主要依据。编码的直接产物是代码，而分类分级则是编码的基础。代码的类型有数字型、字母型、数字与字母混合型。

· 编码原则

编码的基本原则是唯一性、合理性、可扩性、简单性、适用性和规范性。概括来说，属性数据编码一般要基于以下原则：

（1）编码的系统性和科学性。编码系统在逻辑上必须满足所涉及学科的科学分类方法，以体现该类属性本身的自然系统性。另外，还要能反映出同一类型中不同的级别特点。

（2）编码的一致性。一致性是指对象的专业名词、术语的定义等必须保证严格一致，对代码所定义的同一专业名词、术语必须是唯一的。

（3）编码的标准化和通用性。为满足未来有效的信息传输和交流，所制定的编码系统必须在有可能的条件下实现标准化。

如中华人民共和国行政区划代码使用国家颁布的 GB—2260—80 编码，其中有省（市、自治区）三位，县（区）三位，其余三位由用户自己定义，最多为十位。编码的标准化就是拟定统一的代码内容、码位长度、码位分配和码位格式为大家所采用。因此，编码的标准化为数据的通用性创造了条件。当然，编码标准化的实现将经历一个分步渐进的过程，并且只能是适度的，这是由于地理对象的复杂性和区域差异性所决定的。

（4）编码的简捷性。在满足国家标准的前提下，每一种编码应该是以最小的数据量载负最大的信息量，这样，既便于计算机存储和处理，又具有较好的可读性。

（5）编码的可扩展性。代码的码位一般要求紧凑经济，减少冗余代码，但应考虑到实际使用时常常会出现需要加入到编码系统中的新类型，因此编码的设置应留有扩展的空间，避免新对象的出现而使原编码系统失效，造成编码错乱现象。

· 编码内容

属性编码一般包括三个方面的内容：

（1）登记部分，用来标识属性数据的序号，可以是简单的连续编号，也可划分为不同层次进行顺序编码。

（2）分类部分，用来标识属性的地理特征，可采用多位代码以反映多种特征。

（3）控制部分，用来通过一定的查错算法，检查在编码、录入和传输中的错误，在属性数据量较大情况下具有重要意义。

· 编码步骤。编码的一般步骤是：

（1）列出全部制图对象清单。

（2）制定对象分类，分级原则和指标，将制图对象进行分类、分级。

（3）拟定分类代码系统。

（4）设定代码及其格式。设定代码使用的字符和数字、码位长度、码位分配等。

（5）建立代码和编码对象的对照表。这是编码最终成果档案，是数据输入计算机进行编码的依据。

· 编码方法

属性的科学分类体系无疑是 GIS 中属性编码的基础。目前，较为常用的编码方法有层次分类编码法与多源分类编码法两种基本类型。

（1）层次分类编码法是按照分类对象的从属和层次关系为排列顺序的一种代码，其优点是能明确表示出分类对象的类别，代码结构有严格的隶属关系。图 3-1 以土地利用类型的编码为例，说明层次分类编码法所构成的编码体系。

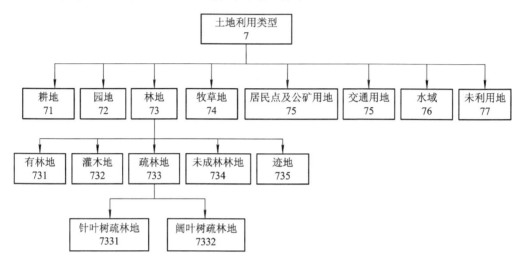

图 3-1　土地利用类型编码（层次分类编码法）

（2）多源分类编码法又称独立分类编码法，是指对于一个特定的分类目标，根据诸多不同的分类依据分别进行编码，各位数字代码之间并没有隶属关系。表 3-1 以河流为例说明了属性数据多源分类编码法的编码方法。

表 3-1　河流特性分类与编码

通航情况	流水季	河流长度	河流宽度	河流深度
通航：1	常年河：1	<1 km：1	<1 m：1	5~10 m：1
不通航：2	时令河：2	<2 km：2	1~2 m：2	10~20 m：2
	消失河：3	<5 km：3	2~5 m：3	20~30 m：3
		<10 km：4	5~20 m：4	30~60 m：4
		>10 km：5	20~50 m：5	60~120 m：5
			>50 m：6	120~300 m：6
				300~500 m：7
				>500 m：8

该种编码方法一般具有较大的信息量，有利于空间信息的综合分析。在实际工作中，也常将以上两种编码方法结合使用，以达到更理想的效果。

2. 图形数据的采集

图形数据的输入实际上就是图形的数字化过程。一般有两种方法：

1) 手扶跟踪数字化仪输入

· 手扶跟踪数字化仪

手扶跟踪数字化仪，根据其采集数据的方式分为机械式、超声波式和全电子式三种，其中全电子式数字化仪精度最高，应用最广。按照其数字化版面的大小可分为 A_0，A_1，A_2，A_3，A_4 等。

数字化仪由电磁感应板、游标和相应的电子电路组成，如图 3-2 所示。这种设备利用电磁感应原理，在电磁感应板的 x，y 方向上有许多平行的印制线，每隔 $200~\mu m$ 一条，游标中装有一个线圈。当使用者在电磁感应板上移动游标到图件的指定位置，并将十字叉丝的交点对准数字化的点位，按动相应的按钮时，线圈中就会产生交流信号，十字叉丝的中心也便产生了一个电磁场，当游标在电磁感应板上运动时，板下的印制线上就会产生感应电流。印制板周围的多路开关等线路可以检测出最大信号的位置，即十字叉丝中心所在的位置，从而得到该点的坐标值。

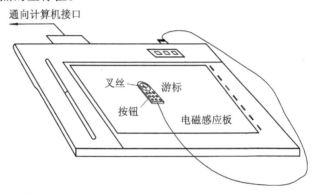

图 3-2　手扶跟踪数字化仪示意图

· 数字化过程

把待数字化的图件固定在图形输入板上，首先用鼠标器输入图幅范围和至少四个控制点的坐标，随后即可输入图幅内各点、曲线的坐标。

通过数字化仪采集数据，数据量小，数据处理的软件也比较完备，但由于数字化的速度比较慢，工作量大，自动化程度低，数字化的精度与作业员的操作有很大关系，所以，目前很多单位在大批量数字化时已不再采用它。

2) 扫描仪输入

· 扫描仪简介

扫描仪是直接把图形（如地形图）和图像（如遥感影像、照片）扫描输入到计算机中，以像素信息进行存储表示的设备。按其所支持的颜色分类，可分为单色扫描仪和彩色扫描仪；按所采用的固态器件分类，又分为电荷耦合器件（CCD）扫描仪、MOS 电路扫描仪、紧贴型扫描仪等；按扫描宽度和操作方式分类，可分为大型扫描仪、台式扫描仪和手动式扫描仪。

CCD 扫描仪的工作原理是：用光源照射原稿，投射光线经过一组光学镜头射到 CCD 器件上，再经过模/数转换器、图像数据暂存器等，最终输入到计算机。CCD 感光元件阵列是逐行读取原稿的。为了使投射在原稿上的光线均匀分布，扫描仪中使用的是长条形光源。对于黑白扫描仪，用户可以选择黑白颜色所对应电压的中间值作为阈值，凡低于阈值的电压就为 0(黑色)，反之为 1(白色)。而在灰度扫描仪中，每个像素有多个灰度层次。彩色扫描仪的工作原理与灰度扫描仪的工作原理相似，不同之处在于彩色扫描仪要提取原稿中的彩色信息，扫描仪的幅面有 A_0，A_1，A_3，A_4 等。扫描仪的分辨率是指在原稿的单位长度(英寸)上取样的点数，单位是 dpi，常用的分辨率范围是 300～1000 dpi。扫描图像的分辨率越高，所需的存储空间就越大。现在多数扫描仪都提供了可选择分辨率的功能。对于复杂图像，可选用较高的分辨率；对于较简单的图像，就选择较低的分辨率。

·扫描过程

扫描时必须先进行扫描参数的设置，包括：

(1)扫描模式的设置分二值、灰度、百万种彩色，对地形图的扫描一般采用二值扫描或灰度扫描；对彩色航片或卫片采用百万种彩色扫描；对黑白航片或卫片采用灰度扫描。

(2)扫描分辨率的设置，根据扫描要求，对地形图的扫描一般采用 300 dpi 或更高的分辨率。

(3)针对一些特殊的需要，还可以调整亮度、对比度、色调、GAMMA 曲线等。

(4)设定扫描范围。

扫描参数设置完后，即可通过扫描获得某个地区的栅格数据。

通过扫描获得的是栅格数据，数据量比较大。如一张地形图采用 300 dpi 灰度扫描，其数据量就有 20 MB 左右。此外，扫描获得的数据还存在着噪声和中间色调像元的处理问题。噪声是指不属于地图内容的斑点污渍和其他模糊不清的东西形成的像元灰度值。噪音范围很广，没有简单有效的方法能加以完全消除，有的软件能去除一些小的脏点，但有些地图内如小数点和小的脏点很难区分。对于中间色调像元，则可以通过选择合适的阈值选用一些软件如 Photoshop 等来处理。

一般对获得的栅格数据还要进行一些后续处理，如图像纠正、矢量化等。

扫描输入因其输入速度快、不受人为因素的影响、操作简单而越来越受到大家的欢迎，再加上计算机运算速度、存储容量的提高和矢量化软件的不断出现，使得扫描输入已成为图形数据输入的主要方法。

3.2　空间数据的编辑与处理

3.2.1　误差或错误的检查与编辑

通过矢量数字化或扫描数字化所获取的原始空间数据，都不可避免地存在着错误或误差，属性数据在建库输入时，也难免会存在误差，所以，对图形数据和属性数据进行一定的检查、编辑是很有必要的。

图形数据和属性数据的误差主要包括以下几个方面：

(1)空间数据的不完整或重复。主要包括空间点、线、面数据的丢失或重复，区域中心点的遗漏，栅格数据矢量化时引起的断线等。

(2)空间数据位置的不准确。主要包括空间点位的不准确、线段过长或过短、线段的断裂、相邻多边形结点的不重合等。

（3）空间数据的比例尺不准确。

（4）空间数据的变形。

（5）空间属性和数据连接有误。

（6）属性数据不完整。

图 3 - 3 是几种数字化误差的示例。

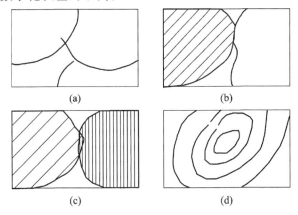

(a)　　　　　　　　　　(b)

(c)　　　　　　　　　　(d)

图 3 - 3　数字化误差示例

为发现并有效消除误差，常用的检查方法有：

（1）叠加比较法，是空间数据数字化正确与否的最佳检查方法。它是指按与原图相同的比例尺把数字化的内容绘在透明材料上，然后与原图叠加在一起，在透光桌上进行仔细的观察和比较。一般地，对于空间数据的比例尺不准确和空间数据的变形立刻就可以观察出来，而对于空间数据的位置不完整和不准确，则需要把遗漏、位置错误处标注出来。如果数字化的范围比较大，分块数字化时，除检查和核对一幅（块）图内的差错外，还需检查已存入计算机的其他图幅的接边情况。

（2）目视检查法，是指在屏幕上用目视检查的方法，检查一些明显的数字化误差与错误，如图 3 - 3 所示，包括线段过长或过短、多边形的重叠和裂口、线段的断裂等。

（3）逻辑检查法，是根据数据拓扑一致性进行检验，将弧段连成多边形，进行数字化误差的检查。有许多软件已能自动进行多边形结点的自动平差。对属性数据的检查一般也是先用这种方法，检查属性数据的值是否超过其取值范围，属性数据之间或属性数据与地理实体之间是否有错误的组合。

对于空间数据的不完整或位置的误差，主要是利用 GIS 的图形编辑功能，如删除（目标、属性、坐标），修改（平移、拷贝、连接、分裂、合并、整饰），插入等进行处理。

对空间数据比例尺的不准确和变形，可以通过比例变换和纠正来处理。

3. 2. 2　图像纠正

此处的图像主要是指通过扫描得到的地形图和遥感影像。使扫描得到的地形图数据和遥感数据存在变形的原因有如下几种情况：

（1）由于受地形图介质及存放条件等因素的影响，地形图的实际尺寸发生变形。

（2）在扫描过程中，工作人员的操作产生一定的误差（如扫描时地形图或遥感影像没有被压紧、产生斜置或扫描参数的设置等因素造成的误差），都会使被扫入的地形图或遥感影像产生变形，直接影响扫描质量和精度。

（3）遥感影像本身就存在着几何变形。

（4）所需地图图幅的投影与资料的投影不同，或需将遥感影像的中心投影或多中心投影转换为正射投影等。

（5）扫描时，受扫描仪幅面大小的影响，有时需将一幅地形图或遥感影像分成几块扫描，这样会使地形图或遥感影像在拼接时难以保证精度。

对扫描得到的图像进行纠正，主要是建立要纠正的图像与标准的地形图或地形图的理论数值或纠正过的正射影像之间的变换关系。目前，主要的变换函数有：仿射变换、双线性变换、平方变换、双平方变换、立方变换、四阶多项式变换等，具体采用哪一种变换，则要根据纠正图像的变形情况、所在区域的地理特征及所选点数来决定。

1. 地形图的纠正

对地形图的纠正，一般采用四点纠正法或逐网格纠正法。

1）四点纠正法

一般是根据选定的数学变换函数，输入需纠正地形图的图幅行列号、地形图的比例尺、图幅名称等，生成标准图廓，分别采集四个图廓控制点坐标来完成。

2）逐网格纠正法

一般是在四点纠正法不能满足精度要求的情况下采用的一种方法。这种方法和四点纠正法的不同之处主要是采样点数目的不同，它是逐方里网进行的。也就是说，对每一个方里网，都要采点。具体采点时，一般要先采源点（需纠正的地形图），后采目标点（标准图廓）；先采图廓点和控制点，后采方里网点。

2. 遥感影像的纠正

遥感影像的纠正，一般选用和遥感影像比例尺相近的地形图或正射影像图作为变换标准，选用合适的变换函数，分别在要纠正的遥感影像和标准地形图或正射影像图上采集同名地物点。

具体采点时，要先采源点（影像），后采目标点（地形图）。选点时，要注意选点的均匀分布，点不能太多，见图 3-4。如果在选点时没有注意点位的分布或点太多，这样不但不能保证精度，反而会使影像产生变形。另外，选点时，点位应选由人工建筑构成的并且不会移动的地物点（如渠或道路交叉点、桥梁等），尽量不要选河床易变动的河流交叉点，以免点的移位影响配准精度。

图 3-4　遥感影像纠正选点示例

3.2.3　数据格式的转换

　　数据格式的转换一般分为两大类：第一类是不同数据介质之间的转换，即将各种不同的源材料信息（如地图、照片、各种文字及表格）转为计算机可以兼容的格式，主要采用数字化、扫描、键盘输入等方式，这在上一节中已经说明；第二类转换是数据结构之间的转换，而数据结构之间的转换又包括同一数据结构不同组织形式间的转换和不同数据结构间的转换。

　　同一数据结构不同组织形式间的转换包括不同栅格记录形式之间的转换（如四叉树和游程编码之间的转换）和不同矢量结构之间的转换（如索引式和 DIME 之间的转换）。这两种转换方法要视具体的转换内容根据矢量和栅格数据编码的原理和方法来进行。

　　不同数据结构间的转换主要包括矢量到栅格数据的转换和栅格到矢量数据的转换两种。

3.2.4　地图投影转换

　　当系统使用的数据取自不同地图投影的图幅时，需要将一种投影的数字化数据转换为所需要投影的坐标数据。投影转换的方法可以采用：

　　（1）正解变换：通过建立一种投影变换为另一种投影的严密或近似的解析关系式，直接由一种投影的数字化坐标 x、y 变换到另一种投影的直角坐标 X、Y。

　　（2）反解变换：是指由一种投影的坐标反解出地理坐标（x、$y \rightarrow B$、L），然后再将地理坐标代入另一种投影的坐标公式中（B、$L \rightarrow X$、Y），从而实现由一种投影坐标到另一种投影坐标的变换（x、$y \rightarrow X$、Y）。

　　（3）数值变换：根据两种投影在变换区内的若干同名数字化点，采用插值法、有限差分法、最小二乘法、有限元法，或待定系数法等，从而实现由一种投影坐标到另一种投影坐标的变换。

　　目前，大多数 GIS 软件是采用正解变换法来完成不同投影之间的转换，并直接在 GIS 软件中提供常见投影之间的转换。

3.2.5　图像解译

　　遥感影像的信息要进入 GIS，很重要的一步就是图像解译，即从图像中提取有用信息的过程。

　　对图像进行解译，是一项涉及诸多内容的复杂过程。它主要包括：研究地理区域的一般知识，掌握影像分析的经验和技能，对影像特征的深入理解。有时，在图像解译之前，还会对其进行图像增强处理。

　　图像解译过程一般是建立在对图像及其解译区域进行系统研究的基础之上，具体包括图像的成像原理、图像的成像时间、图像的解译标志、成像地区的地理特征、地图、植被、气候学以及区域内有关人类活动的各种信息。

　　遥感图像的解译标志很多，包括图像的色调（或色彩）、大小、形状、纹理、阴影、类型、位置及地物之间的相互关系等。色调被认为是最基本的因素，因为没有色调变化，物体就不能被识别。大小、形状和纹理较复杂，需要进行个体特征的分析和解译。而阴影、类型、位置和相互关系则最为复杂，涉及特征间的相关关系。

影像分析是一个不断重复的过程，其中要对各种地物类型的信息以及信息之间的相关关系进行周密调查、收集资料、检验假说、做出解译并不断修正错误，才能得出正确的结果。

3.2.6 图幅拼接

在对底图进行数字化以后，由于图幅比较大或者使用小型数字化仪时，难以将研究区域的底图以整幅的形式来完成，这时需要将整个图幅划分成几块分别输入。在所有块都输入完毕并进行拼接时，常常会有边界不一致的情况，需要进行边缘匹配处理，如图 3-5 所示。边缘匹配处理可以由计算机自动完成，或者辅助以手工半自动完成。

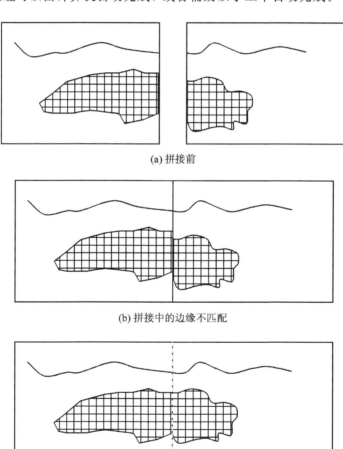

(a) 拼接前

(b) 拼接中的边缘不匹配

(c) 调整后的拼接结果

图 3-5 图幅拼接

除了图幅尺寸的原因，在 GIS 实际应用中，由于经常要输入标准分幅的地形图，也需要在输入后进行拼接处理，这时一般需要先进行投影变换，通常的做法是使用高斯—克吕格投影转换把图幅从地形图中转换到经纬度坐标系中，然后再进行拼接。

3.3　空间数据质量及误差分析

地理信息系统是一个基于计算机软件、硬件和空间数据的集成系统，该系统主要通过空间及非空间数据的操作，实现空间检索、编辑及分析功能。在 GIS 的几个主要因素中，数据是一个极为重要的因素。在计算机软件、硬件环境选定之后，GIS 中数据质量的优劣，决定着系统分析质量以及整个应用的成败。

3.3.1　数据质量的基本概念

1. 准确性（Accuracy）

准确性是指一个记录值（结果、计算值或估计值）与它的真实值之间的接近程度。在实际中，测量的准确性依赖于测量的类型和比例尺。一般而言，单个的观察或测量的准确性的估价仅仅是通过与可获得的最准确的测量或公认的分类进行比较。空间数据的准确性经常是根据所指的位置、拓扑或非空间属性来分类的。它可用误差（Error）来衡量。

2. 精度（Precision）

数据的精度指数据表示的精密程度，即对现象描述的详细程度和准确度。详细程度是指对现象反映的详细程度，比例尺愈大，反映现象的尺寸界限愈小。而精度的实质在于它对数据准确度的影响，可通过准确度得到体现。

3. 空间分辨率（Spatial Resolution）

分辨率是指两个可测量数值之间最小的可辩识的差异。空间分辨率可以看做记录变化的最小距离。在一张用肉眼可读的地图上，假设一条线用来记录一个边界，分辨率通常由最小线的宽度来确定。

4. 比例尺（Scale）

比例尺是地图上一个记录的距离和它所表现的"真实世界的"实际距离之间的一个比例。地图的比例尺将决定地图上一条线的宽度所表现的地面距离。例如，在一个 1∶100000 比例尺的地图上，一条 0.5 mm 宽度的线对应着 50 m 的地面距离。如果 0.5 mm 是线的最小的宽度，那么这张地图上就不可能表示小于 50 m 的现象。

5. 误差（Error）

误差反映了数据与真实值或者大家公认的真值之间的差异。它是一种常用的数据准确性的表达方式。误差研究包括：位置误差（即点的位置的误差、线的位置的误差和多边形的位置的误差），属性误差，位置和属性误差之间的关系。

6. 不确定性（Uncertainty）

不确定性是关于空间过程和特征不能被准确确定的程度，是自然界各种空间现象自身固有的属性。通常包括空间位置的不确定性、属性的不确定性、时域的不确定性、逻辑上的不一致性及数据的不完整性。空间位置的不确定性是指 GIS 中某一被描述物体与其地面上真实物体位置上的差别；属性不确定性是指某一物体在 GIS 中被描述的属性与其真实的属性之间的差别；时域不确定性是指在描述地理现象时，时间描述上的差错；逻辑上的不一致性是指数据结构内部的不一致性，尤其是指拓扑逻辑上的不一致性；数据的不完整性是指对于给定的目标，GIS 没有尽可能完全地表达该物体。

3.3.2 空间数据质量问题的来源

从空间数据的形式表达到空间数据的生成，从空间数据的处理变换到空间数据的应用，这两个过程中都会有数据质量问题的发生。

1. 空间现象自身存在的不稳定性

空间数据质量问题首先来源于空间现象自身存在的不稳定性，包括空间特征和过程在空间、专题和时间内容上的不确定性。空间现象在空间上的不确定性是指其在空间位置分布上的不确定性变化；空间现象在时间上的不确定性表现为其在发生时间段上的游移性；空间现象在属性上的不确定性表现为属性、类型划分的多样性，非数值型属性值表达的不精确性。因此，空间数据存在质量问题是不可避免的。

2. 空间现象的表达

数据采集中的测量方法以及测量精度的选择等受到人类自身的认识和表达的影响，因此数据的生成必然会出现误差。如在地图投影中，由椭球体到平面的投影转换必然会产生误差；用于获取各种原始数据的各种测量仪器都有一定的设计精度，如 GPS 提供的地理位置数据都有用户要求的一定设计精度，因而数据误差的产生不可避免。

3. 空间数据处理中的误差

在空间数据处理中，容易产生误差的有以下一些过程：

（1）投影变换过程：地图投影是三维地球椭球面到二维场平面的拓扑变换。在不同投影形式下，地理特征的位置、面积和方向的表现会有差异。

（2）地图数字化和扫描后的矢量化处理过程：数字化过程采点的位置精度、空间分辨率、属性赋值等都可能出现误差。

（3）数据格式转换过程：在矢量和栅格格式之间的数据格式转换中，数据所表达的空间特征的位置具有差异性。

（4）数据抽象过程：在数据发生比例尺变换时，对数据进行的聚类、归并、合并等操作时产生的误差，如知识性误差和数据所表达的空间特征位置的变化误差。

（5）建立拓扑关系过程：拓扑过程中伴随有数据所表达的空间特征的位置坐标的变化。

（6）与主控数据层的匹配过程：一个数据库中，常存储同一地区的多层数据面，为保证各数据层之间空间位置的协调性，一般建立一个主控数据层以控制其他数据层的边界和控制点。在与主控数据层匹配的过程中也会存在空间位移导致误差。

（7）数据叠加操作和更新过程：数据在进行叠加运算以及数据更新时，会产生空间位置和属性值的差异。

（8）数据集成处理过程：在来源不同、类型不同的各种数据集的相互操作过程中也会产生误差。数据集成是包括数据预处理、数据集之间的相互运算、数据表达等过程在内的复杂过程，其中位置误差、属性误差都会出现。

（9）数据的可视化表达过程：数据在可视化表达过程中，为适应视觉效果需对数据的空间特征位置、注记等进行调整，由此也会产生数据表达上的误差。

（10）数据处理过程中误差的传递和扩散过程：在数据处理的各个过程中，误差是累计和扩散的，前一过程的累计误差可能成为下一个阶段的误差起源，从而导致新的误差的产生。

4. 空间数据使用中的误差

在空间数据使用的过程中也会导致误差的出现，主要包括两个方面：一是对数据的解释过程产生误差，二是缺少文档导致误差。对于同一种空间数据来说，不同用户对它的内容解释和理解可能不同，处理这类问题的方法是随空间数据提供各种相关的文档说明，如元数据。另外，缺少对某一地区不同来源的空间数据的说明，如缺少投影类型、数据定义等描述信息，这样往往导致数据用户对数据的随意性使用而使误差扩散。

表 3 - 2　数据的主要误差来源

数据处理过程	误 差 来 源
数据搜集	野外测量误差：仪器误差、记录误差 遥感数据误差：辐射和几何纠正误差、信息提取误差 地图数据误差：原始数据误差、坐标转换误差、制图综合及印刷误差
数据输入	数字化误差：仪器误差、操作误差 不同系统格式转换误差：栅格－矢量转换误差、三角网－等值线转换误差
数据存储	数值精度不够 空间精度不够：每个格网点太大、地图最小制图单元太大
数据处理	分类间隔不合理 多层数据叠合引起的误差传播：插值误差、多源数据综合分析误差 比例尺太小引起的误差
数据输出	输出设备不精确引起的误差 输出的媒介不稳定造成的误差
数据使用	对数据所包含的信息的误解 对数据信息使用不当

3.3.3　常见空间数据的误差分析

GIS 中的误差是指 GIS 中数据表示与其现实世界本身的差别。误差类型可以是随机的，也可以是系统的。归纳起来，数据的误差主要有四大类：几何误差、属性误差、时间误差和逻辑误差。在这几种误差中，属性误差和时间误差与普通信息系统中的误差概念是一致的，几何误差是地理信息系统所特有的，而几何误差、属性误差和时间误差都会造成逻辑误差，因此下面主要讨论逻辑误差和几何误差。

1. 误差的类型

1）逻辑误差

数据的不完整性是通过上述四类误差反映出来的。事实上检查逻辑误差，有助于发现不完整的数据和其他三类误差。对数据进行质量控制、质量保证或质量评价，一般先从数据的逻辑性检查入手。如图 3 - 6 所示，其中桥或停车场等与道路是相接的，如果数据库中只有桥或停车场，而没有与道路相连，则说明道路数据被遗漏，使数据不完整。

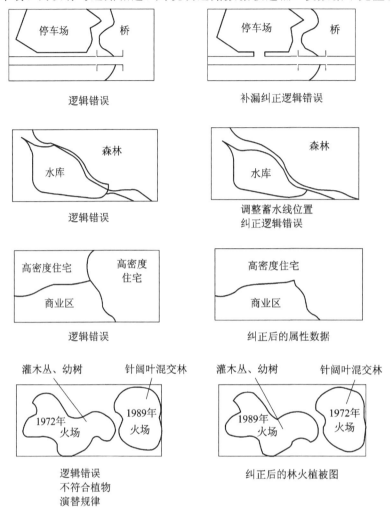

图 3-6 各种逻辑误差

2）几何误差

由于地图是以二维平面坐标表达位置，在二维平面上的几何误差主要反映在点和线上。

·点误差

关于某点的点误差即为测量位置$(x，y)$与其真实位置$(x_0，y_0)$的差异。真实位置的测量方法比测量位置的测量方法要更加精确，如可在野外使用高精度的 GPS 方法得到真实位置，并可通过计算坐标误差和距离的方法得到点误差。坐标误差的计算公式为：

$$\Delta x = x - x_0$$
$$\Delta y = y - y_0$$

为了衡量整个数据采集区域或制图区域内的点误差，一般抽样测算$(\Delta x，\Delta y)$。抽样点应随机分布于数据采集区内，且具有代表性。这样抽样点越多，所测的误差分布就越接近于点误差的真实分布。

・线误差

线在地理信息系统数据库中既可表示线性现象，又可以通过连成的多边形表示面状现象。第一类是线上的点在真实世界中是可以找到的，如道路、河流、行政界线等，这类线性特征的线误差主要产生于测量和对数据的后处理；第二类是现实世界中找不到的，如按数学投影定义的经纬线、按高程绘制的等高线，或者是气候区划线和土壤类型界限等，这类线性特征的线误差及在确定线的界限时的误差，被称为解译误差。解译误差与属性误差直接相关，若没有属性误差，则可以认为第二类型界线是准确的，因而解译误差为零。

另外，线分为直线、折线、曲线、曲线与直线混合的线，如图 3-7 所示。

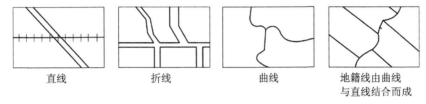

直线　　　　折线　　　　曲线　　　　地籍线由曲线与直线结合而成

图 3-7　各种线(直线、折线、曲线)

GIS 数据库中用两种方法表达曲线、折线，图 3-8 对这两类误差作了对照。

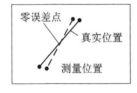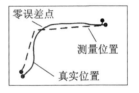

图 3-8　折线和曲线的误差

线误差分布可以用 Epsilon 带模型来描述，它是由沿着一条线以及两侧定宽的带构成的，真实的线以某一概率落于 Epsilon 带内。Epsilon 带是等宽的(类似于后面讲述的缓冲区，不过其意义不同)，在此基础上，误差带模型被提出。与 Epsilon 带模型相比，误差带模型在中间最窄而在两端较宽。误差带模型可以把直线与折线误差分布的特点分别看做是"骨头型"或者"车链型"的误差分布带模式，如图 3-9 所示。

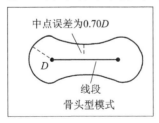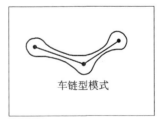

图 3-9　折线误差的分布

对于曲线的误差分布或许应当考虑"串肠型模式"，见图 3-10。

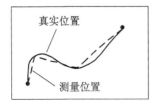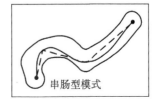

图 3-10　曲线的误差分布

2. 地图数据的质量问题

地图数据是现有地图经过数字化或扫描处理后生成的数据。在地图数据质量问题中，不仅含有地图固有的误差，还包括图纸变形、图形数字化等误差。

1）地图固有误差

这类误差是指用于数字化的地图本身所带有的误差，包括控制点误差、投影误差等。由于这些误差间的关系很难确定，所以很难对其综合误差做出准确评价。假定综合误差与各类误差间存在线性关系，即可用误差传播定律来计算综合误差。

2）材料变形产生的误差

这类误差是由于图纸的大小受湿度和温度变化的影响而产生的。在印刷过程中，纸张先随温度的升高而变长变宽，又由于冷却而产生收缩。在温度不变的情况下，若湿度由 0％增至 25％，则纸的尺寸可能改变 1.6％；纸的膨胀率和收缩率并不相同，即使湿度又恢复到原来的大小，图纸也不能恢复原有的尺寸，一张 6 英寸的图纸因湿度变化而产生的误差可能高达 0.576 英寸。

3）图像数字化误差

数字化方式主要有跟踪数字化和扫描数字化两种。跟踪数字化一般有点方式和流方式两种工作方式，前者在实际工作中使用较多，后者进行数字化所产生的误差要比前者大得多。

跟踪数字化影响其数据质量的因素主要有：数字化要素对象、数字化操作人员、数字化仪和数字化操作。其中，数字化要素对象（即地理要素、图形本身的高度、密度和复杂程度等）对数字化结果的质量有着显著影响，如粗线比细线更易引起误差，复杂曲线比平直线更易引起误差，密集的要素比稀疏的要素更易引起误差等；数字化操作人员的技术与经验不同，所引入的数字化误差也会有较大的差异，这主要表现在最佳采点点位的选择、十字丝与目标重叠程度的判断能力等方面，另外，数字化操作人员的疲劳程度和数字化的速度也会影响数字化的质量；数字化仪的分辨率和精度对数字化的质量有着决定性的影响；数字化操作方式，如曲线采点方式（即流方式或点方式）和采点密度等也会影响到数字化数据的质量。

扫描数字化采用高精度扫描仪将图形、图像等扫描并形成栅格数据文件，再利用扫描矢量化软件对栅格数据文件进行处理，将其转换为矢量图形数据。矢量化过程有两种方式：交互式和全自动。影响扫描数字化数据质量的因素包括原图质量（如清晰度）、扫描精度、扫描分辨率、配准精度、校正精度等。

3. 遥感数据的质量问题

遥感数据的质量问题，一部分来自遥感仪器的观测过程，一部分来自遥感图像处理和解译过程。遥感观测过程本身存在着精确度和准确度的限制，这一过程产生的误差主要表现为空间分辨率、几何畸变和辐射误差，这些误差将影响遥感数据的位置和属性精度。遥感图像处理和解译过程，主要产生空间位置和属性方面的误差。这是由图像处理中的影像（或图像）校正和匹配以及遥感解译判读、分类引入的，其中包括混合像元的解译判读所带来的属性误差。

4. 测量数据的质量问题

测量数据主要指使用大地测量、GPS、城市测量、摄影测量和其他一些测量方法直接量测所得到的测量对象的空间位置信息。这部分数据的质量问题，主要是空间数据的位置误差。空间数据的位置通常以坐标表示，空间数据位置的坐标与其经纬度表示之间存在着某种误差因素，由于这种误差因素无法排除，一般也不作为误差考虑。测量方面的误差通常考虑的是系统误差、操作误差和偶然误差。

系统误差的发生与一个确定的系统有关，它的产生受环境因素（如温度、湿度和气压等）、仪器结构与性能以及操作人员技能等方面的综合因素影响。系统误差不能通过重复观测加以检查或消除，只能用数字模型模拟和估计。

操作误差是操作人员在使用设备、读书或记录观测值时，因粗心或操作不当而产生的。应采用各种方法检查和消除操作误差。一般地，操作误差可通过简单的几何关系或代数检查验证其一致性，或通过重复观测检查并消除操作误差。

偶然误差是一种随机性的误差，由一些不可测和不可控的因素引入。这种误差具有一定的特征，如正负误差出现频率相同、大误差少、小误差多等。偶然误差可采用随机模型进行估计和处理。

3.3.4　空间数据质量控制

数据质量控制是个复杂的过程，要控制数据质量应从数据质量产生和扩散的所有过程、环节入手，分别采用一定的方法减少误差。常见的方法有：

1. 传统的手工方法

质量控制的人工方法主要是将数字化数据与源数据进行比较，图形部分的检查包括目视方法、绘制到透明图上与原图叠加比较，属性部分的检查采用与原属性逐个对比或其他比较方法。

2. 元数据方法

数据集的元数据中包含了大量的有关数据质量的信息，通过它可以检查数据质量，同时元数据也记录了数据处理过程中质量的变化，通过跟踪元数据可以了解数据质量的状况和变化。

3. 地理相关法

用空间数据的地理特征要素自身的相关性来分析数据的质量。如从地表自然特征的空间分布着手分析，山区河流应位于微地形的最低点，因此，叠加河流和等高线两层数据时，如河流的位置不在等高线的外凸连线上，则说明两层数据中必有一层数据有质量问题。如果不能确定哪层数据有问题，可以通过将它们分别与其他质量可靠的数据层叠加来进一步分析。因此，可以建立一个有关地理特征要素相关的关系知识库，以备各空间数据层之间地理特征要素的相关分析之用。

复习与思考题

1. 地理信息系统的主要数据源有哪些？
2. 简述属性数据的编码原则、编码内容和编码方法。
3. 地图投影转换的方法有哪些？
4. 何为 GIS 中的数据误差？数据误差的类型有哪些？
5. 简述空间数据质量控制的常见方法。

第 4 章　GIS 空间分析方法与产品输出

　　空间分析源于上世纪 60 年代地理和区域科学的计量革命，是 GIS 的重要组成部分，也是评价一个 GIS 功能强弱的主要指标之一。早期的 GIS 主要是应用定量（主要是统计）分析手段，分析点、线、面的空间分布模式。后来更多地是强调地理空间本身的特征、空间决策过程和复杂空间系统的时空演化过程分析。实际上自有地图以来，人们就始终在自觉或不自觉地进行着各种类型的空间分析。如在地图上量测地理要素之间的距离、方位、面积，乃至利用地图进行战术研究和战略决策等，都是人们利用地图进行空间分析的实例，而后者实质上已属较高层次上的空间分析。

　　空间分析的根本目的在于通过对空间数据的深加工，获取新的地理信息。因此，空间分析是基于空间数据的分析技术，以地球科学为依托，通过分析算法，从空间数据中获取有关地理对象的空间位置、空间分布、空间形态、空间构成和空间演变等信息。

　　空间分析是对分析空间数据有关技术的统称。根据作用的数据性质不同，可以分为：① 基于空间图形数据的分析运算；② 基于非空间属性的数据运算；③ 空间和非空间数据的联合运算。空间分析赖以进行的基础是地理空间数据库，其运用的手段包括各种几何的逻辑运算、数理统计分析、代数运算等数学手段，最终的目的是解决人们所涉及的地理空间的实际问题，提取和传输地理空间信息，特别是隐含信息，最后将数据分析的结果以合适的形式输出，以辅助决策。

4.1　空间分析过程及其模型

4.1.1　空间分析过程

　　空间分析的目的是解决某类与地理空间有关的问题，通常涉及多种空间分析操作的组合。好的空间分析过程设计将十分有利于问题的解决。空间分析的一般步骤是：

　　（1）明确分析的目的和评价准则；

　　（2）准备分析数据；

　　（3）空间分析操作；

　　（4）结果分析；

　　（5）解释、评价结果（如有必要，返回第（1）步）；

　　（6）结果输出（地图、表格和文档）。

　　例 1　道路拓宽改建过程中的拆迁指标计算。

（1）明确分析的目的和标准。本例的目的是计算由于道路拓宽而需拆迁的建筑物的建筑面积和房产价值，道路拓宽改建的标准是：

① 道路从原有的 20 m 拓宽至 60 m；

② 拓宽道路应尽量保持直线；

③ 部分位于拆迁区内的 10 层以上的建筑不拆除。

（2）准备进行分析的数据。本例需要涉及两类信息：一类是现状道路图；另一类为分析区域内建筑物分布图及相关信息。

（3）进行空间操作。首先选择拟拓宽的道路，根据拓宽半径，建立道路的缓冲区。然后将此缓冲区与建筑物层数据进行拓扑叠加，产生一幅新图，此图包括所有部分或全部位于拓宽区内的建筑物信息。

（4）进行统计分析。首先对全部或部分位于拆迁区内的建筑物进行选择，凡部分落入拆迁区且楼层高于 10 层以上的建筑物，将其从选择组中去掉，并对道路的拓宽边界进行局部调整。然后对所有需拆迁的建筑物进行拆迁指标计算。

（5）将分析结果以地图和表格的形式打印输出。

例 2 辅助建设项目选址。

（1）建立分析的目的和标准。分析的目的是确定一些具体的地块，作为一个轻度污染工厂的可能建设位置。工厂选址的标准包括：

① 地块建设用地面积不小于 10 000 m^2；

② 地块的地价不超过 1 万元/m^2；

③ 地块周围不能有幼儿园、学校等公共设施，以免受到工厂生产的影响。

（2）从数据库中提取用于选址的数据。为达到选址的目的，需准备两类数据：一类为包括全市所有地块信息的数据层；另一类为全市公共设施（包括幼儿园、学校等）的分布图。

（3）进行特征提取和空间拓扑叠加。从地块图中选择所有满足条件①、②的地块，并与公共设施层数据进行拓扑叠加。

（4）进行邻域分析。对叠加的结果进行邻域分析和特征提取，选择出满足要求的地块。

（5）将选择的地块及相关信息以地图和表格形式打印输出。

4.1.2　空间分析建模

1. 空间分析建模的途径

模型是人类对事物的一种抽象，人们在正式建造实物前，往往首先建立一个简化的模型，以便抓住问题的要害，剔除与问题无关的非本质的东西，从而使模型比实物更简单明了，易于把握。同样为了解决复杂的空间问题，人们也试图建立一个简化的模型，模拟空间分析过程。

空间分析模型的构建，通常采用以下三种不同的途径：

（1）利用 GIS 系统内部的建模工具，如利用 GIS 软件提供的宏语言（VBA）、应用函数库（API）或功能组件（COM）等，开发所需的空间分析模型。这种模型法是将由 GIS 软件支持的功能看做模型部件，按照分析的目的和标准，对部件进行有机的组合。因此，这种建模方法充分利用 GIS 软件本身所具有的资源，建模和开发的效率比较高。

（2）利用 GIS 系统外部的建模工具，如利用 Matlab 和 IDL（Interactive Data Language）等。

（3）独立开发实现一个 GIS 应用软件系统，如国产的 MapGIS、SuperMap、GeoStar 等软件就包含了很多自行开发实现的空间分析模型。

2. 空间分析建模方法——地图模型（Cartographic Model）

空间分析建模由于是建立在对图层数据的操作上的，故又称为"地图建模"（Cartographic Modeling）。它是通过组合空间分析命令操作以回答有关空间现象问题的过程，更形式化一些的定义是通过作用于原始数据和派生数据的一组顺序的、交互的空间分析操作命令，对一个空间决策过程进行的模拟。

地图建模的结果得到一个"地图模型"，它是对空间分析过程及其数据的一种图形或符号表示，目的是帮助分析人员组织和规划所要完成的分析过程，并逐步指定完成这一分析过程所需的数据地图模型也可用于研究说明文档，作为分析研究的参考和素材。

地图建模可以是一个空间分析流程的逆过程，即从分析的最终结果开始，反向一步步分析：为得到最终结果，哪些数据是必需的，并确定每一步要输入的数据，以及这些数据是如何派生而来的。

可视化地图建模工具为用户提供了高层次的设计工具和手段，可使用户将更多的精力集中于专业领域的研究。

4.2 空 间 查 询

查询和定位空间对象，并对空间对象进行量算，是地理信息系统的基本功能之一。它是地理信息系统进行高层次分析的基础。在地理信息系统中，为进行高层次分析，往往需要查询定位空间对象，并用一些简单的量测值对地理分布或现象进行描述，如长度、面积、距离、形状等。实际上，空间分析首先始于空间查询和量算，它是空间分析的定量基础。

图形与属性互查是最常用的查询，主要有两类：第一类是按属性信息的要求来查询空间位置，称为"属性查图形"。如在中国行政区划图上查询人口大于 4000 万的省份有哪些？这和一般非空间的关系数据库的 SQL 查询没有区别，查询到结果后，再利用图形和属性的对应关系，进一步在图上用指定的方式将结果显示出来。第二类是根据对象的空间位置查询有关属性信息，称为"图形查属性"。如一般地理信息系统软件都提供一个"INFO"工具，让用户利用光标，用点选、画线、矩形、圆、不规则多边形等工具选中地物，并显示出所查询对象的属性列表，可进行有关统计分析。该查询通常分为两步，首先借助空间索引，在地理信息系统数据库中快速检索出被选空间实体，然后根据空间实体与属性的连接关系，即可得到所查询空间实体的属性列表。

在大多数 GIS 中，提供的空间查询方式有以下三种。

1）基于空间关系查询

空间实体间存在着多种空间关系，包括拓扑、顺序、距离、方位等关系。通过空间关系查询和定位空间实体，是地理信息系统不同于一般数据库系统的功能之一。如查询满足下列条件的城市：

① 在京沪线的东部;

② 距离京沪线不超过 50 km;

③ 城市人口大于 100 万;

④ 城市选择区域是特定的多边形。

整个查询计算涉及了空间顺序方位关系(京沪线东部)、空间距离关系(距离京沪线不超过 50 km),空间拓扑关系(使选择区域是特定的多边形),甚至还有属性信息查询(城市人口大于 100 万)。

简单的面、线、点相互关系的查询包括:

(1) 面面查询,如与某个多边形相邻的多边形有哪些。从多边形与弧段关联表中检索该多边形关联的所有弧段;从弧段关联的左右多边形表中检索出这些弧段关联的多边形。

(2) 面线查询,如某个多边形的边界有哪些线。

(3) 面点查询,如某个多边形内有哪些点状地物。

(4) 线面查询,如某条线经过(或穿过)的多边形有哪些,某条链的左、右多边形有哪些。

(5) 线线查询,如与某条河流相连的支流有哪些,某条道路跨过哪些河流。从线状地物表中,查找组成该条道路的所有弧段及关联的结点;从结点表中,查询与这些结点关联的弧段。

(6) 线点查询,如某条道路上有哪些桥梁,某条输电线上有哪些变电站。

(7) 点面查询,如某个点落在哪个多边形内。

(8) 点线查询,如某个结点由哪些线相交而成,如自来水 GIS 中与某阀门相关的水管。

2) 基于空间关系和属性特征查询

传统的关系数据库的标准 SQL 并不能处理空间查询,这是由于关系数据库技术的弱点造成的。对于 GIS 而言,需要对 SQL 进行扩展。对于传统的 SQL,要实现空间操作,需要将 SQL 命令嵌入一种编程语言中,如 C 语言;而新的 SQL 允许用户定义自己的操作,并嵌入到 SQL 命令中。

3) 地址匹配查询

根据街道的地址来查询事物的空间位置和属性信息是地理信息系统特有的一种查询功能。这种查询利用地理编码,输入街道的门牌号码,就可知道大致的位置和所在的街区。它对空间分布的社会、经济调查和统计很有帮助,只要在调查表中添加了地址,地理信息系统可以自动地从空间位置的角度来统计分析各种经济社会调查资料。另外,这种查询也经常用于公用事业管理、事故分析等方面,如用于邮政、通信、供水、供电、治安、消防、医疗等领域。

4.3　数字地面模型及其应用

4.3.1　概述

数字地形模型(Digital Terrain Model,DTM)简单地说就是用数字化的形式表达的地形信息。它最早是为了高速公路的自动设计提出来的(Miller,1956)。此后,它被用于各种线路选线(铁路、公路、输电线)设计以及各种工程的面积、体积、坡度计算,任意两点间的通视判断及任意断面图绘制;在测绘中被用于绘制等高线、坡度坡向图、立体透视图,制作正射影像图以及地图的修测;在遥感应用中可作为分类的辅助数据。它还是地理信息系统的基础数据,可用于土地利用现状的分析、合理规划及洪水险情预报等;在军事上可用于导航及导弹制导、作战电子沙盘等。

1. DTM 和 DEM

数字高程模型(Digital Elevation Model,DEM)是一定范围内规则格网点的平面坐标(X,Y)及其高程 Z 的数据集,它主要是描述区域地貌形态的空间分布,是通过等高线或相似立体模型进行数据采集(包括采样和量测)然后进行数据内插而形成的。DEM 是对地貌形态的虚拟表示,可派生出等高线、坡度图等信息,也可与 DOM 或其他专题数据叠加,用于与地形相关的分析应用,同时它本身还是制作 DOM 的基础数据。

DEM 是用一组有序数值阵列形式表示地面高程的一种实体地面模型,是 DTM 的一个分支。一般认为,数字地形模型是地形表面形态属性信息的数字表达,是带有空间位置特征和地形属性特征的数字描述。数字地形模型中的地形属性为高程时称为数字高程模型。实际上地形模型不仅包含高程属性,还包含其他的地表形态属性,如坡度、坡向等。

通常用地表规则网格单元构成的高程矩阵表示 DEM,广义的 DEM 还包括等高线、三角网等所有表达地面高程的数字表示。在地理信息系统中,DEM 是建立 DTM 的基础数据,其他的地形要素可由 DEM 直接或间接导出,如坡度、坡向等。

2. DEM 的表示方法

一个地区的地表高程的变化可以采用多种方法表达,数学定义的表面、点、线或影像都可用来表示 DEM,如图 4-1 所示。

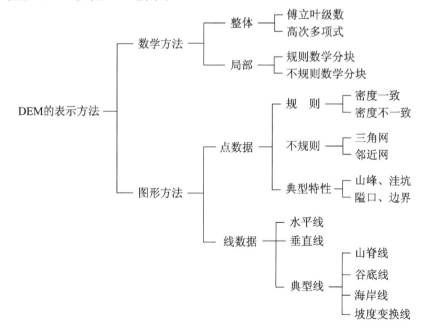

图 4-1 　DEM 的表示方法

1）数学方法

DEM 的数学方法主要有整体拟合法和局部拟合法。整体拟合法根据区域所有的高程点数据，用傅立叶级数和高次多项式拟合统一的地面高程曲面；局部拟合法将地表复杂表面分成正方形规则区域或面积大致相等的不规则区域进行分块搜索，根据有限个点进行拟合形成高程曲面。

2）图形方法

· 线模式

表示地形最常见的形式是等高线。其他的地形特征线也是表达地面高程的重要信息源，如山脊线、谷底线、海岸线和坡度变换线等。

· 点模式

用离散采样数据点是建立 DEM 常用的方法之一。数据采样可以按规则格网采样，可以是密度一致的或不一致的；可以是不规则采样，如不规则三角网、邻近网模型等；也可以有选择性地采样，采集山峰、洼坑、隘口、边界等重要特征点。

4.3.2　DEM 的主要表示模型

在地理信息系统中，DEM 最主要的三种表示模型是：规则格网模型、等高线模型和不规则三角网模型。

1. 规则格网模型

规则格网通常是正方形，也可以是矩形、三角形等规则格网。规则格网将区域空间切分为规则的格网单元，每个格网单元对应一个数值，数学上表示为一个矩阵，在计算机实现中则是一个二维数组。每个格网单元或数组的一个元素，对应一个高程值，如图 4 - 2 所示。

15	29	46	46	73	55	76
86	23	73	10	68	90	82
7	10	72	83	54	71	17
73	94	41	19	99	73	29
83	92	97	32	48	14	29
67	78	64	38	29	44	56

对于每个格网的数值有两种不同的解释。第一种观点是格网栅格，认为该格网单元的数值是其中所有点的高程值，即格网单元对应的地面面积内高程是相同的，这种数字高程模型是一个不连续的函数。第二种观点是点栅格，即该

图 4 - 2　格网 DEM

格网单元的数值是格网中心点的高程或该网格单元的平均高程值，这样就需要用一种插值方法来计算每个点的高程。

规则格网的高程矩阵易于用计算机进行处理，特别是栅格数据结构的地理信息系统，还可以很容易地计算等高线、坡度、坡向、山坡阴影和自动提取流域地形，使得它成为 DEM 最广泛使用的格式。目前许多国家提供的 DEM 数据都是规则格网的数据矩阵形式的。但是，格网 DEM 的缺点是不能准确表示地形的结构和细部，为避免这些问题，可采用附加地形特征数据（如地形特征点、山脊线、谷底线、断裂线），以描述地形结构。

格网 DEM 的另一个缺点是数据量过大，给数据管理带来不便，通常要进行压缩存储。DEM 数据的无损压缩可以采用普通的栅格数据压缩方式，如游程编码、块码等，但是由于 DEM 数据反映了地形的连续起伏变化，通常比较"破碎"，普通压缩方式难以达到很好的效果，因此对于格网 DEM 数据，可以采用哈夫曼编码进行无损压缩；有时，在牺牲细节信息的前提下，可以对格网 DEM 进行有损压缩，通常的有损压缩大都是基于离散余弦变换

(Discrete Cosine Transformation，DCT)或小波变换(Wavelet Transformation)的，由于小波变换具有较好的保持细节的特性，近年来将小波变换应用于 DEM 数据处理的研究较多。

2. 等高线模型

等高线模型表示高程，每一条等高线对应一个已知的高程值，这样一系列等高线集合和它们的高程值就构成了一种地面高程模型，如图 4-3 所示。

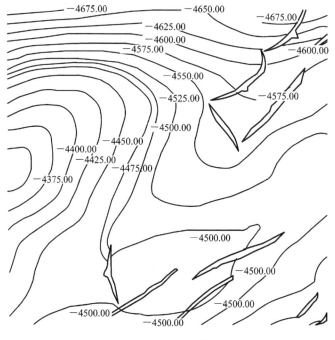

图 4-3　等高线

等高线通常被存成一个有序的坐标点对序列，可以认为是一条带有高程值属性的简单多边形或多边形弧段。由于等高线模型只表达了区域的部分高程值，通常需要一种插值方法来计算落在等高线外的其他点的高程。又因为这些点是落在两条等高线包围的区域内，所以通常只使用外包的两条等高线的高程进行插值。

3. 不规则三角网(TIN)模型

尽管规则格网 DEM 在计算和应用方面有许多优点，但也存在许多难以克服的缺陷：

(1) 在地形平坦的地方，存在大量的数据冗余；

(2) 在不改变格网大小的情况下，难以表达复杂地形的突变现象；

(3) 在某些计算中，如通视问题，过分强调格网的轴方向。

不规则三角网(Triangulated Irregular Network，TIN)是另一种表示数字高程模型的方法[Peuker 等，1978]，它既减少规则格网方法带来的数据冗余，同时在计算(如坡度)效率方面又优于纯粹基于等高线的方法。

TIN 模型通常用于数字地形的三维建模和显示。它是将离散分布的实测数据点连成三角网，网中每个三角形要求尽量接近等边形状，并保证由最邻近的点构成三角形，即三角形的变长之和最小。在所有可能的三角网中，Delaunay 三角网在地形拟合方面运用得较为普遍，Delaunay 三角网中的每个三角形可视为平面，平面的几何特性完全由三个顶点的空间坐标值所决定，因此常被用于 TIN 的生成，如图 4-4 所示。

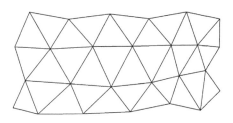

图 4 - 4　不规则三角网

　　TIN 的数据存储方式比格网 DEM 复杂，它不仅要存储每个点的高程，还要存储其平面坐标、节点连接的拓扑关系，以及三角形及邻接三角形等关系。

　　表达 TIN 拓扑结构的存储方式有许多种，一种简单的记录方式是：对于每一个三角形、边和节点都对应一个记录，三角形的记录包括三个指向它三个边的记录的指针；边的记录有四个指针字段，包括两个指向相邻三角形记录的指针和它的两个顶点的记录的指针；也可以直接对每个三角形记录其顶点和相邻三角形，如图 4 - 5 所示。每个节点包括三个坐标值的字段，分别存储 X、X、Z 坐标。这种拓扑网络结构的特点是对于给定一个三角形查询其三个顶点高程和相邻三角形所用的时间是定长的，在沿直线计算地形剖面线时具有较高的效率。当然可以在此结构的基础上增加其他变化，以提高某些特殊运算的效率，例如在顶点的记录里增加指向其关联的边的指针。

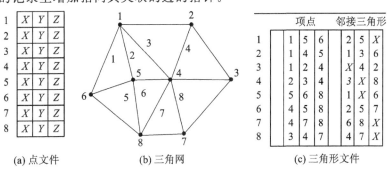

(a) 点文件　　　　　　　　(b) 三角网　　　　　　　(c) 三角形文件

图 4 - 5　三角网的一种存储方式

　　不规则三角网数字高程由连续的三角面组成，三角面的形状和大小取决于不规则分布的测点，或节点的位置和密度。与高程矩阵方法不同，不规则三角网随地形起伏变化的复杂性而改变采样点的密度和决定采样点的位置，因此它能够避免地形平坦时的数据冗余，又能按地形特征点如山脊、山谷线、地形变化线等表示数字高程特征。

4.3.3　DEM 的建立

　　为了建立 DEM，必须量测一些点的三维坐标，这就是 DEM 数据采集。

1. DEM 数据采集方法

1）地面测量

利用 GPS、自动记录的测距经纬仪（常用电子速测经纬仪或全站经纬仪）在野外实测。

2）现有地图数字化

从现有地形图上采集，如格网读点法、数字化仪手扶跟踪及扫描仪半自动采集后通过内插生成 DEM 等方法。

3）空间传感器

利用全球定位系统 GPS，结合雷达和激光测高仪等进行数据采集。

4）数字摄影测量方法

根据航空或航天影像，通过摄影测量途径获取，利用附有的自动记录装置（接口）的立体测图仪或立体坐标仪、解析测图仪及数字摄影测量系统，进行人工、半自动或全自动的量测来获取数据。这种方法是 DEM 数据采集最常用的方法之一。

2. 数字摄影测量获取 DEM

数字摄影测量方法是空间数据采集最有效的手段，它具有效率高、劳动强度低的优点。数据采样可以全部由人工操作，通常费时且易于出错；半自动采样可以辅助操作人员进行采样，以加快速度和改善精度，通常是由人工控制高程 Z，由机器自动控制平面坐标 X、Y 的驱动；全自动方法利用计算机视觉代替人眼的立体观测，速度虽然快，但精度较差。

摄影测量方法用于生产 DEM，数据点的采样方法根据产品的要求不同而异。沿等高线、断面线、地性线（地貌形态变化的棱线）进行采样往往是有目的的采样。而许多产品要求高程矩阵形式，所以基于规则格网或不规则格网点的面采样是必需的，这种方式与其他空间属性的采样方式一样，只是采样密度高一些。

1）沿等高线采样

在地形复杂及陡峭地区，可采用沿等高线跟踪方式进行数据采集，而在平坦地区，则不宜采用沿等高线采样。沿等高线采样时，可按等距离间隔记录数据或按等时间间隔记录数据的方式进行。如采用后一种方式，由于在等高线曲率大的地方跟踪速度较慢，因而采集的点较密集，而在等高线较平直的地方跟踪速度快，采集的点较稀疏，因此只要选择适当的时间间隔，所记录的数据就能很好地描述地形，又不会有太多的数据。

2）规则格网采样

利用解析测图仪在立体模型中按规则矩形格网进行采样，直接构成规则格网 DEM。当系统驱动测标到格网点时，会按预先选定的参数停留一短暂时间（如 0.2 s），供作业人员精确测量。该方法的优点是方法简单，精度高，作业效率也较高；缺点是对地表变化的尺度的灵活性较差，可能会丢失一些特征点。

3）渐进采样（Progressive Sampling）

渐进采样方法的目的是使采样点分布更为合理，即平坦地区样点少，地形复杂区的样点较多。采样时，首先按预定比较稀疏的间隔进行采样，获得一个较稀疏的格网，然后分析是否需要对格网进行加密，如图 4-6 所示。如需对格网进行加密，则对格网加密采样，然后再对较密的格网进行同样的判断处理，直至达到预先给定的加密次数（或最小格网间隔）。

4）选择采样

为了准确地反映地形，可根据地形特征进行选择采样，例如沿山脊线、山谷线、断裂线进行采集，

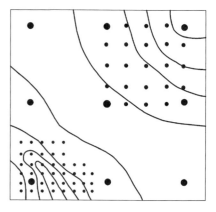

图 4-6 渐进采样

以及离散碎部点（如山顶）的采集。这种方法获取的数据尤其适合于不规则三角网 DEM 的建立。

5）混合采样

为了同步考虑采样的效率与合理性，可将规则采样（包括渐进采样）与选择性采样结合起来进行混合采样，即在规则采样的基础上再进行沿特征线、点采样。为了较好地区别一般的数据点和特征点，应当给不同的点以不同的特征码，以便处理时可按不同的方式进行。利用混合采样可建立附加地形特征的规则格网 DEM，也可建立附加特征的不规则三角网 DEM。

6）自动化 DEM 数据采集

上述几种方法均是基于解析测图仪或机助制图系统利用半自动的方法进行 DEM 数据采集的，现在已经可以利用自动化测图系统进行完全自动化的 DEM 数据采集。此时可按相片上的规则格网利用数字影像匹配进行数据采集。

最后，将数字摄影测量获取的 DEM 数据点按一定插值方法转成规则格网 DEM 或规则三角网 DEM 格式数据。

3. DEM 数据质量控制

数据采集是 DEM 的关键问题，研究结果表明，任何一种 DEM 内插方法，均不能弥补取样不当所造成的信息损失。数据点太稀，会降低 DEM 的精度；数据点过密，又会增加数据量、处理的工作量和不必要的存储量。这需要在 DEM 数据采集之前，按照所需的精度要求确定合理的采样密度，或者在 DEM 数据采集过程中根据地形复杂程度动态调整采样点密度。

由于很多 DEM 数据来源于地形图，很显然，DEM 的精度一般会低于原始的地形图的精度。例如美国地质调查所（U. S. G. S.）用数字化的等高线图，通过线性插值生产的最精确的 DEM 的最大均方误差（RMSE）为等高线间距的一半，最大误差不大于两个等高线间距。通常用某种数学拟合曲面产生的 DEM，常常存在未知的精度问题，即使是正式出版的地形图也存在某种误差，因此在生产和使用 DEM 时应该注意到它的误差类型。

DEM 的数据质量可以参考 U. S. G. S. 的分级标准，共分为三级：第一级，最大绝对垂直误差 50 m、最大相对垂直误差 21 m，绝大多数 7.5 分幅产品属于第一级；第二级 DEM 数据对误差进行了平滑和修改处理，数字化等高线插值生产的 DEM 属于第二级，最大误差为两个等间距，最大均方误差为半个等间距；第三级 DEM 数据最大误差为一个等间距，最大均方误差为三分之一个等间距。

4.3.4　空间数据的内插方法

空间数据内插的概念十分简单，即在一个由 x、y 坐标平面构成的二维空间中，由已知若干离散点 P_i 的高程，估算待内插点的高程值。由于空间采样的数据点呈离散分布形式，或是数据点虽按格网排列，但格网的密度不能满足使用的要求，这就需要以数据点为基础进行插值运算。

按插点分布范围不同，内插可分为分块内插、整体内插和逐点内插三类，如图 4 - 7 所示。

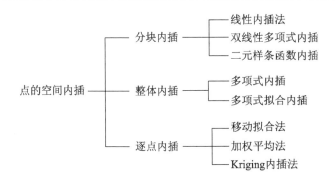

图 4 - 7　空间数据的内插方法分类

由于取样的数据呈离散分布形式，或者数据点虽然按照格网排列，但格网的密度不能满足使用的要求，这样就需要以数据点为基础进行插值运算。插值运算是要选择一个合理的数学模型，利用已知点的数据求出插值函数的待定系数。由于地面形态千变万化，既无规律又无重复性，使用整体内插法中的低次多项式来拟合整个地形面是不切合实际的；若采用高次多项式模拟地面，又会出现函数的不稳定性。因此，整体内插法一般运用较少，而通常采用局部分块内插法和逐点内插法两种方式。

1. 分块内插法

分块内插法是把整个内插空间划分成若干分块，并对各分块求出各自的曲面函数来刻画曲面形态。分块内插的关键是要解决各相邻分块函数间的连续性问题。分块内插法分为线性内插法、双线性多项式内插法和二元样条函数内插法等具体的方法。

（1）线性内插法：线性内插法是先将所有已知数据点连接成三角网的形式，使用接近内插点的三个已知数据点来确定三角网中的一个三角形形成的空间平面，继而求出该内插点在平面中的高程。

设所求的线性内插函数形式为

$$z = a_0 + a_1 x + a_2 y \tag{4-1}$$

待定系数 a_0，a_1，a_2 可以根据三个已知数据点 $p_1(x_1, y_1, z_1)$，$p_2(x_2, y_2, z_2)$，$p_3(x_3, y_3, z_3)$ 计算求得。即把三个已知点的坐标数据代入平面方程，求出待定系数，进而代入内插点平面坐标 x_p，y_p 之后，即可求出内插高程 z_p。

基于 TIN 的内插通常采用线性内插法，该方法的缺点是：当三个参考点所构成的几何形状趋近于一条直线时，这种解算便会出现不稳定性。

（2）双线性多项式内插法：双线性多项式内插法往往是在规则分布的已知数据点中，使用最靠近内插点的四个已知数据点组成一个四边形，确定一个双线性多项式来内插其中点的高程。待定点高程的计算式为：

$$z = a_0 + a_1 x + a_2 y + a_3 z \tag{4-2}$$

待定系数 a_0，a_1，a_2，a_3，可以根据四个已知参考点 $p_1(x_1, y_1, z_1)$，$p_2(x_2, y_2, z_2)$，$p_3(x_3, y_3, z_3)$，$p_4(x_4, y_4, z_4)$ 计算求得。

双线性多项式内插是一个抛物双曲面，基于格网的内插广泛采用此方法。

（3）二元样条函数（双三次多项式）内插法：在分块插值区用三次多项式即样条函数模拟地表面。设确定的函数形式为

$$z = a_1 x^3 y^3 + a_2 x^2 y^3 + a_3 xy^3 + a_4 y^3$$
$$+ a_5 x^3 y^2 + a_6 x^2 y^2 + a_7 xy^2 + a_8 y^2 + a_9 x^3 y$$
$$+ a_{10} x^2 y + a_{11} xy + a_{12} y + a_{13} x^3 + a_{14} x^2 + a_{15} x + a_{16} \qquad (4-3)$$

设已知数据点按正方形格网排列，每一格网作为分块单元，取格网间隔为单位长度。由于分块单元上 4 个格网点的信息 (x, y, z) 只能列出 4 个方程，而函数的待定系数却有 16 个。考虑到按照样条函数的性质，相邻曲面拼接处在 x 和 y 方向的斜率应保持连续，相邻曲面拼接处的扭矩连续。因此，用各数据点处在 x 方向上的斜率 $R = \partial z / \partial x$，$y$ 方向的斜率 $S = \partial z / \partial y$ 和曲面的扭矩 $T = \partial^2 z / \partial x \partial y$ 参与来确定函数的待定值。这样每一个数据点就可列出 4 个方程，4 个数据点就能求解出 16 个待定系数 a_i。某数据点的斜率 R、S 和 T 可以借助数据点的 4 个相邻网格上数据点的高程来推算。如图 4-8 所示，使用差商代替导数，分别求四个角点的导数，以 A 点为例：

$$R_A = \frac{\partial z}{\partial x} = \frac{z_{i+1, j} - z_{i-1, j}}{2} \qquad (4-4)$$

$$S_A = \frac{\partial z}{\partial y} = \frac{z_{i, j+1} - z_{i, j-1}}{2} \qquad (4-5)$$

$$T_A = \frac{\partial^2 z}{\partial x \partial y} = \frac{(z_{i-1, j-1} - z_{i+1, j+1}) - (z_{i+1, j-1} - z_{i-1, j+1})}{4} \qquad (4-6)$$

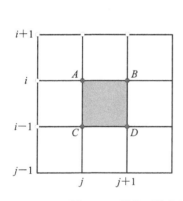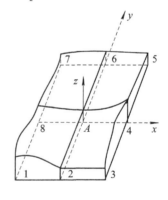

图 4-8　样条函数内插法（据崔炳光等，1984）

对于任一角点的导数值，需要使用它周围的 8 个角点高程求出。这样，在 $ABCD$ 矩阵当中，已知四角点高程 z_A，z_B，z_C，z_D，以及它们的导数值 R_A，R_B，R_C，R_D，S_A，S_B，S_C，S_D 和 T_A，T_B，T_C，T_D，就可建立 16 个方程，求解后得出曲面方程系数 a_1，a_2，a_3，…，a_{16}，代入样条函数，就可解算某一点的高程了。

2. 逐点内插法

分块内插法的分块范围在内插过程中一经确定，其形状、大小和位置都保持不变。凡落在分块上的待插值点都用展铺在该分块上的唯一确定的数学面进行内插。而逐点内插法则是以插值点为中心，定义一个局部函数去拟合周围的数据点，数据点的范围随插值点位置的变化而变化，因此又称移动曲面法。

逐点内插法主要有两种基本的插值方法：移动拟合法和加权平均法。此外，克里金（Kriging）法也是一种加权插值方法，只是在计算权重的方法上与加权平均法不同。

（1）**移动拟合法**：指对每一个待插值点 P 用一个多项式曲面拟合该点附近的表面，进而计算出该点附近的高程值。此时，取以待插点 P 为圆心、R 为半径的圆（称为搜索圆）内各数据点来计算多项式的待定系数，如图 4－9 所示。

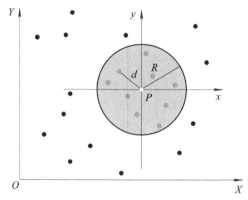

图 4－9　移动拟合法的搜索圆

设取二次多项式来拟合曲面，则待定插值点的高程可以写成

$$z = Ax^2 + Bxy + Cy^2 + Dx + Ey + F \tag{4-7}$$

式中，A、B、C、D、E、F 为待定系数。

这些待定系数可由落在搜索圆内的 n 个数据点用最小二乘法进行求解。所以，运用移动拟合法的关键就在于如何确定待插值点的最小邻域范围（搜索圆的半径 R），以保证邻近数据点的数量足够计算 6 个待定系数。

在此有两个方面的问题需要考虑：一是范围，即采用多大面积范围内的数据点来计算待插值点的数值；二是点数，即选择多少数据点参加计算，由此确定需要多大的范围。因此，可以采用动态搜索圆的方法，其思路是从数据点的平均密度出发，确定圆内数据点 n（如平均 n 要有 12 个），以计算搜索圆的半径 R，其公式为

$$\pi R^2 = n\left(\frac{A}{N}\right) \Rightarrow R = \sqrt{\frac{nA}{N\pi}} \tag{4-8}$$

式中：N 为数据点总数；A 为总面积。

此法综合考虑了点数和范围两个因素，先以此半径作搜索圆进行搜索，如果落在搜索圆内的点数大于 n，则符合计算要求，可以进行曲面的拟合与插值计算。否则，动态扩大搜索圆的半径，继续搜索，直到落在圆内的数据点个数符合要求为止。

（2）加权平均法：在移动拟合法中，常常需要求解复杂的误差方程组来求取曲面函数的待定系数。在实际应用中，更为常用的是加权平均法，它可以看做是移动拟合法的特例。加权平均法在使用搜索圆寻找附近数据点的方法上和移动拟合法相同，但加权平均法在计算待插值点的高程时，使用加权平均值代替由误差方程求解出的曲面函数：

$$z = \frac{\sum\limits_{i=1}^{n} p_i z_i}{\sum\limits_{i=1}^{n} p_i} \tag{4-9}$$

式中：n 为落在搜索圆中的数据点的个数；z_i 为落在搜索圆中的第 i 个数据点的高程值；p_i 为第 i 个数据点的权重。

权重的计算是考虑到不同的数据点相对于待插值点的距离不同，对待插值点的高程影

响不同，所以一般采用与距离相关的权函数来计算权重，如

$$p = \frac{1}{d^2} \quad \text{或} \quad p = \left(\frac{R-d}{d}\right)^2 \quad\quad (4-10)$$

式中：p 是数据点的权重；R 是搜索圆半径；d 是待插值点到数据点的距离。

　　因此，这种加权平均法又被称为反比距离加权（Inverse Distance Weighted，IDW）法。

　　（3）克里金法（Kriging 方法）：前面介绍的几种空间插值方法对影响插值效果的一些问题没有很好地解决。例如，反比距离加权法中有一些人为因素影响最终的插值效果，即需要人为地设定搜索圆中数据点的数目、搜索圆的大小、计算权重的方法等，此外，插值的精度或误差难以确定。

　　为解决这些问题，法国地理数学家 G. Matheron 和南非矿山工程师 D. G. Krige 研究了一种优化插值方法。Krige 首先将这一技术用于更加精确地推测金属矿物的储量。通过几十年的实践运用，克里金方法已经成为地理统计学（Geostatistics）的基础工具。

　　Kriging 方法是基于这样的一个假设，即被插值的某要素（例如地形要素）可以被当做一个区域化的变量来看待。所谓区域化的变量就是介于完全随机的变量和完全确定的变量之间的一种变量，它随所在区域的改变而连续地变化，因此，彼此离得近的点之间有某种程度上的空间相关性，而相隔比较远的点之间在统计上可视为相互独立无关的。Kriging 方法就是建立在一个预先定义的协方差模型的基础上通过线性回归方法把估计值的方差最小化的一种插值方法。

　　Kriging 方法主要有：普通 Kriging、简单 Kriging 和通用 Kriging 等。

　　① 普通 Kriging。普通 Kriging 方法首先利用那些将要用来插值的离散点集合建立一个变量图，变量图通常包括两部分：一个是根据实验获得的变量图，另一个是模型变量图。假设要插值的数据用 z 表示，则通过计算集合中的每一个点相对于其他点的差异，并且用差异和对应点之间的距离作图，就可以得到根据实验获得的变量图。通常用来计算的方法是求 z 插值平均值的一半。这样的变量图又称为半方差图。

　　一旦实验获得的变量图计算完成后，就可以定义一个模型变量图。模型变量图是一个简单的数学函数，用来模拟实验获得的变量图的趋势。

　　一旦模型变量图建立之后，它就被用来计算 Kriging 方法中的权重。在普通 Kriging 方法中运用的基本公式如下：

$$F(x, y) = \sum_{i=1}^{n} w_i z_i \quad\quad (4-11)$$

式中：n 是集合中离散点的个数；z_i 是离散点的数值；w_i 是赋予每个离散点的权重。

　　Kriging 方法的这个公式和反比距离加权插值的公式基本相同，只是权重不是基于一个任意的距离函数，而是基于模型变量图。例如，利用 P 点周围三个点 P_1，P_2，P_3，在 P 点插值，必须先找到 w_1，w_2，w_3。权重可以通过求解联立方程来获得：

$$\begin{cases} w_1 \gamma(h_{11}) + w_2 \gamma(h_{12}) + w_3 \gamma(h_{13}) + \lambda = \gamma(h_{1P}) \\ w_1 \gamma(h_{21}) + w_2 \gamma(h_{22}) + w_3 \gamma(h_{23}) + \lambda = \gamma(h_{2P}) \\ w_1 \gamma(h_{31}) + w_2 \gamma(h_{32}) + w_3 \gamma(h_{33}) + \lambda = \gamma(h_{3P}) \\ w_1 + w_2 + w_3 + 0 = 1 \end{cases} \quad\quad (4-12)$$

式中，$\gamma(h_{ij})$ 是以点 i 和点 j 之间的距离进行计算的模型变量图的值。

解方程组得到权重 w_1，w_2，w_3，插值点的值可以用下式计算：

$$z_P = w_1 z_1 + w_2 z_2 + w_3 z_3 \qquad (4-13)$$

用变量图以这种方式来计算权重，预期的估计误差被最小二乘方式最小化了。因此，Kriging 方法被认为能产生最优的线性无偏估计。Kriging 方法的一个重要特点是变量图可以用来对每一个插值点计算估计的预期误差。因为估计的误差是到周围离散点距离的一个函数，估计方差的计算式如下：

$$S_z^2 = w_1 \gamma(h_{1P}) + w_2 \gamma(h_{2P}) + w_3 \gamma(h_{3P}) + \lambda \qquad (4-14)$$

② 简单 Kriging。简单 Kriging 方法和普通 Kriging 方法类似，区别在于没有把方程 $w_1 + w_2 + w_3 = 1$ 加入方程组，并且权重相加也不等于 1。简单 Kriging 是用整个数据集合来平均的，而普通 Kriging 采用局部平均（对一个插值点的离散点子集的平均）。因此，简单 Kriging 不如普通 Kriging 精确，但它通常会产生更加平滑的图形。

③ 通用 Kriging。在 Kriging 方法里有一个假设，被估计的数据是固定不变的。这就是说在离散点集合里从一个区域移动到下一个区域，离散点的平均值是相对恒定的。只要在数据值里面存在一个显著的空间趋势，例如一个倾斜的表面或一个局部的平坦区域，这一假设就不成立了。在这种情况下，可以通过运用一个"漂移"项来临时替代固定条件。这个漂移项是一个简单的多项式函数用来模拟离散点的平均值。残差是漂移项和离散点实际值之间的差。因为残差应该是固定的，Kriging 方法带着残差执行，并且插值的残差被加到漂移项上来计算估计值。使用一个偏移项的这种方式通常被称为"通用 Kriging"方法。

4.3.5 DTM 在地图制图与地学分析中的应用

DTM 在科学研究与生产建设中的应用是多方面的，这里不可能将其所有的应用进行全面、系统的探讨，而仅以 DTM 在地学分析与地图制图中有典型意义的几个应用为例说明其应用的基本思路和方法，以展示栅格数据系统分析和应用的基本要点，增强我们对栅格数据在地学信息自动处理中的作用和意义的理解。

1. 地形曲面拟合

DEM 最基础的应用是求 DEM 范围内任意点的高程，在此基础上进行地形属性分析。由于已知有限个格网点的高程，可以利用这些格网点高程拟合一个地形曲面，推求区域内任意点的高程。曲面拟合方法可以看做是一个已知规则格网点数据进行空间插值的特例，距离倒数加权平均法、克里金插值法、样条函数等插值方法均可采用。

2. 立体透视图

用数字高程模型绘制透视立体图是 DEM 的一个极其重要的应用。透视立体图能更好地反映地形的立体形态，非常直观。立体透视图与采用等高线表示地形形态相比有其自身独特的优点，它更接近人们的直观视觉。特别是随着计算机图形处理能力的增强，以及屏幕显示系统的发展，使立体图形的制作具有更大的灵活性，可以根据不同的需要，对于同一个地形形态作各种不同的立体显示。例如局部放大，改变高程值 Z 的放大倍率以夸大立体形态；改变视点的位置以便从不同的角度进行观察，甚至可以使立体图形转动，更好地研究地形的空间形态。

从一个空间三维的立体的数字高程模型到一个平面的二维透视图，其本质就是一个透视变换。将"视点"看做为"摄影中心"，可以直接应用共线方程从物点(X, Y, Z)计算"像点"坐标(X,Y)。透视图中的另一个问题是"消隐"的问题,即处理前景遮挡后景的问题。

　　调整视点、视角等各个参数值,就可以从不同方位、不同距离绘制形态各不相同的透视图制作动画。计算机运行速度充分高时,即可实时地产生动画 DTM 透视图。

3. 通视分析

　　通视分析就是利用 DEM 判断地形上任意两点之间是否可以相互可见的技术方法,有着广泛的应用背景。其典型的例子是观察哨所的设定,显然观察哨的位置应该设在能监视某一感兴趣的区域,视线不能被地形挡住。这就是通视分析中典型的点对区域的通视问题。与此类似的问题还有森林中火灾监测点的设定,无线发射塔的设定,架设通信基站,旅游景点规划等。有时还可能对不可见区域进行分析,如低空侦察飞机在飞行时,要尽可能躲避敌方雷达的捕捉,飞行显然要选择雷达盲区飞行。通视问题可以分为五类[Lee,J. (1991)]:

　　(1) 已知一个或一组观察点,找出某一地形的可见区域。

　　(2) 欲观察到某一区域的全部地形表面,计算最少观察点数量。

　　(3) 在观察点数量一定的前提下,计算能获得的最大观察区域。

　　(4) 以最小代价建造观察塔,要求全部区域可见。

　　(5) 在给定建造代价的前提下,求最大可见区。

　　根据问题输出维数的不同,通视可分为点的通视、线的通视和面的通视。点的通视是指计算视点与待判定点之间的可见性问题;线的通视是指已知视点,计算视点的视野问题;面的通视是指已知视点,计算视点可视的地形表面区域集合的问题如图 4-10 所示。基于格网 DEM 模型与基于 TIN 模型的 DEM 计算通视的方法差异很大。

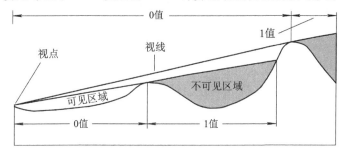

图 4-10　通视分析(图上灰色区域为不可见区域)

4. DEM 计算地形属性

　　由 DEM 派生的地形属性数据可以分为单要素属性和复合属性两种。前者可由高程数据直接计算得到,如坡度因子、坡向。后者是由几个单要素属性按一定关系组合成的复合指标,用于描述某种过程的空间变化,这种组合关系通常是经验关系,也可以使用简化的自然过程机理模型。

　　单要素地形属性通常可以很容易地使用计算机程序计算得到,包括:

　　1) 坡度、坡向

　　局部地表面的坡度定义为水平面与局部地表之间夹角的角度,也可看成是局部地表面与周围的地表面之间最大的高程变化率。坡向则是这个最大高程变化率所在的方向。在 DEM 上计算坡度和坡向,就是利用 DEM 规则格网上的高程数值,来计算出每一个格网点或格网单元的坡度和坡向数值,生成栅格形式的坡度和坡向数据。所以,坡度和坡向数据又可以看成是由 DEM 派生出来的 DTM 数据。

计算坡度和坡向有许多种方法，通常有计算平均坡度的空间矢量分析法，以及计算最大坡度的拟合曲面法等。

2) 面积、体积

(1) 剖面积。根据工程设计的线路，可计算其与 DEM 各格网边的交点 $p_i(X_i, Y_i, Z_i)$，则线路剖面积为

$$\mathbf{S} = \sum_{i=1}^{n-1} \frac{Z_i + Z_{i+1}}{2} \cdot D_{i,\ i+1} \tag{4-14}$$

其中，n 为交点数；$D_{i,\ i+1}$ 为 p_i 与 p_{i+1} 之间的距离。同理，可计算任意横断面及其面积。

(2) 体积。DEM 体积由四棱柱(无特征的格网)与三棱柱体积进行累加得到，四棱柱体上表面用抛物双曲面拟合，三棱柱体上表面用斜平面拟合，下表面均为水平面或参考平面，计算公式分别为

$$\left. \begin{aligned} V_3 &= \frac{Z_1 + Z_2 + Z_3}{3} \cdot S_3 \\ V_4 &= \frac{Z_1 + Z_2 + Z_3 + Z_4}{4} \cdot S_4 \end{aligned} \right\} \tag{4-15}$$

其中，S_3 与 S_4 分别是三棱柱与四棱柱的底面积。

根据两个 DEM 可计算工程中的挖方、填方及土壤流失量。

3) 表面积

对于含有特征的格网，将其分解成三角形；对于无特征的格网，可由 4 个角点的高程取平均值即中心点高程，然后将格网分成 4 个三角形。由每一个三角形的三个角点坐标 (x_i, y_i, z_i) 计算出通过该三个顶点的斜面内三角形的面积，最后累加就得到了实地的表面积。

4) 地表粗糙度计算

地表粗糙度是反映地表起伏变化与侵蚀程度的指标，一般定义为地表单元曲面面积与投影面积之比。但这样对于实际光滑的斜面也可求出不同的粗糙度，因此不太适宜。这里用对角定点 L_1 与 L_2 中点的高差 D 来表示粗糙度，D 越大，说明单元的 4 个顶点的起伏变化也越大。

5) 高程与变异分析

高程分析包括平均高程和相对高程的计算。以地表单元格网 4 个顶点的高程的平均值为该单元的平均高程。以地表单元格网顶点的高程与研究区域内最低点高程之差的平均值为该单元的相对高程。

高程变异是反映地表单元格网各顶点高程变化的指标，它以格网单元顶点的标准差与平均高程的比值来表示。

4.4　空间数据的叠加分析

空间叠加分析是指在相同的空间坐标系统条件下，将同一地区两组或两组以上不同地理特征的空间和属性数据重叠相加，以产生空间区域的属性特征，或建立地理对象之间的

空间对应关系，一般用于搜索同时具有几种地理属性的分布区域。

叠加分析是地理信息系统最常用的提取空间隐含信息的手段之一。该方法源于传统的透明材料叠加，即将来自不同的数据源的图纸绘于透明纸上，在透光桌上将其叠放在一起，然后用笔勾出感兴趣的部分——提取出感兴趣的信息。地理信息系统的叠加分析是将有关主题层组成的数据层面进行叠加，产生一个新数据层面的操作，其结果综合了原来两层或多层要素所具有的属性。叠加分析不仅包含空间关系的比较，还包含属性关系的比较。根据 GIS 数据结构的不同，有下列两类叠加分析方法。

4.4.1　基于矢量数据的叠加分析

叠加的直观概念就是将两幅或多幅地图重叠在一起，产生新多边形和新多边形范围内的属性。

1. 点与多边形的叠加

点与多边形叠加可以确定一个点状空间特征用中的点落在另一个多边形空间特征中的哪一个多边形内，实际上是计算多边形对点的包含关系。矢量结构的 GIS 能够通过计算每个点相对于多边形线段的位置，进行点是否在一个多边形中的空间关系判断。例如，利用城市点位数据与行政区多边形数据相叠加，可以确定城市所在的省份。

在完成点与多边形的几何关系计算后，还要进行属性信息处理。最简单的方式是将多边形属性信息叠加到其中的点上。当然也可以将点的属性叠加到多边形上，用于标识该多边形。如果有多个点分布在一个多边形内，则要采用一些特殊规则，如将点的数目或各点属性的总和等信息叠加到多边形上。

通过点与多边形叠加，可以计算出每个多边形类型里有多少个点，不但要区分点是否在多边形内，还要描述在多边形内部点的属性信息。通常不直接产生新数据层面，只是把属性信息叠加到原图层中，然后通过属性查询，间接获得点与多边形叠加的所需信息。例如，一个中国政区图（多边形）和一个全国森林分布图（点），二者经叠加分析后，并且将政区图多边形有关的属性信息加到森林的属性数据表中，然后通过属性查询，可以查询森林在各省的分布情况。

2. 线与多边形的叠加

线与多边形的叠加，是指确定一个线状空间特征中的线经过另一多边形空间特征中的哪个多边形，以便赋予新的多边形属性。叠加的结果产生了一个新的数据层面，每条线被它穿过的多边形打断成新弧段图层，同时产生一个相应的属性数据表记录原线和多边形的属性信息。根据叠加的结果可以确定每条弧段落在哪个多边形内，可以查询指定多边形内指定线穿过的长度。如果线状图层为河流，叠加的结果是多边形将穿过它的所有河流打断成弧段，可以查询任意多边形内的河流长度，进而计算它的河流密度等；如果为了确定一条高速公路在各个行政区内的里程数，就需要将道路线状数据与行政区划多边形数据相叠加。分析中，还应计算线与多边形边界的交点，在交点处截断线，并对新产生的线重新编号，建立线与多边形的对应关系。

3. 多边形与多边形的叠加

多边形叠加是 GIS 最常用的功能之一。多边形叠加是指同一地区、同一比例尺的两组或两组以上的多边形要素的数据文件进行叠加。参加叠加分析的两个图层必须都是矢量数据结构。若需进行多层叠加，也是两两叠加后再与第三层叠加，依次类推。其中被叠加的多边形为本底多边形，用来叠加的多边形为上覆多边形，叠加后产生具有多重属性的新多边形。

叠加的基本处理方法是，根据两组多边形边界的交点来建立具有多重属性的多边形或进行多边形范围内的属性特性的统计分析。其中，前者叫做地图内容的合成叠加，如图 4-11 所示；后者称为地图内容的统计叠加，如图 4-12 所示。

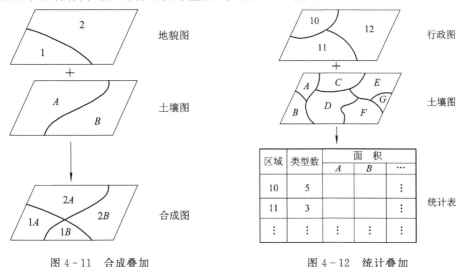

图 4-11　合成叠加　　　　　　　　　图 4-12　统计叠加

合成叠加的目的是通过区域多重属性的模拟，寻找和确定同时具有几种地理属性的分布区域。或者按照确定的地理指标，对叠加后产生的具有不同属性的多边形进行重新分类或分级，因此叠加的结果为新的多边形数据文件。统计叠加的目的，是准确地计算一种要素（如土地利用）在另一种要素（如行政区域）的某个区域多边形范围内的分布状况和数量特征（包括拥有的类型数、各类型的面积及所占总面积的百分比等），或提取某个区域范围内某种专题内容的数据。

叠加过程可分为几何求交过程和属性分配过程两步。几何求交过程，首先求出所有多边形边界线的交点，再根据这些交点重新进行多边形拓扑运算，对新生成的拓扑多边形图层的每个对象赋予多边形唯一标识码，同时生成一个与新多边形对象一一对应的属性表。由于矢量结构的有限精度原因，几何对象不可能完全匹配，叠加结果可能会出现一些碎屑多边形（Silver Polygon），如图 4-13 所示。通常可以设定一模糊容限以消除它。

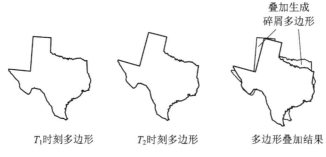

图 4-13　多边形叠加产生碎屑多边形

多边形叠加结果通常把一个多边形分割成多个多边形,属性分配过程最典型的方法是将输入图层对象的属性拷贝到新对象的属性表中,或把输入图层对象的标识作为外键,直接关联到输入图层的属性表。这种属性分配方法的理论假设是多边形对象内属性是均质的,将它们分割后,属性不变。也可以结合多种统计方法为新多边形赋属性值。

多边形叠加完成后,根据新图层的属性表可以查询原图层的属性信息,新生成的图层和其他图层一样可以进行各种空间分析和查询操作。

根据叠加结果最后欲保留空间特征的不同要求,一般的 GIS 软件都提供了三种类型的多边形叠加操作,如图 4-14 所示。

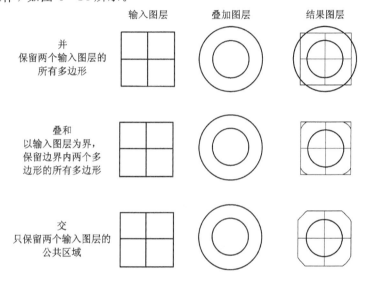

图 4-14 多边形的不同叠加方式

4.4.2 基于栅格数据的叠加分析

1. 单层栅格数据的分析

1) 布尔逻辑运算

栅格数据可以按其属性数据的布尔逻辑运算来检索,即逻辑选择的过程。布尔逻辑运算分为 AND、OR、XOR、NOT,如图 4-15 所示。布尔逻辑运算可以组合更多的属性作为检索条件,加上面积和形状等条件,可以进行更复杂的逻辑选择运算。

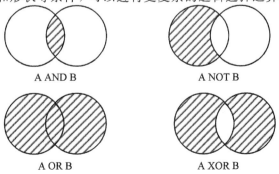

图 4-15 布尔运算示意图

例如，可以用条件(A AND B) OR C 进行检索。其中 A 为土壤是粘性的，B 为 PH 值大于 7.0 的，C 为排水不良的。这样就可把栅格数据中土壤结构为粘性的、土壤 PH 值大于 7.0 的，或者排水不良的区域检索出来。

2）重分类

重分类是将属性数据的类别合并或转换成新类，即对原来数据中的多种属性类型按照一定的原则进行重新分类，以利于分析。在多数情况下，重分类都是将复杂类型合并成简单类型。如图 4 - 16 所示，可将各种土壤类型重分类为水面和陆地两种类型。

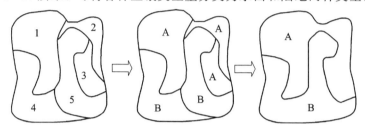

图 4 - 16　重分类例图

重分类时必须保证多个相邻接的同一类别的图形单元应获得一个相同的名称，并且要去掉这些图形单元之间的边，形成新的图形单元。

3）滤波运算

对栅格数据的滤波运算是指通过一移动的窗口(如 3×3 的像元)，对整个栅格数据进行过滤处理，使窗口中央的像元的新值定义为窗口中像元值的加权平均值。栅格数据的滤波运算可以将破碎的地物合并并光滑化，以显示总的状态和趋势，也可以通过边缘增强和提取，获取区域的边界。

4）特征参数计算

对栅格数据可计算区域的周长、面积、重心等，以及线的长度、点的坐标等。在栅格数据上量算面积有其独特的便利之处，只需对栅格进行计数，再乘以栅格的单位面积即可。在栅格数据中计算距离时，距离有四方向距离、八方向距离、欧几里德距离等多种形式。四方向距离是通过水平或垂直的相邻像元来定义路径的；八方向距离是根据每个像元的八个相邻像元来定义的；在计算欧几里德距离时，需将连续的栅格线离散化，再用欧几里德距离公式计算。

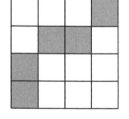

图 4 - 17　特征参数计算例图

对图 4 - 17 中的线，用四方向距离计算的距离为 6，用八方向计算的距离为 $2+2\sqrt{2}$。

5）相似运算

相似运算是指按某种相似性度量来搜索与给定物体相似的其他物体的运算。

2. 多层栅格数据的叠加分析

叠加分析是指将不同图幅或不同数据层的栅格数据叠加在一起，在叠加地图的相应位置上产生新的属性的分析方法。新属性值的计算可由下式表示：

$$U = f(A, B, C, \cdots)$$

其中：A、B、C 等表示第一、二、三等各层上的确定的属性值，f 函数取决于叠加的要求。

多幅图叠加后的新属性可由原属性值进行简单的加、减、乘、除、乘方等计算出，也可以取原属性值的平均值、最大值、最小值或原属性值之间逻辑运算的结果等，甚至可以由更复杂的方法计算出来，如新属性的值不仅与对应的原属性值相关，而且与原属性值所在的区域的长度、面积、形状等特性相关。

栅格叠加的作用包括以下几种：

（1）类型叠加，即通过叠加获取新的类型。如土壤图与植被图叠加，以分析土壤与植被的关系。

（2）数量统计，即计算某一区域内的类型和面积。如行政区划图和土壤类型图叠加，可计算出某一行政区划中的土壤类型数，以及各种类型土壤的面积。

（3）动态分析，即通过对同一地区、相同属性、不同时间的栅格数据的叠加，分析由时间引起的变化。

（4）益本分析，即通过对属性和空间的分析，计算成本、价值等。

（5）几何提取，即通过与所需提取的范围的叠加运算，快速地进行范围内信息的提取。

在进行栅格叠加的具体运算时，可以直接在未压缩的栅格矩阵上进行，也可在压缩编码（如游程编码、四叉树编码）后的栅格数据上进行，主要差别在于算法的复杂性、算法的速度、所占用的计算机内存等。

4.5　空间数据的缓冲区分析

邻近度（Proximity）描述了地理空间中两个地物距离相近的程度。邻近度分析是空间分析的一个重要手段。在实际应用中，如交通沿线的废气污染，河流沿线的供水能力，公共设施（如商场、邮局、银行、医院、车站、学校等）的服务半径，大型水库建设引起的搬迁，铁路、公路以及航运河道对其所穿过区域经济发展的重要性等，均是一个邻近度问题。缓冲区分析是解决邻近度问题的空间分析工具之一。

所谓缓冲区，就是地理空间实体的一种影响范围或服务范围。缓冲区分析就是围绕空间的点、线、面实体，自动建立其周围一定宽度范围内的多边形。从数学的角度看，缓冲区分析的基本思想是给定一个空间对象或集合，确定它们的邻域，邻域的大小由邻域半径 R 决定。因此对象 O_i 的缓冲区定义为：

$$B_i = \{x : d(x, O_i) \leqslant R\} \qquad (4-16)$$

即对象 O_i 的半径为 R 的缓冲区是距 O_i 的距离 d 小于 R 的全部点的集合。d 一般是最小欧氏距离，但也可以是其他定义的距离。对于对象集合

$$O = \{O_i : i = 1, 2, \cdots, n\} \qquad (4-17)$$

其半径为 R 的缓冲区是各个对象缓冲区的并，即

$$B = \bigcup_{i=1}^{n} B_i \qquad (4-18)$$

图 4-18 为点对象、线对象及多边形对象集合的缓冲区示例。

另外，还有一些特殊形态的缓冲区，如点对象有三角形、矩形和圆形等缓冲区，线对象有双侧对称、双侧不对称或单侧缓冲区。例如，城市的噪音污染源所影响的一定空间范

围、交通线两侧所划定的绿化带,即可分别描述为点的缓冲区与线的缓冲区。面对象有内侧和外侧缓冲区。这些适合不同应用要求的缓冲区,尽管形态特殊,但基本原理是一致的。

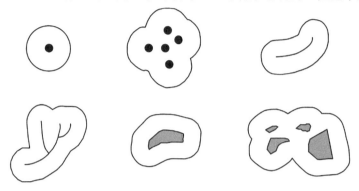

图 4 - 18　点、线、多边形的缓冲区

4.5.1　基于矢量数据的缓冲区分析

1. 缓冲区及其作用

在这里,缓冲区的概念与计算机技术中的缓冲区概念无关,而是指在点、线、面实体的周围,自动建立的一定宽度的多边形,如图 4 - 19 所示。

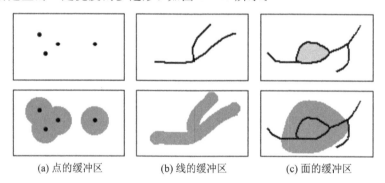

(a) 点的缓冲区　　　　(b) 线的缓冲区　　　　(c) 面的缓冲区

图 4 - 19　点线、面的缓冲区

缓冲区分析是 GIS 的基本空间操作功能之一。例如,某地区有危险品仓库,要分析一旦仓库爆炸所涉及的范围,这就需要进行点缓冲区分析;如果要分析因道路拓宽而需拆除的建筑物和需搬迁的居民,则需进行线缓冲区分析;而在对野生动物栖息地的评价中,动物的活动区域往往是在距它们生存所需的水源或栖息地一定距离的范围内,为此可用面缓冲区进行分析等。

在建立缓冲区时,缓冲区的宽度并不一定是相同的,可以根据要素的不同属性特征,规定不同的缓冲区宽度,以形成可变宽度的缓冲区。例如,沿河流绘出的环境敏感区的宽度应依据河流的类型而定。这样就可以根据河流属性表,确定不同类型的河流所对应的缓冲区宽度,以产生所需的缓冲区。

2. 缓冲区的建立

建立点的缓冲区时,只需要以点状实体为圆心,以缓冲区距离为半径绘圆即可。

在建立线缓冲区和面缓冲区时,也是以线状实体或面状实体的边线为参考线,作参考线的平行线，再考虑端点圆弧，即可建立缓冲区。面的缓冲区只朝一个方向，而线的缓冲区需在线的左右两侧配置。

对于形状比较简单的实体，其缓冲区是一个简单多边形，但对形状比较复杂的对象或多个对象的集合，缓冲区则复杂得多。如图 4 - 20 所示的线缓冲区有可能重叠，并可能自相交，因此需要对生成的缓冲区多边形进行合并处理，见图 4 - 21。

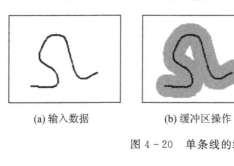

(a) 输入数据　　　　(b) 缓冲区操作　　　　(c) 重叠处理后的缓冲区

图 4 - 20　单条线的缓冲区

(a) 输入数据　　　　(b) 缓冲区操作　　　　(c) 重叠处理后的缓冲区

图 4 - 21　多条线的缓冲区

4.5.2　基于栅格数据的缓冲区分析

基于栅格结构也可以作缓冲区分析，通常是对需要做缓冲区的栅格单元作距离扩散，即模拟主体对邻近对象的作用过程，物体在主体的作用下在一阻力表面移动，离主体越远作用力越弱。例如，可以将地形、障碍物和空气作为阻力表面，噪声源为主体，用扩散的方法计算噪声离开主体后在阻力表面上的移动，得到一定范围内每个栅格单元的噪声强度。

4.6　空间网络分析

空间网络分析是 GIS 空间分析的重要组成部分。对地理网络（如交通网络）、城市基础设施网络（如各种网线、电力线、电话线、供排水管线等）进行地理分析和模型化，是地理信息系统中网络分析功能的主要目的。网络分析是运筹学模型中的一个基本模型，它的根本目的是研究、筹划一项网络工程如何安排，并使其运行效果最好，如一定资源的最佳分配，使从一地到另一地的运输费用最低等。

4.6.1　网络数据结构

网络数据结构的基本组成部分和属性如图 4 - 22 所示。

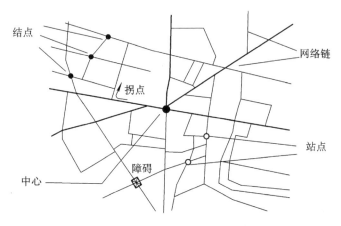

图 4-22　空间网络的构成元素

1）链（Link）

链是网络中流动的管线，如街道、河流、水管等，其状态属性包括阻力和需求。

2）结点（Node）

网络中链的结点，如港口、车站、电站等，其状态属性包括阻力和需求等。结点中又有下面几种特殊的类型。

（1）障碍（Barrier），禁止网络中链上流动的点。

（2）拐点（Turn），出现在网络链中的分割结点上，状态属性有阻力，如拐弯的时间和限制（如在 8:00 到 18:00 不允许左拐）。

（3）中心（Center），是接受或分配资源的位置，如水库、商业中心、电站等，其状态属性包括资源容量（如总量）和阻力限额（中心到链的最大距离或时间限制）。

（4）站点（Stop），在路径选择中资源增减的结点，如库房、车站等，其状态属性有资源需求，如产品数量。

除了基本的组成部分外，有时还要增加一些特殊结构，如邻接点链表用来辅助进行路径分析。

4.6.2　主要网络分析功能

1. 路径分析

（1）静态求最佳路径：在给定每条链上的属性后，求最佳路径。

（2）N 条最佳路径分析：确定起点或终点，求代价最小的 N 条路径。因为在实践中最佳路径的选择只是理想情况，由于种种因素而要选择近似最优路径。

（3）最短路径或最低耗费路径：确定起点、终点和要经过的中间点、中间连线，求最短路径或最小耗费路径。

（4）动态最佳路径分析：实际网络中权值是随权值关系式变化的，可能还会临时出现一些障碍点，需要动态地计算最佳路径。

2. 计算最短路径的 Dijkstra 算法

无论是计算最短路径还是最佳路径，其算法都是一致的，不同之处在于有向图（或无向图）中每条弧的权值设置。如果要计算最短路径，则权重设置为两个结点的实际距离；而要计算最佳路径，则可以将权值设置为从起点到终点的时间或费用。Dijkstra 算法是一种对结点不断进行标号的算法。每次标号一个结点，标号的值即为从给定起点到该点的最短路径长度。在标定一个结点的同时，还对所有未标号的结点给出了"暂时标号"，即当时能够确定的相对最小值。设定 K 表示待确定最短路径的起点，L 表示终点，则最短路径的搜索步骤如下：

（1）令起点 K 标号为零，其他结点标号为∞。

（2）对未被标定的结点全部给出暂时标号，其值为 $\min[j$ 的旧标号，$(i$ 的旧标号 $+w_{ij})]$，这里 i 是前一步刚被标定的结点，w_{ij} 是边 e_{ij} 的权，如果结点 i 和 j 不相邻，$w_{ij}=∞$。

（3）找出所有暂时标号的最小值，用它作为相应结点的固定标号。如果存在几个同一最小标号值的结点，则可任取一个加以标定。

（4）重复进行步骤（2）和（3），直至指定的终点 L 被定标时为止。用此法可直接得到由起点 K 到其他结点的最短路径长度，那就是该结点的定标数值。

而回溯各结点的上一结点直到起始结点，就是最短路径。

图 4-23 给出一无向图 G，它的距离矩阵 W 如式（4-19）所示。

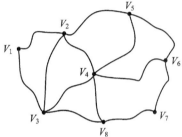

图 4-23　加权无向图 G

$$
\boldsymbol{W}=\begin{array}{c} \\ V_1 \\ V_2 \\ V_3 \\ V_4 \\ V_5 \\ V_6 \\ V_7 \\ V_8 \end{array}
\begin{array}{cccccccc}
V_1 & V_2 & V_3 & V_4 & V_5 & V_6 & V_7 & V_8 \\
0 & 1 & 2 & \infty & \infty & \infty & \infty & \infty \\
1 & 0 & 3 & 3 & 3 & \infty & \infty & \infty \\
2 & 3 & 0 & 2 & \infty & \infty & \infty & 4 \\
\infty & 3 & 2 & 0 & 2 & 3 & \infty & 3 \\
\infty & 3 & \infty & 2 & 0 & 3 & \infty & \infty \\
\infty & \infty & \infty & 3 & 3 & 0 & 1 & \infty \\
\infty & \infty & \infty & \infty & \infty & 1 & 0 & 1 \\
\infty & \infty & 4 & 3 & \infty & \infty & 1 & 0
\end{array}
\qquad (4-19)
$$

从结点 V_1 到 V_7 的最短路径标号过程如下：

	V_1	V_2	V_3	V_4	V_5	V_6	V_7	V_8
确定起点	0	(∞)	(∞)	(∞)	(∞)	(∞)	(∞)	(∞)
标定 V_1	0	(1)	(2)	(∞)	(∞)	(∞)	(∞)	(∞)
标定 V_2	0	1	(2)	(4)	(4)	(∞)	(∞)	(∞)
标定 V_3	0	1	2	(4)	(4)	(∞)	(∞)	(6)
标定 V_4	0	1	2	4	(4)	(7)	(∞)	(6)
标定 V_5	0	1	2	4	4	(7)	(∞)	(6)
标定 V_8	0	1	2	4	4	(7)	(7)	6
标定 V_7	0	1	2	4	4	(7)	7	6

其中括号内的是暂时标号，没有括号的为定标。距离起点越近的顶点，越早得到固定标号。采用回溯的方法可以得到从起点 K 到其他结点的最短路径经由的结点。因此，从结点 V_1

到 V_7 的最短路径长度为 7，经由的路径为 $V_1 \rightarrow V_3 \rightarrow V_8 \rightarrow V_7$。

3. 资源分配

资源分配网络模型由中心点（分配中心或收集中心）及其属性和网络组成。分配有两种形式：一种是由分配中心向四周分配，另一种是由四周向收集中心分配。资源分配的应用包括消防站点分布和求援区划分，学校选址，垃圾收集站点分布，停水停电对区域的社会、经济影响估计等。资源分配常用的分析算法有：

1）负荷设计

负荷设计可用于估计排水系统在暴雨期间是否溢流，输电系统是否超载等。

2）时间和距离估算

时间和距离估算除用于交通时间和交通距离分析外，还可模拟水、电等资源或能量在网络上的距离损耗。

网络分析的具体门类、对象、要求种类繁多，一般的 GIS 软件常常只能提供一些常用的分析方法，或提供描述网络的数据模型和存储信息的数据库。其中最常用的方法是线性阻抗法，即资源在网络上的运输与所受的阻力和距离（或时间）成线性正比关系，在此基础上选择路径，估计负荷，分配资源，计算时间和距离等。对于特殊的、精度要求极高的、非线性阻抗的网络，则需要用特殊的算法进行分析。

4.7　空间统计分类分析

空间统计分析是 GIS 中的一项重要的特色工作，主要基于空间数据进行空间和非空间数据分类、综合评价。数据分类方法是地理信息系统重要的组成部分。一般来说，地理信息系统存储的数据具有原始性质，用户可以根据不同的实用目的，进行提取和分析，特别是对于观测和取样数据，随着采用分类和内插方法的不同，得到的结果有很大的差异。因此，通常情况下，先将大量未经分类的数据输入信息系统数据库，然后要求用户建立具体的分类算法，以获得所需要的信息。

综合评价模型是区划和规划的基础，从人类认识的角度来看，有精确的和模糊的两种类型。因为绝大多数地理现象难以用精确的定量关系划分和表示，因此模糊的模型更为实用，结果也往往更接近实际。综合评价一般要经过四个过程：

（1）评价因子的选择与简化；

（2）多因子重要性指标（权重）的确定；

（3）因子内各类别对评价目标的隶属度确定；

（4）选用某种方法进行多因子综合。

分类和评价的问题通常涉及大量的相互关联的地理因素，主成分分析方法可以从统计意义上将各影响要素的信息压缩到若干合成因子上，从而使模型大大简化；因子权重的确定是建立评价模型的重要步骤，权重正确与否极大地影响评价模型的正确性，而通常的因子权重确定依赖较多的主观判断；层次分析法是综合众人意见，科学地确定各影响因子权重的简单而有效的数学手段。隶属度反映因子内各类别对评价目标的不同影响，依据不同因子的变化情况确定，常采用分段线性函数或其他高次函数形式计算。常用的分类和综合的方法包括聚类分析和判别分析两大类。聚类分析可根据地理实体之间影响要素的相似程度，采用某种与权重和隶属度有关的距离指标，将评价区域划分若干类别；判别分析类似于遥感图像处理的分类方法，即根据各要素的权重和隶属度，采用一定的评价标准，将各地理实体判归最可能的评价等级或以某个数据值所示的等级序列上；分类定级是评价的最后一步，将聚类的结果根据实际情况进行合并，并确定合并后每一类的评价等级，对于判别分析的结果序列采用等间距或不等间距的标准划分为最后的评价等级。

下面简要介绍分类评价中常用的几种数学方法。

4.7.1 主成分分析

地理问题往往涉及大量相互关联的自然和社会要素，众多的要素常常给模型的构造带来很大困难，同时也增加了运算的复杂性。为使用户易于理解和解决现有存储容量不足的问题，有必要减少某些数据而保留最必要的信息。由于地理变量中许多变量通常都是相互关联的，就有可能按这些关联关系进行数学处理达到简化数据的目的。主成分分析(Principal Component Analysis，PCA)是通过数理统计分析，求得各要素间线性关系的实质上有意义的表达式，将众多要素的信息压缩表达为若干具有代表性的合成变量，这就克服了变量选择时的冗余和相关，然后选择信息最丰富的少数因子进行各种聚类分析，构造应用模型。

设有 n 个样本，p 个变量。将原始数据转换成一组新的特征值——主成分，主成分是原变量的线性组合且具有正交特征。即将 x_1，x_2，$\cdots$，x_p 综合成 $m(m<p)$ 个指标 z_1，z_2，$\cdots$，z_m，即

$$
\begin{aligned}
z_1 &= l_{11}x_1 + l_{12}x_2 + \cdots + l_{1p}x_p \\
z_2 &= l_{21}x_1 + l_{22}x_2 + \cdots + l_{2p}x_p \\
&\vdots \\
z_m &= l_{m1}x_1 + l_{m2}x_2 + \cdots + l_{mp}x_p
\end{aligned}
\tag{4-20}
$$

这样决定的综合指标 z_1，z_2，$\cdots$，z_m 分别称做原指标的第一，第二，$\cdots$，第 m 个主成分。其中在总方差中占的比例最大，其余主成分 z_1，z_2，$\cdots$，z_m 的方差依次递减。在实际工作中，常挑选前几个方差比例最大的主成分，这样既减少了指标的数目，又抓住了主要矛盾，简化了指标之间的关系。

从几何上看，确定主成分的问题，就是找 p 维空间中椭球体的主轴问题，就是在 x_1，x_2，$\cdots$，x_p 的相关矩阵中求解 m 个较大特征值对应的特征向量，通常用雅可比(Jacobi)法计算特征值和特征向量。

很显然，主成分分析这一数据分析技术把数据减少到易于管理的程度，是将复杂数据变成简单类别便于存储和管理的有力工具。

4.7.2 层次分析

层次分析(Analytic Hierarchy Process，AHP)法是系统分析的数学工具之一，它是把人的思维过程层次化、数量化，并用数学方法为分析、决策、预报或控制提供定量的依据。事实上，这是一种定性和定量分析相结合的方法。在模型涉及大量相互关联、相互制约的复杂因素的情况下，各因素对问题的分析有着不同的重要性，决定它们对目标重要性的序列，对建立模型十分重要。

　　AHP 方法把相互关联的要素按隶属关系分为若干层次，请有经验的专家对各层次、各因素的相对重要性给出定量指标，利用数学方法综合专家意见，给出各层次、各要素的相对重要性权值，作为综合分析的基础。

4.7.3　系统聚类分析

　　系统聚类是根据多种地学要素对地理实体进行划分类别的方法，对不同的要素划分类别往往反映不同目标的等级序列，如土地分等定级、水土流失强度分级等。

　　系统聚类的步骤一般是根据实体间的相似程度，逐步合并若干类别，其相似程度由距离或者相似系数定义。进行类别合并的准则是使得类间差异最大，而类内差异最小。

4.7.4　判别分析

　　判别分析与聚类分析同属分类问题，所不同的是，判别分析是预先根据理论与实践确定等级序列的因子标准，再将待分析的地理实体安排到序列的合理位置上的方法，适用于诸如水土流失评价、土地适宜性评价等有一定理论根据的分类系统定级问题。

　　判别分析依其判别类型的多少与方法的不同，可分为两类判别、多类判别和逐步判别等。

　　通常在两类判别分析中，要求根据已知的地理特征值进行线性组合，构成一个线性判别函数 Y，即

$$Y = c_1 x_1 + c_2 x_2 + \cdots + c_m x_p \tag{4-21}$$

式中，$c_k (k=1, 2, \cdots, m)$ 为判别系数，它可反映各要素或特征值作用方向、分辨能力和贡献率的大小。只要确定了 c_k，判别函数 Y 也就确定了。在确定判别函数后，根据每个样本计算判别函数数值，可以将其归并到相应的类别中。常用的判别分析有距离判别法、Bayes 最小风险判别等。

4.8　地理信息系统产品输出

　　地理信息系统产品是指经由系统处理和分析，可以直接供专业规划人员或决策人员使用的各种地图、图表、图像、数据报表或文字说明。地理信息系统产品输出是指将 GIS 分析或查询检索的结果表示为某种用户需要的可以理解的形式的过程。其中，地图图形输出是地理信息系统产品的主要表现形式。

4.8.1　空间信息输出系统

　　目前，一般地理信息系统软件都为用户提供三种图形、图像输出方式以及属性数据报表输出：屏幕显示主要用于系统与用户交互时的快速显示，是比较廉价的输出产品，需以屏幕摄影方式做硬拷贝，可用于日常的空间信息管理和小型科研成果输出；矢量绘图仪制图用来绘制高精度的比较正规的大图幅图形产品；喷墨打印机，特别是高品质的激光打印机已经成为当前地理信息系统地图产品的主要输出设备。

表 4-1　主要图形输出设备一览表

设　备	图形输出方式	精度	特　　点
矢量绘图仪	矢量线划	高	适合绘制一般的线划地图，还可以进行刻图等特殊方式的绘图
喷墨打印机	栅格点阵	高	可制作彩色地图与影像地图等各类精致地图制品
高分辨彩显	屏幕像元点阵	一般	实时显示 GIS 的各类图形、图像产品
行式打印机	字符点阵	差	以不同复杂度的打印字符输出各类地图，精度差，变形大
胶片拷贝机	光栅	较高	可将屏幕图形复制至胶片上，用于制作幻灯片或正胶片

1. 屏幕显示

屏幕显示由光栅或液晶的屏幕显示图形、图像，通常是比较廉价的显示设备，常用来做人和机器交互的输出设备，其优点是代价低，速度快，色彩鲜艳，且可以动态刷新；缺点是非永久性输出，关机后无法保留，而且幅面小、精度低、比例不准确，不宜作为正式输出设备。不过值得注意的是，目前，也往往将屏幕上所显示的图形采用屏幕拷贝的方式记录下来，以在其他软件支持下直接使用。由于屏幕同绘图仪的彩色成图原理有着明显的区别，因此屏幕所显示的图形如果直接用彩色打印机输出，两者的输出效果往往存在着一定的差异。这就为利用屏幕直接进行地图色彩配置的操作带来很大的障碍。解决的方法一般是根据经验制作色彩对比表，依此作为色彩转换的依据。近年来，部分地理信息系统与机助制图软件在屏幕与绘图仪色彩输出一体化方面已经做了不少卓有成效的工作。

2. 矢量绘图

矢量制图通常采用矢量数据方式输入，根据坐标数据和属性数据将其符号化，然后通过制图指令驱动制图设备；也可以采用栅格数据作为输入，将制图范围划分为单元，在每一单元中通过点、线构成颜色和模式表示，其驱动设备的指令依然是点、线。矢量制图指令在矢量制图设备上可以直接实现，也可以在栅格制图设备上通过插补将点、线指令转化为需要输出的点阵单元，其质量取决于制图单元的大小。

矢量形式绘图以点、线为基本指令，在矢量绘图设备中通过绘图笔在四个方向 $(+X, +Y)$、$(-X, -Y)$ 或八个方向 $((+X, 0)$、$(+X, +Y)$、$(0, +Y)$、$(-X, +Y)$、$(-X, 0)$、$(-X, -Y)$、$(0, -Y)$、$(+X, -Y))$ 上的移动形成阶梯状折线组成。由于一般步距很小，因此线划质量较高。在栅格设备上通过将直线经过的栅格点赋予相应的颜色来实现矢量图。矢量形式绘图表现方式灵活、精度高、图形质量好、幅面大，其缺点是速度较慢、价格较高。矢量形式绘图可实现各种地图符号，采用这种方法形成的地图有点位符号图、线状符号图、面状符号图、等值线图、透视立体图等。

在图形视觉变量的形式中，符号形状可以通过数学表达式、连接离散点、信息块等方法形成；颜色采用笔的颜色表示；图案通过填充方法按设定的排列、方向进行填充。

3. 打印输出

打印输出一般是直接用栅格方式进行的，可利用以下几种打印机：

(1) 行式打印机：打印速度快，成本低，但通常还需要由不同的字符组合表示像元的灰度值，精度太低，十分粗糙，且纵横比例不一，总比例也难以调整，是比较落后的方法。

(2) 点阵打印机：点阵打印可用每个针打出一个像元点，点精度达 0.141 mm，可打印精美的、比例准确的彩色地图，且设备便宜，成本低，速度与矢量绘图相近，而渲染图比矢量绘图均匀，便于小型地理信息系统采用；目前主要问题是幅面有限，大的输出图形需要拼接。

（3）喷墨打印机（亦称喷墨绘图仪）：是十分高档的点阵输出设备，输出质量高、速度快，随着技术的不断完善与价格的降低，目前已经取代矢量绘图仪的地位，成为 GIS 产品主要的输出设备。

（4）激光打印机：是一种既可用于打印又可用于绘图的设备，其绘图的基本特点是高品质、快速。由于目前费用较高，尚未得到广泛普及，但代表了计算机图形输出的基本发展方向。

4.8.2　地理信息系统输出产品类型

地理信息系统产品是指经由系统处理和分析，可以直接供专业规划人员或决策人员使用的各种地图、图表、图像、数据报表或文字说明。地理信息系统的输出内容主要包括空间数据和属性数据两部分。按照不同的标志，地理信息系统产品的输出形式有多种。就其载体形式来说，可分为常规、静态的纸张地图和动态的数字地图等类型。

1. 常规地图

常规地图（即纸张地图）是地理信息系统产品的重要输出形式。它主要以线划、颜色、符号和注记等表示地形地物。根据地理信息系统表达的内容，常规地图可分为全要素地形图、各类专题图、遥感影像地图，以及统计图表、数据报表等。

1）全要素地形图

全要素地形图的内容包括水系、地貌、植被、居民地、交通、境界、独立地物等。它们具有统一的大地控制、统一的地图投影和分幅编号，统一的比例尺系统（1：10 000、1：25 000、1：50 000、1：100 000、1：250 000、1：500 000、1：1 000 000），统一的编制规范和图式符号，属于国家基本比例尺地形图，如图 4-24 所示。全要素地形图是编制各类专题地图的基础。

2）各类专题图

专题图是专门表示一种或几种自然图或社会经济现象的地图。它主要由地理基础和专题内容两部分组成。从专题图内容（或要素）的显示特征来看，一般包括空间分布、时间变异，以及数量、质量特征三个方面。专题图按照空间分布的点状、线状和面状分布，大致有以下表示方法：定点符号法、线状符号法、质别底色法、等值线法、定位图表法、范围法、点值法、分值比较法、分区图表法和动线法等，如图 4-25 所示。

3）遥感影像地图

随着遥感技术，特别是航天遥感技术的发展，遥感影像地图已成为地理信息系统产品的一种表达形式，如图 4-26 所示。遥感可以提供及时、准确、综合和大范围的各种资源与环境数据，成为地理信息系统重要数据源之一。同时，在对遥感图像进行纠正的基础上，按照一定的数学法则，运用特定的地图符号，结合表示地面特征的地图，可以将遥感图像编制成遥感影像地图。遥感影像地图具有遥感图像和地形图的双重优点，既包含了遥感图像的丰富信息内容，又保证了地形图的整饰和几何精度。遥感影像地图按其内容又可分为普通影像地图和专题影像地图。两者的主要区别在于：前者表示包括等高线等地形内容要素，后者主要反映专题内容。

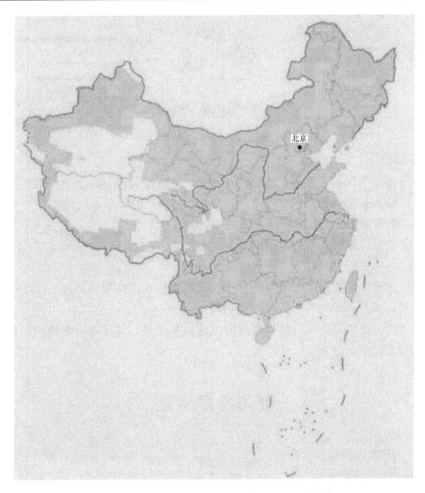

图 4 - 24　1∶50 000 国家基本比例尺地形图(局部)

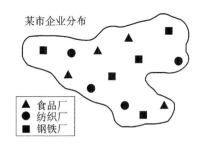
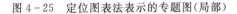

图 4 - 25　定位图表法表示的专题图(局部)　　图 4 - 26　卫星遥感影像地图(局部)

4) 统计图表与数据报表

在地理信息系统中,属性数据大约占数据量的 80% 左右。它们是以关系(表)的形式存在的,反映了地理对象的特征、性质等属性。属性数据的表示方法,可以采用前面所列的专题图的形式,同时还可以直接用统计图表和数据报表的形式加以直观表示,如图 4 - 27 所示。

图 4-27　统计图示例

2. 数字地图

地理信息系统的完善和发展，改变了人们对传统地图的认识以及地图的生产工艺，同时也出现了一种崭新的地图形式——数字地图。数字地图的核心是以数字形式来记录和存储地图。与常规地图相比，数字地图有以下几个优点：

（1）数字地图的存储介质是计算机磁盘、磁带等，与纸张相比，其信息存储量大、体积小，易携带。

（2）数字地图以计算机可以识别的数字代码系统反映各类地理特征，可以在计算机软件的支持下借助高分辨率的显示器实现地图的显示。

（3）数字地图便于与遥感信息和地理信息系统相结合，实现地图的快速更新，同时也便于多层次信息的复合分析。

复习与思考题

1. 简述 DEM 的主要表示模型。

2. 解释缓冲区分析和叠加分析的概念，并举例说明这两种空间分析方法的用途。

3. 矢量数据的叠加有什么作用？

4. 栅格数据的叠加与矢量数据的叠加有什么不同？

5. 解释网络及网络分析的概念，熟悉用 Dijkstra 算法计算最短路径。

6. 解释聚类分析的概念，并举例说明其用途。

7. 地理信息系统产品的输出形式有哪几种？

8. 简述地理信息系统产品的输出类型。

第 5 章　　地理信息系统的开发与应用

地理信息系统技术在我国资源环境及设施的管理和规划中发挥着日益重要的作用，并且逐步形成为一门新兴的信息产业。进入 21 世纪，一个新型的信息社会和空间时代展现在人们的面前，地理信息技术在国民经济建设中发挥更加重要、更加积极的作用。

信息经济已经成为当今世界经济发展的重要特征之一，信息技术和信息产业的国际竞争日益激烈，我国 GIS 产业正面临着严峻挑战。正确认识 GIS 技术的开发方法、开发过程、推广应用，发展产业，增强国际竞争能力，才能立足于世界信息技术发展的潮流之中。

5.1　　地理信息的开发

地理信息系统按其功能和内容，可以分为基础型 GIS 和应用型 GIS。基础型 GIS 是指如 ArcGIS 等的 GIS 软件平台。应用型 GIS 是指在基础型 GIS 的基础上，经过二次开发，建成满足专门用户、解决特定实际问题的 GIS。因此应用型 GIS 的主要特点是，具有特定的用户和目的，具有为适应用户专门需求而开发的地理空间实体数据库和应用模型，它既继承基础型 GIS 开发平台提供的部分功能，又具有专门开发的用户界面。与许多其他系统一样，应用型 GIS 也是一个大型的系统工程，因此，其开发有与其他系统共有的特性，更有其自身的特色。

5.1.1　地理信息系统的开发方法

1. 地理信息系统开发概述

地理信息系统的开发是一个大型的系统工程，也是不断地应用实践——提高——再实践——再提高的螺旋式迂回上升过程。一般来讲，它的开发过程分为四个阶段，即系统调查分析、系统设计、系统实施和系统运行与维护，各阶段中间又有各种小的过程。

总的来说，地理信息系统目前尚没有从自己学科总结和完善出来的开发方法，而基本上引入和借鉴了管理信息系统和软件工程的生命周期法、原型法、自底向上法和面向对象法，下面分别予以介绍。

2. 结构化生命周期法

这里所谓的"结构化"就是有组织、有计划和有规律的一种安排。而结构化系统分析方法就是利用系统工程分析有关概念，采用自上而下划分模块，逐步求精的基本方法，它主要强调以下基本思想：

（1）在整个开发阶段，树立系统的总体观念。首先从总体出发，考虑全局的问题，在保证总体方案正确的情况下，接口问题解决的条件按照自上而下一层一层地研制。

（2）开发全过程是一个连续有序、循环往复不断提高的过程。每一次循环就是一个生命周期。要严格划分工作阶段，保证阶段任务完成，只有前一阶段工作完成之后，才能开始下一阶段工作。

（3）用结构化的方法构筑地理信息系统逻辑模型和物理模型。

（4）充分预料可能发生的变化。

（5）树立面向用户的观念。

（6）采用直观的工具规划系统。

（7）每一阶段工作成果要成文。

上述观念可以用图 5-1 来表示，其结构图就像瀑布，故也称之为"瀑布模型"。

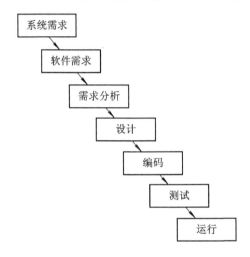

图 5-1　结构化生命周期法（瀑布模型）

这样每个阶段都有明确的标准化图表和文字说明组成的文档，便于全过程各阶段的管理和控制。

这一方法最大的缺点是用户对即将建立的新系统没有直观的预见性。

这一开发方法理论上是严密的，但是由于假定：

（1）开发开始前，系统分析员做到系统的都要求和需要都分析清楚并为用户和开发人员所理解；

（2）全开发过程中，系统要求是不变、固定的；

（3）用户完全理解所有技术文件，因而也完全清楚自己的要求被贯彻的程度。这三个假定，在实践中或多或少会产生偏离，因此，在实践中不可能达到理想的结果。

3. 由底而上法

由底而上法是从现行的业务现状出发，先实现一个具体的初级功能，然后由低到高，增加计划、控制、决策等功能，实现总目标。这样各项目独立进行，很少考虑相互配合，出现"只见树木，不见森林"的现象。

此方法缺乏系统性，只能进行个别的独立应用，应避免用此方法进行地理信息系统的开发。

4．快速原型方法

所谓"原型"是一个系统的工作模型，此模型强调系统的某些特定方面。

此方法的主要特点是：开发人员只在初步了解用户需求的基础上构造一个应用模型系统，即原型。用户和开发人员在此基础上共同反复探讨和完善原型，直到用户满意。

此方法自始至终强调用户直接参加，不断进行评价原型，提出要求。因此，可以尽早获得更完整、更确切的需求和设计。但是，这一方法必须要有"原型"。

5．面向对象的软件开发方法

这一方法是随着"面向对象的程序设计（Object Oriented Programming，OOP）"而发展起来的。面向对象建模技术采用对象模型、动态模型和功能模型来描述一个系统。对象模型描述的是系统的对象结构，它用含有对象类的对象图（一种实体—关系（E - R）模型的扩充）来表示；动态模型描述与时间和操作有关的系统属性，用状态图来表示；而功能模型则描述与值的变化有关的系统属性，其描述工具是数据流程图（Data Flow Diagram，DFD）。

用这种方法进行系统分析与设计所建立的系统模型，在后期用面向对象的开发工具实现时能够很自然地进行转换。

然而，客观世界对象十分繁杂，地理信息系统本身的理论目前又很不完善，在系统分析阶段用这种方法，对整个系统的包容对象进行抽象是很困难的，也很难全面满足软件系统的需要，其实用性受到影响。但是应当肯定，采用面向对象理论和工具抽象地理信息是一个有前途的方向。尤其是目前从面向对象的方法中发展起来的组件（COM）技术、分布式组件（DCOM）技术是非常有希望的技术方法。

6．"演示和讨论"方法

演示讨论法（Demonstration And Discussion Method，DADM），要求在 MIS 软件开发过程的各个阶段，在所有相关人员之间，进行有效的沟通与交流。这种交流是建立在直观演示的基础上，演示内容主要包括直观的图表工具和输入、输出界面等。

DADM 方法具有如下特点：

（1）强调采用演示和讨论方式进行广泛、有效的沟通与交流。

（2）具有较好的可预见性。因为开发人员在最终正式编码之前，要根据改进方案制作典型输入、输出界面，并给用户演示，共同讨论使用习惯，修改需求。用户参与了新系统的设计。

（3）实施过程是启发式的。在实施的过程中的"启发"是"互动"的，这样可以有效避免系统在功能、易用性等方面有重大缺陷。

（4）实施具有可操作性。DADM 方法是按阶段进行的，只是系统需求报告不是生硬地让用户签字承认后才确定的，而是在启发式地有效沟通、交流的基础上，由用户、开发人员、管理专家和电脑技术专家等相关人员共同确定的。

（5）具有一定的开放性。其开放性体现在：① 对于代码的实现方式没有限定，不管用生成器生成系统代码，还是用手工编码，都可以采用 DADM 方法；② 对于具体编程工具没有完全限定；③ 对于演示的具体内容也没有限制。

（6）有利于在整个开发过程中进行全面质量管理。全面质量管理（Total Quality Management，TQM）强调在软件开发的全过程中进行质量控制，而获取高质量的需求分析报告则是提高 GIS 应用软件质量的首要环节。

DADM 方法可以有效地获得用户的需求，并对原系统进行有效的改进，也可以科学地确定系统设计方案。即使在编程阶段，通过有效的沟通与交流，也可以在各个开发人员之间建立共同遵守的约定或规范，避免各自为政，这样可以有效保证 GIS 应用软件的质量。

上述多种开发方法都是在开发各种 GIS 系统和软件中实际使用过的，各有其相应的优点和缺点。GIS 开发是一周期较长、内容广泛、情况复杂的大型系统过程。因此，根据实际情况，扬长避短，灵活使用最适合的方法是一个根本原则。

显然，上述各种方法都不是一成不变的，其中"演示和讨论"方法，实际上还不能算是一种独立的 GIS 开发方法，只是一种沟通和交流的方式，各方法都能用。因此，目前建议采用的方法是：

（1）树立以系统结构化开发的总体观念；

（2）尽量采用最接近用户要求的现有自主产权 GIS 系统作为原型系统，可视性好、功能强的各种类型的电子地图集系统也可作为一个普通的、可选的原型，或者采用选择其他的原型，采用 OOP 组件技术进行扩充；

（3）当没有原型系统时，采用结构化生命周期结构制原型；

（4）采用快速原型方法进行实际工作，运用"演示和讨论"方法的可视化工作方式，尽量采用组件技术进行扩充。

综上所述，进行地理信息系统开发，应树立结构化分析思想，充分运用"演示和讨论"方法，尽量采用组件技术进行扩充，按照快速原型方法工作。

5.1.2　地理信息系统的开发过程

地理信息系统开发涉及的学科领域多、开发周期长、包含的内容复杂，其开发过程可分为系统调查分析、系统设计、系统实施、系统运行与维护四个大阶段，其中又分为若干小阶段，它们相互衔接又互相影响，整个过程是螺旋式上升的循环过程。

1. 系统的调查分析

系统调查与分析是对用户及相应的用户群的要求和对用户及其群体的情况进行调查分析。用户需求调查的好坏在很大程度上决定了一个地理信息系统的成败。要集中力量，多次进行，调查层面要广泛，并留下文字资料，作为开发工作的重要档案。调查的主要内容概括如下：

1）需求调查与分析

（1）调查用户的性质、规模、结构、职责。应当了解用户单位的工作性质，机构设置的职责，工作任务的目的、规模，以及他们系统支持的强度，并调查哪些部门、哪些人员的职责同欲建 GIS 有直接或间接的关系。

（2）了解传统的处理方法。要详细了解传统方法的作业流程及其存在的主要问题，以便全面衡量工作广度、深度及要突破的关键技术。

（3）调查要求新系统产生的结果和可获得资料、数据的程度。

（4）调查用户对应用界面和程序接口的要求。用户对新系统的要求必须明确、具体，有些是直接的，有些是长期的、理想性的，都要分门别类了解透彻。对于获得资料、数据，应了解这些资料、数据能否足够支持新系统，并及时提供应用的程度。

（5）潜在用户和地理信息系统的潜力。在调查过程中，由于用户不一定了解地理信息系统，往往只能回答一般性的问题，提出笼统的要求。因此，未来系统究竟具备哪些功能和潜力，能为哪些行业服务、服务到什么水平，取得什么样的社会和经济效果，取决于设计者如何把握潜在用户的要求，在满足当前用户要求的前提下，归纳、抽象推广到更广的用户的需求。这些只有在完全调查清楚用户需求的基础上才能办到。

地理信息系统从根本上是由技术市场决定的，用户需求调查即是市场调查中的主要内容。

2）可行性分析

可行性分析是对建立系统的必要性和实现目标的可能性，从社会、技术、经济三个方面进行分析，以确定用户实力，系统环境、资料、数据、数据流量，硬件能力，软件系统，经费预算，以及时间分析和效益分析。其主要内容包括以下八个方面：

（1）新系统的社会、经济效益分析。阐明用户部门、社会对系统的需要，技术市场的状况，经济和学术上的意义。

（2）该任务的人员在质和量方面是否足以完成该任务。

（3）技术上的关键问题及难点何在？是否都能予以适当解决？解决计划如何？

（4）资料和数据的总量，可获取的资料、数据清单。逐一评估它们的现时性状况和可更新程度，逐一评估精度等级和可利用程度，获取困难的资料、数据清单及可能获取清单的渠道。

（5）软件系统和开发能力能否切实并留有余地地完成该系统的各项要求。

（6）所能够拥有的硬件的能力能否充分保证系统的各项指标。

（7）所提供的经费是否能略有余地地保证任务完成及新系统产生效益估计。

（8）任务的时间计划表是否合理并有适度余量。

以上是可行性分析的八个主要方面，其他具体方面必须妥善分析，可行性分析涉及大量的人力、物力、财力的去向，以及能否取得相应的社会、经济效益回报的大事。涉及面很广，都尽量要做到全面妥善地考虑解决。

必须注意的是，对于地理信息系统这类大型工程，一般情况下制作一个关键问题的可行性实验系统是一个好的办法，也是可行性分析中一个重要的组成部分。

3）系统分析

系统分析是系统调查分析阶段的最后一环，在用户需求调查分析、可行性分析的基础上，深入分析，明确新建系统的目标，建立新建系统逻辑模型。

在此，逻辑模型指的是对具体模型的地理信息上的抽象，即去掉一些具体的非本质的东西，保留突出本质的东西及其联系。

系统分析主要有四个方面的内容：

（1）分析传统的工作流程，导出逻辑模型；

（2）把用户需求分析的集中描述概括为明确的系统目标；

（3）分析描绘新系统流程，列出逻辑模型；

（4）对系统调查分析的总结成文。

2. 系统的设计

系统设计的任务是将系统分析阶段提出的逻辑模型化为相应的实际物理模型。这是整个研制工作的核心，不仅要完成，而且要优化，即要始终考虑高效性、安全性，具有容错能力的鲁棒性和方便性。也即按照逻辑功能的要求，考虑各种具体实际条件和具体应用领域，进行具体设计，来完成这些要求。

1）总体设计

总体设计又称功能设计或概念设计。它的主要任务是：

（1）系统目的、目标及属性的确定。系统目的即是系统预期要达到的水平。系统目标是指实现目的过程中的若干努力指标、属性指标的量度，通常目标是一个多层次的树。

（2）根据系统研制的目标来规划系统的规模和确定系统的组成与功能。

（3）模块或系统的相互关系描述及接口设计规定。

（4）硬、软件配置的环境设计。

（5）数据源评估，数据库方案及建库方法。

（6）人才培训：包括开发人员"演示与讨论"等方式的交流与协调，更重要的是新系统正常运转与生产所需的人才培训。

（7）系统建立计划和经费预算：系统建立计划要有充足的具体条件保证，经费预算要合理。

（8）成本及收益分析：成本是指建设和运行新系统的资金投入，收益是指新系统运行的产出。

2）系统详细设计

详细设计是在总体设计的基础上进一步细化、具体化、物理化。其主要内容有：

· 模块设计

按照功能独立、规模适当的模块化设计方法，对总体设计中各大模块进一步细化，成为各功能小模块，并绘出它们之间的联系和各模块内容及其功能，以及它们的算法和流程。

· 数据分级分类及编码设计

设计时，有标准的一定尽量采用国家标准及部门标准；没标准的，要尽量靠拢相近标准，遵循统一性、系统逻辑性、准确性的原则。

· 数据库设计

数据库设计包括以下内容：

（1）数据获取方案设计：这是最基本的设计，也叫数字化方案设计。其包括内容选取及分类，数字化中要素关系的处理原则，相应专题内容的数字化方案，作业步骤和数字化质量保证措施。

（2）数据存储设计：主要指数据存储介质的选择、数据逻辑关系的设计和数据存储结构的设计。

（3）数据检索设计：数据主流的需要，设计哪些方式满足对数据的需要，一般有属性检索、空间检索、拓扑检索、组合检索以及其他检索。

· 输入、输出方式及界面设计

· 安全性设计

操作权限分级，用户分级口令的设置及病毒防治。

· 实施的计划方案

把任务分解，落实到人，提出进度要求、数据加密和考核标准，给出经费预算、数据备份等。

系统设计的主要成果是总体设计说明书和详细设计说明书。

3. 系统实施

此阶段是把系统设计的成果付诸实施，实现能够使用的实际系统。

1）硬、软件配置及准备

根据系统设计，配置、安置、调试相应的硬件设备及所需基础及其他软件，是系统实施的物质基础。必须注意：系统设计时拟定的硬件方案往往落后于硬件的发展，此时不应拘泥于原方案，应在同等价格的基础上，灵活选用性能指标优越的硬件。

2）人员培训

人员培训包括技术、管理、使用培训，人员培训工作的内容按系统实际进展分阶段展开。这些内容应当密切配合并服务于系统实施进行。

3）数据采集和数据库建立

数据采集实际上是整个系统中工作量最大的一项工作。

（1）数字化应严格按照系统设计中的数字化方案进行，这个数字化方案必须是严格设计而又经实际考核的；

（2）数据的分类分级及编码也应严格遵守系统设计的规定，未经考虑的类别及情况应依据系统化、规范化的原则慎重研究后统一补充。

（3）数字化以质量为主，经验表明：不能把速度放在第一位，要好中求快，熟练后速度自然能够提高。

4）模块程序的编制、调试与运行

对这一步的要求是尽量标准化和通用化，并具有相应的容错性和坚固性。

（1）采用演示和讨论，统一设计思想和规格。

（2）调试运行采用两套数据，一套是模拟数据，另一套是实际数据。

（3）所编程序按照统一格式编写程序说明，内容包括：名称、功能、使用算法、方法概要、硬件要求、使用语言、使用的外部数据、源程序语句数、设计人、使用说明。

5）系统测试

在系统实施其他部分完成以后，系统实施最后阶段进行系统测试。这个测试与模块程序调试中的测试是不一样的，它除了要测试各模块的实际性能外，主要测试模块间的联系及综合起来的功能。因此，测试数据要有系统性、全面性。除了要有一套模拟数据外，还要有一套实际业务数据。

（1）制定测试计划，提供测试标准；

（2）需要用户技术负责人、系统设计员、程序设计员和运行操作员共同进行；

（3）测试中的各种问题要迅速组织力量予以解决，并尽快再次进行测试，这个过程一般可能要进行多次，直到用户满意为止。

6）系统文档资料的建立

系统文档资料是对系统实践过程的文字总结，包括用户手册、使用参考手册、系统测试说明、程序设计说明、测试报告等。

7）系统验收

一般在文档建好和系统测试阶段完成后，各项功能、各项指标均达到设计标准，应召集用户方领导和技术负责人、系统设计员、程序员等，对系统测试各项逐一进行，完成后由用户技术负责人签字验收。这一工作是系统正确实施的必然后果，是水到渠成，不应急于求成。

4. 运行和维护

系统验收是系统实施的终结，运行阶段的开始，系统验收完成后，系统的运行是由用户为主来进行的。这时使用者发生了变化，运行数据完全是使用实际数据，而且数量一般较大，运行环境也有变化。

系统维护是指在运行过程中，为适应环境和其他因素的各种变化，保证系统正常工作而采取的一切活动。其包括系统功能的改进、解决的问题和错误。

一般在系统验收后运行的初期有一段试运行阶段，这时由于环境的变化，问题出现比较频繁，维护工作量特别大，应以用户方为主，系统设计方为辅，紧密结合进行维护。

系统维护包含以下主要内容：

（1）纠错。

（2）完善和适应性维护。这是指软件功能扩充，性能提高，以及由于操作系统升级，硬件变换，业务变化，数据形式变化所引起的相应修改及维护。

（3）硬件设备的维护。

（4）数据更新。

这对于地理信息系统是一种耗时长、耗资很大的工作。由于地理世界实体变化多、更新速率高，相应的地理信息数据库也必须迅速更新。由于数字化工作量大、效率低、成本高，这一问题随着地理信息系统的尺度（如比例尺）越大，矛盾越加突出，且存在着瓶颈现象。

比如 1 : 50 000 比例尺的地形图，国家要求 5 年更新一次，即数据库更新每年达 1/5。由于地理信息子系统中一般硬件、软件、系统三者的价值比为 1 : 10 : 100，假设一个 1 : 50 000 的地理信息系统耗资 110 万元，那么运行中每年仅数据更新费用将需 20 万元，这与一般的观念差距将相当大，GIS 工程技术人员必须正视这一问题，改进维护阶段资金耗费的观念。

数据更新的耗费及困难，也是目前 GIS 存在的主要问题。

5.1.3　地理信息系统的评价

所谓系统评价，就是指将运行着的系统与预期目标进行比较，考察是否达到了系统设计时所预定的总体目标、功能需求、技术和经济指标。其主要对下列各项进行考查：

1. 系统效率

地理信息系统的各种职能指标、技术指标和经济指标是系统效率的反映。例如，系统能否及时地向用户提供有用信息，所提供信息的地理精度和几何精度如何，系统操作是否方便，系统出错情况如何，以及资源的使用效率如何等。

2. 系统可靠性

系统可靠性是指系统在运行时的稳定性，要求一般很少发生事故，即使发生事故也能很快修复，可靠性还包括系统有关的数据文件和程序是否妥善保存，以及系统是否有后备体系等。

3. 可扩展性

任何系统的开发都是从简单到复杂的不断求精和完善的过程，特别是地理信息系统常常是从清查和汇集空间数据开始，然后逐步演化到从管理到决策的高级阶段。因此，一个系统建成后，要使在现行系统上不做大改动或不影响整个系统结构，就可在现行系统上增加功能模块，这就必须在系统设计时留有接口。否则，当数据量增加或功能增加时，系统就要推倒重来，这就是一个没有生命力的系统。

4. 可移植性

可移植性是评价地理信息系统的一项重要指标。一个有价值的地理信息系统的软件和数据库，不仅在于它自身结构的合理，而且在于它对环境的适应能力，即它们不仅能在一台机器上使用，而且能在其他型号设备上使用。要做到这一点，系统必须按国家规范标准设计，包括数据表示、专业分类、编码标准、记录格式等，都要按照统一的规定，以保证软件和数据的匹配、交换和共享。

5. 系统的效益

系统的效益包括经济效益和社会效益。GIS 应用的经济效益主要产生于促进生产力与产值的提高，减少盲目投资，降低工时耗费，减轻灾害损失等方面。目前地理信息系统还处于发展阶段，由它产生的经济效益相对来说还不太显著，可着重从社会效益上进行评价。例如，信息共享的效果，数据采集和处理的自动化水平，地学综合分析能力，系统智能化技术的发展，系统决策的定量化和科学化，系统应用的模型化，系统解决新课题的能力，以及劳动强度的减轻，工作时间的缩短，技术智能的提高等。总的来说，地理信息系统的经济效益是在长时间逐渐体现出来的，随着新课题的不断解决，经济效益也就不断提高。但是，从根本上来说，只有当地理信息系统的建设走以市场为导向的产业化发展道路，商品经济的发展导致信息活动的激增、信息广泛而及时的交流，形成信息市场，才能为地理信息系统的发展提供契机，这时地理信息系统的经济效益才能进一步体现。评价目标也就自然地转向经济效益方面。目前，一批以开发地理信息系统为目标的经济实体正在筹备和组建，地理信息系统的经济、科学和技术三统一的发展趋势是肯定无疑的。

5.1.4　地理信息系统的标准化

1. 地理信息系统标准化的意义和作用

地理信息系统标准化的直接作用是保障地理信息系统技术及其应用的规范化发展，指导地理信息系统相关的实践活动，拓展地理信息系统的应用领域，从而实现地理信息系统的社会及经济价值。地理信息系统的标准体系是地理信息系统技术走向实用化和社会化的保证，对于促进地理信息共享、实现社会信息化具有巨大的推动作用。

地理信息系统的标准化将从如下几方面影响着地理信息系统的发展及其应用。

1）促进空间数据的使用及交换

地理信息系统所直接处理的对象就是反映地理信息的空间数据，空间数据的生成及其操作的复杂性，是造成地理信息系统研究及其应用实践中所遇到的许多具有共性问题的重要原因。进行地理信息系统标准化研究最直接的原因，就是为了解决地理信息系统研究及其应用中所遇到的这些问题。

• 数据质量

对数据质量的影响来自两方面：一方面是由于生产部门数字化作业人员水平参差不齐，各种航摄及各种数字化设备的精度不同，导致最终对地理信息系统数据的精度进行控制的难度；另一个方面是对地理属性特征的识别质量，由于没有经过严格校正的属性数据存在误差，从而导致人们使用数据的错误。对数据质量实施控制的途径是制定一系列的规程，例如地图数字化操作规范、遥感图像解译规范等标准化文件，作为日常工作的规章制度，指导和规范工作人员的工作，以最大限度地保障数据产品的质量。

• 数据库设计

在地理信息系统实践中，数据库设计是至关重要的一个问题，它直接关系到数据库应用上的方便性和数据共享。一般地，数据库设计包括三方面的内容：数据模型设计、数据库结构和功能设计以及数据建库的工艺流程设计。在这三个方面中，可能出现的一些问题见表 5-1。要解决这些问题，就需要针对数据库的设计问题，建立相应的标准，如数据语义标准、数据库功能结构标准、数据库设计工艺流程标准。

表 5-1 不规范的数据库设计可能带来的问题

数据模型设计	术语不一致，数据语义不稳定，数据类型不一致，数据结构不统一
数据库结构和功能设计	结构不合理，术语不一致，功能不符合用户要求
数据建库的工艺流程设计	整个工艺流程不统一，术语不一致，用户调查方式不统一，设计文本不统一

• 数据档案

对数据档案的整理及其规范化，其中代表性的工作就是对地理信息系统元数据的研究及其标准的制定工作。明确的元数据定义以及提供对元数据方便地进行访问的方法，是安全使用和交换数据的最基本要求。一个系统中如果不存在元数据说明，很难想象它能被除系统开发者之外的第二个人所正确地应用。因此，除了空间信息和属性信息以外，元数据信息也被作为地理信息的一个重要组成部分。

• 数据格式

在地理信息系统发展初期，地理信息系统的数据格式被当作一种商业秘密，因此对地理信息系统数据的交换使用几乎是不可能的。为了解决这一问题，通用数据交换格式的概念被提了出来，并且有关空间数据交换标准的研究发展很快。在地理信息系统软件开发中，输入功能和输出功能的实现必须满足多种标准的数据格式。

• 数据的可视化

空间数据的可视化表达，是地理信息系统区别于一般商业化管理信息系统的重要标志。地图学在几百年来的发展过程中，为数据的可视化表达提供了大量的技术储备。在地理信息系统技术发展早期，空间数据的显示基本上直接采用了传统地图学的方法及其标准。但是，由于地理信息系统的面向空间分析功能的要求，空间数据的地理信息系统可视化表达与地图的表达方法具有很大的区别。传统的制图标准并不适合空间数据的可视化要求。例如，利用已有的地图符号无法表达三维地理信息系统数据。解决地理信息系统数据可视化表达的一般策略是：与标准的地图符号体系相类似，制定一套标准的地理信息系统用于显示地理数据的符号系统。地理信息系统标准符号库不但包括图形符号、文字符号，还应当包括图片符号、声音符号等。

　　·数据产品的测评

　　对于一个产业来讲，其产品的测评是一件非常重要的工作。同样，对地理信息系统数据产品的质量、等级、性能等方面进行测试与评估，对于地理信息系统项目工程的有效管理、促进地理信息市场的发展具有重大意义。

　　2）促进地理信息共享

　　地理信息的共享，是指地理信息的社会化应用，就是地理信息开发部门、地理信息用户和地理信息经销部门之间以一种规范化、稳定、合理的关系共同使用地理信息及相关服务机制。

　　地理信息共享，深受信息相关技术（包括遥感技术、GPS 技术、地理信息系统技术、网络技术）的发展、相关的标准化研究及其所制定的各种法规保障制度的制约。现代地理信息共享，以数字化形式为主，并已步入了模拟产品、数据产品和网络传输等多种方式并存的数字化时代。因此，数据共享几乎成为信息共享的代名词。在数据共享方式上，专家们的观点是：未来的数据共享将以分布式的网络传输方式为主。例如，我国有关部门提出以两点一线、树状网络、平行四边形网络、扇状平行四边形网络四种设计方案作为地理信息数据共享的网络基础。

　　从信息共享的内容上来看，地理信息的共享并不只是空间数据之间的共享，它还是其他社会、经济信息的空间框架和载体，是国家以及全球信息资源中的重要组成部分。因此，除了空间数据之间的互操作性和无误差的传输性作为共享内容之一外，空间数据与非空间数据的集成也是地理信息共享的重要内容。后一种数据共享方式具有更大的社会意义，因为它为某些社会、经济信息的利用提供了一种新的方法。

　　地理信息共享有三个基本要求：正确地向用户提供信息；用户无歧义、无错误地接收并正确使用信息；保障数据供需双方的权力不受侵害。在这三个要求中，数据共享技术的作用是最基本的，它将在保障信息共享的安全性（包括语义正确性、版权保护及数据库安全性等）和方便灵活地使用数据方面发挥重要的作用。数据共享技术涉及四个方面：面向地理系统过程语义的数据共享概念模型的建立，地理数据的技术标准，数据安全技术，数据的互操作性。

　　·面向地理系统过程语义的数据共享的概念模型

　　在地理信息系统技术发展过程中，由于制图模型对地理信息系统技术的深刻影响，关于现实地理系统的概念模型大多集中于对地理系统空间属性的描述。例如，对地理实体的分类，以其几何特性点、线、面等为标志，由于这一局限，地理信息系统只能显式地描述一种地理关系——空间关系。这种以几何目标为主要模拟对象的模拟方法不但存在于传统的关系型地理信息系统中，而且也存在于各种面向对象的地理信息系统模型研究文章中。以几何目标特性为主，模拟地理系统的思想几乎成为一种标准，而基于地理系统过程思想的概念模型很少出现。

　　实际的数据共享是一种在语义层次上的数据共享，最基本的要求是供求双方对同一数据集具有相同的认识，只有基于同一种对现实世界地理过程的语义抽象才能保证这一点。因此，在数据共享过程中，应有一种对地理环境的模型作为不同部门之间数据共享应用的基础。面向地理系统过程语义的数据共享的概念模型包括一系列的约定法则：地理实体几何属性的标准定义和表达，地理属性数据的标准定义和表达，元数据定义和表达等。这种模型中的内容和描述方法，有别于面向地理信息系统软件设计或地理信息系统数据库建立的面向计算机操作的概念建模方法。为了数据共享的无歧义性及用户正确地使用数据，面向数据共享的概念模型必须遵循 ISO 为概念模型设计所规定的"100％原则"，即对问题域的结构和动态描述要达到 100％的准确。

· 地理数据的技术标准

地理数据的技术标准为地理数据集的处理提供空间坐标系、空间关系表达等标准，它从技术上消除数据产品之间在数字存储与处理方法上的不一致性，使数据生产者和用户之间的数据流畅通。

地理数据技术标准的一项重要工作是利用标准的界面技术完整地表达数据集语义的标准数据界面。随着对数据共享认识的越来越清晰，科学家们越来越重视对地理信息系统人机界面的标准化。在有关用户界面的标准化的讨论中，两个观点占了主流：一个观点主张采用现有 IT 标准界面，这是计算机专家们的观点；另一个观点提出要以能表达数据集的语义作为用户界面标准的标准。经过多年的讨论及实践已逐渐形成两种策略，它们是建立标准的数据字典和建立标准的特征登记，这两种策略的理论基础都是基于对现实世界的概念性模拟以及概念模式规范化的建立。

在数据库领域，数据字典是一个很老的概念，它的初始含义是关于数据某一抽象层次上的逻辑单元的定义。应用于地理信息系统领域后，其含义有了变化，它不再是对数据单元简单的定义，而且还包括对值域及地理实体属性的表达。可以说数据字典已走出元数据定义的范畴，而成为数据库实体的组成部分之一。建立一个标准数据字典，实际上也就是建立相应的地理信息系统数据库的一种外模式，以方便地对数据库施行查询、检索及更新服务。特征登记是一种表达标准数据语义界面方法，它产生于面向地理特征的信息系统设计思想。

· 数据安全技术

数据使用过程中，为了保证数据的安全，必须采用一定的技术手段。在网络数据传输状况下更是如此。从技术上解决数据安全问题，主要考虑在数据使用和更新时，要保持数据的完整性约束条件，保护数据库免受非授权的泄露、更改或破坏。在网络时代，还要注意网络安全，防止计算机病毒等。

数据的完整性体现了数据世界对现实世界模拟的需求，在关系型数据库中，存在着实体完整性和关系完整性两种约束条件；数据库中数据的安全性，一般通过设置密码、利用用户登记表等方法来保证。

· 数据互操作性

从技术的角度，数据共享强调数据的互操作性。数据的互操作性，体现在两个方面：一个是在不同地理信息系统数据库管理系统之间数据的自由传输；另一个是不同的用户可以自由操作使用同一数据集，并且保证不会导致错误的结论。数据的互操作性在数据共享所有环节中是最重要的，技术要求也是最高的。

2. 地理信息系统标准化的内容

1）地理信息内容和层次

地理信息系统数据模型的设计是在对地理知识的演绎和归纳的基础之上，形成反映地理系统本质的形式化的地理信息的组织和表达模式。

·地理知识、地理信息、地理数据

地理知识是有关地理现象以及地理过程发展规律的正确认识的集合。地理信息是地理知识的一种，它强调对于地理知识的规范化及其结构化的描述形式。因此，它具有一定形式的信息结构。地理数据是地理信息的数字化载体，只有建立在某种数据模型基础上的地理数据集，才能够表达地理信息和地理知识，才具有地理分析的意义。

·地理信息的构成和信息结构

地理信息是对地理实体特征的描述，地理实体特征一般分为四类：

（1）空间特征，描述地理实体空间位置、空间分布及空间相对位置关系；

（2）属性特征，描述地理实体的物理属性和地理意义；

（3）关系特征，描述地理实体之间所有的地理关系，包括对空间关系、分类关系、隶属关系等基本关系的描述，也包括对由基本地理关系所构成的复杂地理关系的描述；

（4）动态特征，描述地理实体的动态变化特征。

地理信息对这些特征的描述，是以一定信息结构为基础的。一个合理的信息结构中的各个信息项应当具有明确的数据类型定义，它不但能全面地反映上述地理实体的四类特征，而且还能够很容易被影射到一定的数据模型之中。一般地，设计出反映地理实体某项信息的信息结构并不困难，难度较大且更为主要的是设计一个能够全面反映地理现实的信息模型。

由于对地理信息的描述是以数据为基础的，因此关于数据本身的一些描述信息（如关于数据质量、数据获取日期、数据获取的机构等）也间接地描述了地理实体，也成为了地理信息的组成之一。这一类信息在地理信息系统领域一般称为元数据信息。

2）地理信息的分类与编码

地理数据对地理现实的表达是建立在一定的逻辑概念体系之上的，地理知识的系统化是建立这些逻辑概念的基础，而地理信息的分类是地理知识系统化的一个重要方法。

·地理信息的分类

对信息的分类一般有两种方法：线分类法和面分类法。线分类法是将分类对象根据一定的分类指标形成相应的若干个层次目录，构成一个有层次的、逐级展开的分类体系；面分类法是将所选用的分类对象的若干特征视为若干个"面"，每个"面"中又分彼此独立的若干类组，由类组组合形成类的一种分类方法。对地理信息的分类一般采用线分类法。

作为地学编码基础的分类体系，主要是由分类与分级方法形成的。分类是把研究对象划分为若干个类组，分级则是对同一类组对象再按某一方面量上的差别进行分级。分类和分级，共同描述了地物之间的分类关系、隶属关系和等级关系。在地理信息系统领域中的分类方法，是传统地理分析方法的应用。

地理信息的分类方法并不是要以整个地理现实作为它的分类对象，它要为某种地理研究及其应用服务。不同地理研究目的之下的分类体系可能不同，即使研究对象为同一地理现实，而用以描述该地理现实的分类体系则可能有质的不同。如果从地理组成要素的观点出发，并且认为地貌、水文、植被、土壤、气候、人文是全部的地理组成要素，那么这六大组成要素就形成了六大分类体系。这六大分类体系共同组成了对地理现实的描述体系。分类体系的特点之一，是概念之间仅能以 $1:n$ 的关系来描述研究对象。

地理信息的分类方法也可以是成因分类，即以成因作为主要的分类指标进行地物分类，这种方法通常为面分类法。地理信息的另一种分类方法，以地理现实的空间分布特点为主要指标进行分类，ISO 将这种以地理空间差异为主要指标划分形成的空间体系称为地理现实的非直接参考系统，行政区划、邮政编码都是这类的代表。

分类体系中的分级方法所依据的指标一般以地理现实的数量指标或质量指标为主。例如，对河流的分级描述、土地利用类型的确定，最有代表意义的是以地物光谱测量特征为主要指标的遥感解译和制图。

应用目的不同和分类指标不同，在极大地丰富了地理分类学研究内容的同时，也在一定程度上造成了对其使用上的困难，其最大的问题是各分类体系之间不兼容。由于这种分类体系的直接应用是对地理现实的编码表示，因此，各分类体系之间的不兼容将导致同一地物的编码不一，或同一编码所具有的语义有多个，从而造成数据共享困难。

·地理信息的编码

对地理信息的代码设计是在分类体系基础上进行的。一般地，在编码过程中所用的码有多种类型，例如顺序码、数值化字母顺序码、层次码、复合码、简码等。我国所编制的地理信息代码中，以层次码为主。

层次码是按照分类对象的从属和层次关系为排列顺序的一种代码，它的优点是能明确表示出分类对象的类别，代码结构有严格的隶属关系。例如，GB 2260—80《中华人民共和国行政区划代码》、GB/T 13923—92《国土基础信息数据分类与代码》都是采用了层次码作为代码的结构。

层次码一般是在线分类体系的基础上设计的。

地理信息的编码要坚持系统性、唯一性、可行性、简单性、一致性、稳定性、可操作性、适应性和标准化的原则，统一安排编码结构和码位；在考虑需要的同时，也要考虑到代码之简洁明了，并在需要的时候可以进一步扩充，最重要的是要适合于计算机的处理和方便操作。目前，已形成国家标准的地理信息方面的分类及代码已有多个，如 GB 2260—80《中华人民共和国行政区划代码》，GB/T 13923—92《国土基础信息数据分类与代码》，GB 14804—93《1：500、1：1000、1：2000 地形图要素分类与代码》，GB/T 5660—1995《1：5000、1：10 000、1：25 000、1：50 000、1：100 000 地形图要素分类与代码》等。

3）地理信息的记录格式与转换

不同的地理信息系统软件工具，记录和处理同一地理信息的方式是有差别的，这往往导致早期不同地理信息系统软件平台上的数据不能共享。记录格式的不同加上格式对用户是隐蔽的，导致了数据使用上的困难。世界上已有许多数据交换标准，其中有关数据格式的转换建立了一种通用的、对用户来讲是透明的通用数据交换格式。数据格式的另一个内容是数据在各种媒体上的记录标准问题。

·数据交换格式

在数据转换中，数据记录格式的转换要考虑相关的数据内容及所采用的数据结构。如果纯粹为转换空间数据而设立的标准，那么应重点考虑的是：

① 不同空间数据模型下空间目标的记录完整性和转换完整性，例如由不同简单空间目标之间的逻辑关系形成的复杂空间目标，在转换后其逻辑关系不应被改变；

② 各种参考信息的记录及转换格式，例如坐标信息、投影信息、数据保密信息、高程

系统等；

　　③ 数据显示信息，包括标准的符号系统、颜色系统显示等。

　　对于地理信息，除了考虑上述数据的转换格式外，还应该多考虑下列内容：

　　① 属性数据的标准定义及值域的记录和转换；

　　② 地理实体的定义及转换；

　　③ 元数据（Metadata）的记录格式及转换等。

　　由于在转换过程中，地理数据是一个整体，各类数据的转换一般以单独转换模块为基础进行转换。因此，还要具备不同种类数据转换模块之间关系的说明和数据整体信息的说明，例如利用一定的机制说明不同转换模块的记录位置信息、转换信息的统计等。

　　在所有数据标准中，数据交换格式的发展是最快的，地理信息系统软件开发商在其中做了不少工作。例如，DEF（Drawing Exchange Format）、TIFF（Tagged Image File Format）等可以用于空间数据的记录与交换；SDTS（Spatial Data Transfer Standard）、DIGES 等数据交换标准，以一定的概念模型为基础，不但用于交换空间数据，而且是在地理意义层次上交换数据；不但注重空间数据的数据格式，而且注重属性数据的数据格式，以及空间、属性数据之间逻辑关系的实现。

　　· 数据的媒体记录格式

　　在数据的使用过程中，数据总是以一定的媒体（例如磁带、磁盘、光盘）等作为存储载体。数据在媒体上的记录格式对用户是否透明也是制约数据应用范围的一个重要因素。在该类记录格式的标准化过程中，各种媒介本身的技术发展对记录格式的影响很大，不同记录媒体，由于处于不同的时期，而应分别采用和制定相应的标准。

　　4）地理信息规范及标准的制定

　　地理信息技术标准的制定、管理和发布实施，是将地理信息技术活动纳入正规化管理的重要保证。在标准的制定过程中，必须遵守国家相关的法律、法规，特别是《中华人民共和国标准化法》和《中华人民共和国标准化法实施条例》。

　　· 制定地理信息技术标准的主要对象

　　标准的特有属性，使得对信息技术标准制定的对象有特殊的要求。制定标准的主要对象，应当是地理信息技术领域中最基础、最通用、最具有规律性、最值得推广、最需要共同遵守的重复性的工艺、技术和概念。针对地理信息领域，应优先考虑作为标准制定对象的客体有：

　　（1）软件工具：如软件工程、文档编写、软件设计、产品验收、软件评测等；

　　（2）数据：数据模型、数据质量、数据产品、数据交换、数据产品评测、数据显示、空间坐标投影等；

　　（3）系统开发：如系统设计、数据工艺工程、标准建库工艺等；

　　（4）其他：如名词术语、管理办法等。

　　· 制定地理信息技术标准的一般要求

　　制定地理信息技术标准的一般要求主要有：

　　（1）认真贯彻执行国家有关的法律、法规，使地理信息技术标准化的活动正规化、法制化；

　　（2）在充分考虑使用的基础上，要注意与国际接轨，并注意在标准中吸纳世界上最先进的技术成果，以使所制定的标准既能适合于现在，又能面向未来；

（3）编写格式要规范化。

在制定地理信息技术标准时，要遵守标准工作的一般原则，采用正确的书写标准文本的格式。我国颁布了专门用于制定标准的一系列标准，详细规定了标准编写的各种具体要求。

　·编制标准体系表

围绕着地理信息技术的发展，所需要的技术标准可能有多个，各技术标准之间具有一定的内在联系，相互联系的地理信息技术标准形成地理信息技术标准体系。信息技术标准体系具有目标性、集合性、可分解性、相关性、适应性和整体性等特征，是实施编制整个地理信息技术标准的指南和基础。

地理信息标准体系反映了整个地理信息技术领域标准化研究工作的大纲，规定了需要编写的新标准，还包括对已有的国际标准和其他相关标准的使用。对国际、国外标准的采用程度一般分为三级：等同采用、等效采用和非等效采用。我国标准机构对标准体系表的编制具有详细的规定。

5.2　地理信息系统的应用

由于 GIS 是用来管理、分析空间数据的信息系统，所以几乎所有的使用空间数据和空间信息的部门都可以应用 GIS。由于各个部门的不同，GIS 在具体业务系统中所占的比重、应用方式也各异。本节简单介绍一些 GIS 应用实例，针对不同实例，介绍方法也不同，有的概述一个具体区域的应用，有的叙述工作流程，有的介绍工作原理和分析方法，可以对相关领域的 GIS 建设提供借鉴，也可以作为其他领域建设 GIS 的参考。

5.2.1　GIS 技术在新农村规划中的应用

加快推进新农村建设是我国建设中国特色社会主义的重要举措，是贯彻落实科学发展观、构建和谐社会的重大战略部署，是保持经济平稳较快发展，推进城镇化战略，统筹城乡发展，全面建设小康社会的具体行动。新农村规划涉及农村信息资源、生产要素、村民生活的空间要素的布局调整与管理，是农村自然资源和社会资源的时空优化过程。因此，作为空间过程模拟和决策工具的地理信息系统是新农村规划建设科学决策的工具。

1. GIS 在获取新农村规划所需各种信息中的应用

新农村规划需要获取包括与农村相关的经济社会等各项基础资料、现有布局状况、规划实施与管理等复杂的数据和信息，其数据和信息具有多尺度、多类型、多层次等特点。尤其是社会主义新农村规划，既要体现各地农村文化传统和乡村风貌特征，又要体现新村规划，大量的人文数据需要进行处理。GIS 技术以及各类信息数字化和大容量的数据存储设备、高速的数据传输系统和高效能的数据库系统，为新农村规划提供了丰富的信息。GIS软件可以方便快捷地生成各种规划用图、表格和报告，利用数据库管理数据，可以动态地更新、增补。由此可见，GIS 技术改变了过去区域规划需要大量的时间和精力进行手工数据处理，大大提高了信息的准确性、现势性，为提高方案的科学性和可操作性打下了坚实的基础。

2. GIS 在规划指标统计、数据分析中的应用

与城市规划相比，新农村规划必须摒弃以往纯粹的物质空间和指标控制的规划模式，从农村的经济实力和实际需求出发。农村经济结构以农业为主，严格保护耕地是农村地区长远发展的基石。因此，农村规划必须将严格保护耕地、节约建设用地放在核心的位置，特别是尽量少占用非常有限的耕地资源。以上这些都需要对居民点布局、建筑面积、人口密度、容积率等规划指标进行重新计算。手工计算的方法效率低、费时间、错误率高，直接影响规划设计的质量。GIS 技术将这种局面彻底改观，它以数据库技术为支持，在建库时分层处理，也就是根据数据的性质进行分类。性质相同或相近的归并在一起，形成一个数据层，这样可以对图形数据及其属性数据进行分析和指标量算，在很大程度上减轻了规划设计人员的体力劳动。

3. GIS 在三维可视化中的应用

在平面上设计和绘制规划图纸存在着许多局限性，集中体现在以下几方面：

（1）不能给设计人员和用户提供真实、直观、富于真实感的场景，不利于规划方案的展示；

（2）设计方案可能存在着不易发现的设计缺陷，隐藏着规划风险；

（3）设计过程周期长、效率低、资金高；

（4）由于规划设计专业性强，非专业人员和设计人员之间的沟通可能出现障碍，最终可能影响项目的实施；

（5）在规划方案的效果上还有待增强。

与发展较快的城市地区相比，广大农村地区的地域特色更为明显，在新农村建设中，必须保护好各地农村的乡土特色。在进行村庄治理和新村建设的时候，应该认真分析原有的村落格局，突出当地的乡村特色、地方特色和民族特色。利用三维 GIS 技术，规划设计人员和管理人员可以实时、交互地观察不同方案在当地农村环境中的效果，可以从任意角度、方向、沿任意路线对不同方案加以比较，从而为从空间角度评价建筑提供更加直接、有效的手段，而这些是以往的平面图和建筑缩微模型难以实现的。利用三维 GIS 技术，可以对规划方案与山体之间的关系进行分析，对方案的高度、体量、外观以及整个区域的空间关系进行分析，对地下不可见的管线进行可视化分析。同时，还可以将空间数据与属性数据结合在一起，规划管理人员可以很容易地查询虚拟村庄中建筑物的相关信息，结合对建筑物的空间分析，对方案的优劣进行评估，从而做出正确的判断和决策。

4. GIS 在新农村规划实施与管理中的应用

按照传统的方式，规划部门或者是利用文件的方式，或者采用目前流行的数据库方式来管理规划数据。前者的缺陷是规划数据的空间实体与属性信息脱节，数据更新、维护、查询比较困难；而后者的缺陷是不具备根据数据库信息定义相应实体的能力；两者共同的缺陷是不具备空间查询定位分析能力。而 GIS 软件完全解决了上述问题，在规划数据管理上有着广阔的应用前景。

总之，GIS 技术几乎可以应用到新农村设计与管理的每一个环节中，对提高规划设计的质量和规划管理的效率，作用是很明显的。GIS 在区域规划设计与管理中将有力地推动管理的严密性，决策的科学性，规划的合理性和设计的高质量、高效率；GIS 在农村规划中的应用将不仅仅局限在辅助管理上，它将进一步对规划数据进行综合分析，进行深层次的数据挖掘，进而对整个区域的发展趋势做出预测和模拟，为决策者提供科学的依据。

5.2.2 城市电信地理信息系统

随着电信市场逐步与国际接轨，实现电信市场的全面开放只是一个时间问题，到那时同行业之间的竞争必将给国内电信业带来巨大的冲击；而业务管理水平的高低无疑决定着竞争的胜败。传统的人工管理方法和手段已远远不能满足现有规模的管理和迅速发展的需要。实现科学的、规范的、现代化的管理是必由之路。因此，从电信各业务部门的角度出发，需要在宏观上对电信系统建设和运营状况等综合指标有全面的了解，而所有这些信息都依赖于对数据的有效的分析手段。电信行业所涉及的数据特点是量大而且与地图的关系十分密切，如何将这些数据库中的数据直观地在地图上进行分析，如何使工作人员彻底脱离枯燥的数据文字报表，如何得到宏观决策的有力支持，这使许多业务部门都急需要开发带有地理信息的应用系统，用以提高业务的服务水平和竞争能力，并通过更有效的应用系统提高管理水平。

1. 系统特点

城市电信地理信息系统将 GIS 的地图显示和查询功能与电信线路的自身特点结合起来，提供友好的用户界面，使用户面对的不再是一条条晦涩难懂的数据，而是与地理位置相对应的电子化线路图。

系统的主要特点如下：

1）系统功能完善

实现各种电信资源的图形化维护、管理、查询、统计、报表；实现各种业务、多种形式的图形配线配号，图形配线速度快、操作简便；实现城市地理图、电信设施图、多种设备的大样图、展开图等多种图纸的管理及编辑；实现图形方式的工程设计、概算、预算、结算；实现图形方式的各种复杂的工程割接。

2）图形信息丰富、全图形化的操作

系统提供丰富的图形信息，包括矢量化的大、小比例尺城市地理图，各种电信设备位置图，交接箱、分线盒、主配线架、交换机等大样图，管道横、纵截面图，管道、人/手井展开图等。

系统用全图形化的操作实现各种电信设备的维护和管理；用简单的图形拖拽来实现各种复杂的割接工程；面向不同层次的管理人员提供直观、形象的查询统计数据；用图形化的方式实现各种业务、多种形式的图形配线配号。

3）与现有系统实现无缝拼接

通过接口表或直接操作的方式共享现有系统的属性数据，与现有系统实现无缝拼接。

4）完美解决图形数据共享

利用先进的设计思想，真正实现图形数据的集中管理；图形数据集中存放在数据库服务器上，各终端不存放图形数据，解决了图形数据的共享、一致性、安全性；系统实时监测图形数据的变化，并实现自动更新。

5）以本地网为对象构建系统

采用分级授权、对立操作等手段，适应本地网组织结构。

6）良好的用户接口

支持多种格式的图纸转入及编辑；系统可批量转入已有电子地图，或对扫描的 TIF 图进行矢量化，也可用数字化仪直接矢量化；提供多种形式的图纸输出，并支持多种输出方式。

7）先进的系统设计方法

具有良好的可扩展、可移植性，适应于多种软、硬件平台。

2. 系统功能

针对电信企业不同部门的业务需求，系统从功能上分为以下几个子系统：图形机线资源管理系统、图形配线配号系统、图形工程概预算系统、图形辅助工程设计系统。各子系统的功能如下：

1）图形机线资源管理系统

图纸管理模块：管理所有图形数据，实现图纸的建立、更新及共享管理。

图形编辑模块：实现各种电信资源的图形数据与属性数据的对应。

查询检索模块：实现各种机线资源图形数据和属性数据的交互查询。

统计分析模块：通过各种形式的统计图及图形表示，面向不同层次人员提供多种统计信息。

系统设置模块：实现系统级的各种维护及设置。

2）图形配线配号系统

配线配号模块：用图形方式实现各种形式的配线。包括新装或移机普通电话、跨局电话、中继线、市话专线、数据专线、载波等的自动、人工、后补配线及自动配号配端口。并可按用户装机地址、就近电话、分区图号、重要标识物、分线盒地址关键字、分线盒名称等多种查询方式直接定位用户地址。

待装管理模块：管理全局的所有待装用户，可查询处于待装的所有申请单及某申请单的详细信息，可以待装转出。

查询检索模块：提供多种图形数据和属性数据的交互查询，以帮助定位用户地址及选择分线盒，同时可查询申请信息及配线结果等。

系统设置模块：实现系统级的各种维护及设置。

3）图形工程概预算系统

图形工程概预算系统以邮电部［1995］626 号文颁布的《通信建设工程概算、预算编制办法及费用定额》、《通信建设工程预算定额》的标准为依据，面向广大的通信建设工程设计、施工、审核人员，适用于全国范围内通信专业的新建、扩建工程。系统包括项目管理（建设项目和单项工程的建立、打开、合并等），工程数据维护（工程综合信息、定额、报表数据的维护），报表生成（自动生成全套报表、单个报表生成），系统数据维护（定额、器材、费率维护）等功能模块。

4）图形辅助工程设计系统

图形辅助工程设计系统依据邮电部设计规范，将 GIS 软件与工程设计思想有机地融合在一起，为用户提供一些方便快捷、易于减轻设计和绘图人员劳动强度的行之有效的高效设计、规范绘图、灵活修改、自动统计等手段。此外，该系统还与概预算系统及图形机线系统相结合，通过设计图直接生成概预算数据，竣工后的图纸及电信设备直接纳入图形机线资源管理，使电信企业各部门真正做到数据共享及协调工作。

3. 系统应用前景

在电信企业中建设城市电信地理信息系统对电信企业有以下的直接效益：

（1）给电信行业提供了必要的管理手段，是电信行业管理上台阶的必经之路。

（2）根据准确的资料，通过科学的规划、决策、设计，必然使电信工程规划更合理，工程预算更准确，使用更及时，资金收回得更快，无形中为企业节省了大量的投入，也给企业创造了效益。

（3）竣工资料通过系统及时、准确地传送到各个应用系统，使得电信线路资源得到充分的利用，大大减少了以前由于资料不全、靠人工记忆造成的大量线路资源浪费。

（4）电信 GIS 系统的建立，提供了电信行业各个系统必需的图形数据，为电信企业内其他系统的建设打下了坚实的基础。

（5）为能跟上今后的市政管理系统建设的步伐，与城市的各类需要电信信息的系统建立良好的接口打下了基础。

5.2.3　GIS 技术在防灾减灾中的应用

由于我国地域广阔，地质、地理条件复杂，东边面临浩瀚的大洋，季风气候十分显著，同时又是人口众多的农业大国，经济相对比较落后，承受灾害能力较弱，再加之生态基础脆弱等因素的综合影响，使我国经常受到多种灾害的侵扰。灾害不仅在过去、现在给我国造成了巨大损失，而且随着生态环境整体的进一步恶化，灾害的发生频率将逐渐增大，灾害给我国造成的损失也将越来越大。

虽然我国面临灾害高发、灾情日益严重的严峻灾害形势，但我国的防灾减灾还是存在着一些问题，其中防灾减灾技术水平偏低就是其中一个较为显著的问题。传统的人工管理手段既与我国面临的严峻灾害形势不符，又与国外同行业发展的差距较大，所以提高其技术水平也就具有现实的必要性和迫切性。随着 GIS 技术的兴起和蓬勃发展，为我国防灾减灾技术水平的迅速提高提供了难得的契机。

1. 地理信息系统在防灾减灾中的应用

作为一项高科技手段，GIS 以其强大的空间分析和管理能力，在防灾减灾中的作用是非常巨大的。从空间数据管理、信息查询、模型结果可视化，到灾情评估、网上信息发布、大屏幕系统，无不体现出 GIS 的技术能力。

防灾减灾决策的正确性有赖于对相关信息把握的全面性、及时性和准确性，这些信息包括：地理环境、社会经济、灾情、救灾物资、人员分布等，其中多数属于空间信息。对于涉及面广、数据量大的信息，仅仅依靠手工作业是远远不能适应现代防汛需要的，关系数据库尽管也能对数据进行管理，但因缺乏空间定位和地图可视化，从而降低了数据的利用率。

随着计算机应用水平的提高，对防灾减灾信息采用数据库技术进行组织、存储、处理、分析，在一定程度上提高了防灾减灾决策的科学性。同时不难发现，对于与空间定位密切相关、层次性强、变化快、数据形式多样的防灾减灾信息，仅以数据库技术来组织防灾减灾信息，而不对空间分布特性进行分析，所形成的决策信息带有明显的局限性和片面性，从而在一定程度上制约了防灾减灾指挥决策计算机化的进程。现代防灾减灾指挥迫切需要将防灾减灾信息与空间信息集成，将防灾减灾决策支持模型与空间分析结合，以达到信息可视化和决策科学化。

采用 GIS 技术作为多源防灾减灾数据集成的平台，在关系数据库的基础上，建立图形数据库，将各种地理要素叠置于电子地图上，并且与关系数据库中的属性数据、遥感影像数据相联系，将数据、文本、多媒体信息、图像图形集成于统一平台上，进行空间定位与属性一体化管理，使信息可视化。在集成信息的基础上，结合空间分析和模型，为防灾救灾服务，使防灾减灾指挥决策支持系统决策科学化。

GIS 技术在防灾减灾指挥决策系统中的应用主要有：

1）作为多源防灾减灾信息集成的平台，提供信息服务

在建立空间图形库的基础上，GIS 支持以下基本图形应用：

（1）电子地图的应用；

（2）数据的显示、查询功能；

（3）统计。

2）实现以空间分析为基础的防灾减灾信息的综合分析

防灾减灾信息是一个多要素的综合体，各要素间具有时间序列和空间特征。GIS 为综合分析各种防灾减灾信息提供了现代化的手段。

（1）空间量算：GIS 系统是一个空间信息系统，利用 GIS 应用程序，分别从一维、二维空间实现对研究对象的长度、面积的快速量算。

（2）空间叠加分析：GIS 技术可提供矢量—栅格一体分析，可对不同要素的图层进行叠加分析。目前，多数 GIS 都提供了矢量与矢量叠加、矢量与栅格叠加的功能。利用叠加分析，可将任意选择的要素进行空间叠加分析，进行专题分析。

（3）缓冲区分析：利用缓冲区分析，可进行点、线、面的缓冲分析。通过在重点灾害源周围建立缓冲区，可对缓冲区内各要素进行统计，如统计缓冲区内社会经济信息、抢险救灾信息（抢险物资、抢险队伍及避险中心）等，不仅为抢险救灾决策提供有力的辅助手段，同时还可为城市规划、保险行业保费估算提供非常重要的依据。

（4）网络分析：包括资源供给网络划分、资源调拨及最佳路径分析。

2. 专题图件的生成及应用

GIS 提供了强大的制图功能，可绘制任意比例尺的地图，可对同类图件进行任意的分解和拼接，并且可绘制任意给定区域的单要素专题图或多要素专题图。

结合属性数据库与空间数据库，可对在防灾减灾指挥决策中所需的各类分布图进行绘制。

利用 GIS 技术与决策支持模型的结合，还可制作抢险实施方案图（包括人力物资调度、人员疏散、交通管制等）、抢险预案图、洪水淹没图等。

地理信息系统作为一种应用技术系统，一方面在各个领域的应用需求促进了它的发展与逐渐完善，另一方面它也逐渐在一些新的领域中不断地进行着新的应用。总之，地理信息系统目前在防灾减灾中已经取得了一定程度的应用。目前地理信息系统已经在火灾、地震、旱灾、洪涝、地面沉降、滑坡、泥石流等方面做出了一定的应用。通过地理信息系统，可以迅速实现各种灾害灾情在一定程度上的监测、灾害危害面积的确定、灾情的估算等，从而为防灾减灾提供及时、准确的信息。

下面以火灾为例介绍地理信息系统在消防中的应用。

针对城市人口集中、灾害频发及灾情严重的现实状况，在欧、美、日等国许多大中城市，都建立了用于城市消防的综合地理信息系统。在该地理信息系统的数据库中，存储着城市一定区域范围内的各种相关信息，包括居民、工厂、商店的电话及地址、城市街道图、交通图、火险等级分布图、市区房屋结构图，以及各个消防支队的位置、消防栓的位置、水源位置等。接到火警电话后，立即可以查找出火灾位置，并迅速分析出可执行灭火任务的最近消防支队的位置和到达火灾地点的最佳路径，同时，还可以根据火灾中燃烧物质的种类，提供适宜灭火器材的建议。再者，消防地理信息系统还可以通过空间分析功能（缓冲区分析）的应用，根据数据库中存储的相关信息，结合现场风向、风速等信息，迅速地绘制出火势可能蔓延的范围，并且清楚出地显示出附近区域受到火灾的威胁程度，再结合该系统的空间分析功能（最优路径分析），选择出最佳的人员疏散路线。如果有人被困高层楼房，该系统可以调出该楼房分层分间的平面图，从而辅助确定灭火救人方案。火灾发生后，还可以通过该系统的空间专题地图的叠加，以及强大的数据统计、分析与查询功能，进行火灾灾情的大致估算。

具体来说，消防地理信息系统可以实现以下功能：

1）提供形象直观的消防资源信息

地理信息基于图形方式可以管理各种消防资源信息，包括消火栓信息，天然水源、人工水源、消防码头的信息，地下输水管道和可燃气体管道信息，并可以有效、可视地管理消防重点地区、重点单位、重点部位、消防实力、化学危险品、抢险救援预案等数据库，而且能与当地电话号码信息库相关联，接警时能随时正确反映报警电话的位置、单位名称或地址，正确反映起火单位周围的客观情况，并能快速传输到中队终端，在出动命令单上，既包括起火单位名称、地址、燃烧物质等文字内容，还包括火灾单位所在位置的地图信息。

2）有效管理消防重点单位的信息

地理信息系统不仅可以管理图形数据，还可以管理属性数据、多媒体数据，因此采用地理信息不仅可以反映重点消防单位的位置，而且可以与重点单位的方略图、平面图、立体图、作战图、视频图像等信息关联，利用地理信息可以图形化地制定灭火作战预案，借助建筑设计的电子文档、设计图纸或后期人工绘制的图纸，把车间、仓库、房间、通道等管理起来，当发生火灾时可以快速调用这些信息资源，从而为灭火作战提供有力的行动指南，以做到系统、科学地处置灾情。

3）与高空瞭望系统应同步应用

目前，许多城市为了便于观察火情而增设了高空瞭望系统，高空瞭望因为瞭望点少而城市地域大，一般不能立即找到起火地址，仅靠人工搜索，因此定位难、速度慢，影响指挥决策。采用地理信息系统，通过与高空瞭望系统的关联，可以使高空瞭望系统具有自动搜索定位功能，在确认起火地点后，高空瞭望摄像机就能自动搜索到起火地点，并加以定位，这样可使中心的指挥更加直观、更加具有针对性。

4）为参战单位提供服务

消防中队终端可以打印关于火灾的相关文字，以及起火单位周围的电子地图，并通过在消防车上安装 GPS，在指挥中心的地图上能及时观察到车辆行进路线和具体所在位置，并且可以随时指挥纠正。在中队指挥车上配备计算机，消防地理信息系统不仅能在出动命令上显示，还能直接在计算机上显示，遇有消防重点地区、消防重点单位、消防重点部位火灾爆炸或化学灾害事故救援，能直接查阅处置预案和处置方法，高空瞭望自动搜索到的灾情发展变化情况能传输到计算机上，这样使消防中队在出动途中，指挥员就可以根据火势和消防地理信息系统提供的信息，预先下达战斗车辆编队或灭火救人的命令。

　　5）在消防规划中的应用

　　由于地理信息系统基于图形方式，相关信息内容比较详细、精确，并且在计算机上能比较直观地反映各种数据实图，可以及时进行各种消防重点单位的选址、规划、建设，消防站点的规划，以及消防水源的建设规划。通过将各种规范数据输入计算机，地理信息系统将自动判断出规划的合理性及计算间距，以改变传统人为判断的失误和不准确。

　　6）在分析消防信息数据处理中的应用

　　一是统计分析火灾数据，基于 MIS 的统计都是简单、枯燥的文字说明，不如图形的直观、醒目，利用 GIS 可以在地图上直观地反映区域、行业火灾分布情况，以便于制定科学的措施和对策，减少火灾事故的发生。二是分析火灾隐患，通过建立基于 GIS 的火灾隐患信息管理系统，既能形象地反映情况，又能便于动态管理，通过一些信息查询、分析评价与科学决策，能够对于城市突发性事件进行科学预测，可以产生非常明显的社会效益和经济效益，为各级政府决策提供科学依据，便于各级安全监督部门有针对性地加强督查工作。

　　总之，消防地理信息系统的建设能够更有效地利用警力、信息、资源等，实现消防指挥和管理的现代化和自动化，提高消防作战能力，最大可能地减少火灾造成的直接和间接损失，保护国家和人民生命财产的安全。

5.2.4　GIS 在医院管理中的应用

　　现代医院管理是一个涉及微观管理和宏观管理多分支管理系统。大量与管理有关的事件均具有空间分布特点。过去一些常用管理方法（如图表显示法），在使用中很不方便，尤其是常改动的图表，要么是在效果图上进行标注，要么很难找到合适的图示方法，且手工制图工作效率低，而且难以更新和维护，时效动态管理更是难以描述。此外，图形数据和属性数据也不能进行自动化相关分析，而 GIS 则可通过空间关系将不同的数据库连接起来，进行交互显示和效果智能分析。

1. 基于 GIS 的创建功能和分析功能

　　GIS 可以根据需求制作多相专题三维仿真动态管理图。如医院基础建设规划图、科室分布图、设备密度图、病种分布图等。

　　利用三维仿真动态管理图，可以进行 GIS 的空间分析。例如，通过建立缓冲区功能，可用来分析某项目（点）的密度，为进一步决策打下基础。又如，利用此功能可科学评价某社区居民对卫生服务及保健的可获得程度。这种可及性的分析结果，将帮助医疗机构理智地弄清哪些是服务薄弱区域，以及如何改善服务。

2. GIS 用于急救服务管理

　　利用 GIS 做基础平台，与 GPS 结合，就可建立起急救服务快速反应指挥系统。GIS 的图示分析功能，可及时科学地进行急救最优路径的选择和快速反应决策。能够准确及时地给运行中的卫生运输工具定位，以及显示报警电话的地理位置等。此系统的建立可为伤员急救行动提供极大方便。

3. GIS 用于科室规划与管理

GIS 由于其固有的空间信息的管理能力，若将其开发成卫生管理平台，就可清楚地显示所有科室的分布，技术人员、病员动态信息，以及该科室当前技术能力等信息。在确定医院最佳发展方案时，还可以科学规划现有医疗机构的位置，以及如何将有限的卫生资源进行合理的配置。

4. 床位安排管理

医院在收治病人的时候，医护人员根据某种标准将病人分到病房，以使治疗方便。这些标准包括疾病种类、主治医生、住院时间、性别等。

过去护士在给入院病人分配床位时，主要是凭记忆或查登记本等来查找适合的床位，效率比较低，甚至有时还会分配错误，需要重新分配。

利用 GIS 可以将病室里的病床按病室位置设计成为一个地理图层，每个病床的属性信息为是否空床、病人姓名、性别、病种、住院时间、主治医生等信息。如果有病人入院，护士可以根据性别、病种、主治医生等属性条件来进行条件查询，通过 GIS 的空间查询功能将符合条件的床位在系统中显示出来，其他床位屏蔽掉。这样护士可以很准确地确定病人住在哪张床位上最合适。同样，医生若要知道他负责的病人的名单，只要点击按主治医生查询即可。

5. 统计分析

医院经常需要统计与地理位置有关的信息（如医院病人来源地），以提高医院的决策水平，而且可能还需要知道更详细的信息（如病种和地区的关系等），某个病种在某地区是否是高发病。利用 GIS 可以设置一个国家标准的行政区划图层文件（区文件），一个病人来源图层文件（点文件）。病人一旦入院便将病人来源地详细输入计算机，系统自动根据位置信息在病人来源图层文件添一个点代表此病人，而病人的其他详细信息作为 GIS 的属性数据。在需要统计时，只用将两层文件进行叠加分析，就可以知道在某个行政区划中有多少代表病人的点，得到直观详细的统计结果。例如，对某医院创伤骨科收治的手外伤进行空间分析后，发现病人很大一部分来自某地区。经过调查发现这个地区存在许多工业小作坊，劳保设施不是很齐全，因此意外较多，需要在此地区加强生产安全教育。

GIS 区别于一般信息系统的关键在于其处理空间数据的能力。医院信息数据中存在大量的空间数据。GIS 强大的空间数据处理能力在医院信息系统中可以发挥巨大的作用。从发展趋势看，GIS 在医院管理中的应用研究有着可观的前景。但目前国内在这方面的开发并不理想，随着人们对 GIS 认识的深入，它必将在医院管理的各个领域得到更为广泛的应用。

5.2.5 地貌

地貌学理论发展和生产实践需要加强地貌的研究，然而由于地貌现象的复杂性、地貌数据的庞大等多方面的原因，需要在地貌研究中采用 GIS 工具，使其成为地貌定量研究的一个有效途径。

在地貌研究中采用 GIS 技术的具体实现步骤和内容有：

（1）研究地貌信息的内涵和地貌系统的特点。

（2）根据地貌信息及其分析方法的特点，结合 GIS 工具建立地貌信息专题分析系统。

（3）在地貌信息系统的支持下，建立综合的定量地貌分析模型，利用尽可能多的信息源，分析地貌信息流及其相关物质流、能量流规律，研究地貌形态、物质组成、成因机制、分布特征、发生发展规律及其对人类生产、生活环境的影响作用。

（4）开发机制地貌制图系统作为地貌信息系统的输出系统，将以上的分析结果编制成各种平面或立体的地貌分析图件，实现地貌制图自动化，以在资源开发、环境整治、生产建设的实际目标中发挥更大的作用。

1. 地貌信息的内涵、地貌系统的特点与分析方法

地貌是地壳表层内、外营力（地壳运动产生强大水平挤压力，可以造成地壳运动、岩浆活动、变质作用和地震等，这种强大的力来自地球内部，叫内营力。外营力又称外动力，由地球以外的因素所产生的改变地表形态、地壳结构构造和地壳岩矿成分的动力。这种动力主要来源于太阳辐射能及其通过大气、水、生物等所产生的各种能量。此外，还来源于日月引力能及重力能等）共同作用到某一发展阶段所形成的三维地表形态，是内、外营力及介质性质和时间的函数，可表述如下：

$$M = F(x, y, z, F_i, F_e, m, t) \qquad (5-1)$$

其中：M 表示地貌形态；F 表示内、外营力对地表的作用；x, y, z 为空间坐标；F_i 表示内营力；F_e 表示外营力；m 表示构成地貌的介质性质，包括岩性与构造两个方面；t 表示作用时间。

内、外营力的类型、强度、作用方式、介质性质与作用时间的不同组合，直接影响着地表形态特征。也就是说，在地貌信息中蕴含着归属于不同内、外营力和不同发展阶段的特征地貌信息，以此为信息源，提取所需各种特征参数进行复合分析，可以得到不同专题的综合评价结果。

地貌系统是一个开放性的动态系统，是由各种地貌形态类型和要素构成的复杂综合体，它不仅在内部各子系统之间进行着物质、能量和信息流的迁移和转化，而且在系统与外部环境之间也进行着物质、能量和信息流的交换，从而形成一个复杂的物质、能量和信息的传递网络。地貌系统总处于输入——转换——输出的动态过程中，即经常有能量自源区经系统流向耗散区，使系统出现导致有序化的熵减过程，从而具有一定的结构性、相应的熵位、存储容量和自调节能力。地貌的发展、发生和演化，实质上就是地貌系统外部环境能量流在内、外营力作用下，构成地貌要素的地表物质经历的变形变位（抬升、断错等）或分离组合（侵蚀、搬运、堆积等）的复杂物质流传输过程。由于地貌物质传输过程与热力学传导有相似性，许多地貌演化模型（如斜坡演化模型）都是热传导方程的形式：

$$\frac{\partial H}{\partial t} = \alpha \frac{\partial^2 H}{\partial x^2} + \beta \frac{\partial^2 H}{\partial y^2} \qquad (5-2)$$

其中，$H = H(x, y, t)$ 表示地表高程。

由于实际区域地貌系统过于复杂、庞大，计量研究中往往不能得到数学意义上的精确解释。如以上的演化模型往往是针对某一外力过程，限于极为简单、理想的初始条件，并且不考虑介质空间差异的情形；而实际区域内、外营力的多样化，介质不均一，甚至连初始高程 H_0 都无法表达成确定的函数式。因此只能采用适当的方式离散化，化无限为有限，求得尽量逼近实况的近似解。

具体来说，就是引入有限元素法与有限差分法的思想，将整个区域地貌体分解成许多"微小"的单元（姑且称之为地貌体，其顶部地表面称之为地貌面），如图 5-2 所示。在小的区域空间内以平代曲，由单个到总体，最终建立整个区域上的种种普适性更强的分析模型，以求解各种空间地貌参数和研究复杂地貌过程等问题，可以说离散化是区域地貌信息系统定量分析的前提与特色。

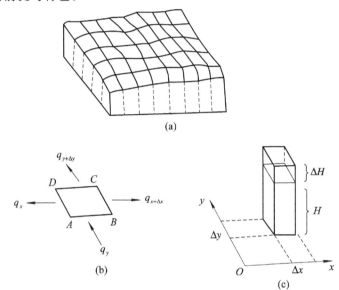

图 5-2　区域地貌离散分析

地貌是构造、过程和时间的函数，现存地貌形态的定量指标及其物质组成等特点集中反映了地貌系统以往内、外营力共同作用的总和。地貌信息系统分析方法就是提取地貌系统中各不同侧面的特征参数，采用系统综合分析方法取得对区域地貌发展规律的总体认识。地理信息系统方法的发展，使得建立地貌信息系统对庞大、复杂的地貌空间数据进行定量分析处理和信息复合与综合评价成为可能。

2. 地貌信息系统

地貌信息系统基于 GIS 工具开发，集成了 GIS 的通用功能，并包括如下地貌分析模块：

1）地貌形态分析

地貌形态分析用于提取由地表形态反映出来的地貌特征参数，包括 DEM 以及基于 DEM 的各种地貌参数，如坡度、坡向、起伏度、河网密度、沟谷参数等等。

2）地貌信息复合

地貌信息复合包括地貌参数复合模型和地貌信息/专题信息复合模型。前者将各个地貌参数复合，发现其间的规律性，得到综合的分析结果；后者考虑到地貌格局还受到外动力地质作用的影响，将地貌信息与地质、水文、气象等信息复合，发现其联系。

3）地貌区域评价

根据单个或者多个地貌特征的分析，评价地貌环境对农业、建筑、工程、旅游、居住条件的影响，评价地貌条件对于各种自然灾害发生、发展及防治的影响。

4) 地貌成因分析

地貌成因分析包括内动力成因分析模型和外动力成因分析模型。

内动力成因分析模型：内动力是地壳内部能量产生的营力，决定地貌的格局与骨架，可以从几何效应和力学机制两个方面进行分析，有限元方法是研究地貌内动力成因机制的有效方法。

外动力成因分析模型：外动力是地球表面受太阳能、重力以及生物活动的营力，主要包括重力作用、风力作用、水利作用、温差作用和生物作用等，影响着地貌的具体形态。

5) 地貌预测

常采用两种模型进行地貌预测，即理论地貌预测模型和统计地貌预测模型。前者以成因分析为基础，采用数理模型进行宏观和微观的模拟，预测地貌的发展；后者在地貌发展历史数据的基础上，采用"黑箱"或"灰箱"的方法进行统计分析，预测地貌发展趋势。

5.2.6　军事

军事是以准备和实施战争为中心的社会活动。一切军事行动都是在一定的地理环境中进行的，地理环境对军事行动有着极其重要的影响与作用。随着人类社会向信息化迅速发展，未来高技术战争中信息对抗的含量将越来越高，特别是高技术条件下的局部战争，由于战争爆发突然，战争进程加快、战机稍纵即逝等特点，对作战指挥的时效性有了更高的要求。指挥决策智能化、作战指挥自动化、武器装备信息化成为未来战争取胜的关键。在这种需求下，出现了数字化战场，数字化的地理环境信息已成为指挥决策的必要条件之一。因此，作为空间军事信息保障的军事地理信息系统已成为现代化军事斗争的一项重要内容。

地理信息系统的发展，促进了其在军事领域的研究和开发。将 GIS 技术应用于军事上，就发展成为军事地理信息系统（Military Geographic Information System，MGIS）。因此，MGIS 是在计算机硬件支持下，运用系统工程和信息科学的理论和方法，综合动态地获取、存储、管理和分析军事地理环境信息，并服务于陆海空三军合成作战指挥自动化、战场数字化建设和军事决策支持的军事空间信息系统，它在军事地理信息保障和指挥决策中起着重要的作用。

军事地理信息系统和遥感、全球定位系统关系密切，同时和指挥自动化系统 C^3I（Command，指挥；Control，控制；Communication，通信；Information，情报）紧密地联系在一起，形成一个多功能的统一系统。它一般由六个子系统组成：信息收集子系统、信息传递子系统、信息处理子系统、信息显示子系统、决策监控子系统和执行子系统。其中，情报是军事决策的基础；信息收集、处理和显示是系统的核心；通信和控制是信息传输和决策过程的保证；指挥是军事决策具体执行。地理信息系统技术在情报的收集、处理、显示和指挥决策方面发挥着重要的作用。

另外，由军事技术革命引发的数字化战场建设已成为未来战场发展的主流，建设数字化战场和数字化部队已成为 21 世纪军队发展的大趋势，引起了各国的普遍关注。美国著名未来学家托夫勒指出，建设数字化战场是一项比研制原子弹的"曼哈顿工程"更具挑战性的系统工程，"数字化战场是打赢信息战的关键"。战场数字化就其内容来讲，主要是战场地理环境的数字化、作战部队的数字化、各种武器的数字化和士兵装备的数字化。从某种意义上来讲，战场地理环境的数字化是其他数字化的基础，它为作战部队和各种武器装备的数字化提供了必需的战场背景环境和空间定位基础。

1. 国外军事地理信息系统现状

军事地理信息系统在海湾战争及以后的战争中发挥了重要的作用，受到了各国军方的普遍重视。世界上大部分国家都建立了用途不同、规模大小不等的军事地理信息系统。其应用包括：

（1）基础地理信息，包括地形图、DEM、DTM 等；

（2）航海、航空管理，包括航海图、制定计划航线、障碍物、禁区、助航设施、导航管理、空中交通控制等；

（3）地形分析，包括战场模拟、行军路线、应急线路分析、越野机动、涉水分析、通视点分析、距离量测、面积量测、武器打击轨迹分析等；

（4）任务规划（战略层次）。包括军事基地规划、军事基础设施管理、打击效果评估、巡航导弹支持、战区规划、入侵应急规划、目标分析、轨道建模等；

（5）战争管理（战术层次），包括战场监测、战场管理、小战区规划、登陆计划、战术模拟、后勤保障规划、交通规划等；

（6）基础作业支持，包括拦截应用、环境应用、军事设施分类规划等；

（7）边界控制，包括边界巡逻和交叉分析、毒品禁运、移民控制等；

（8）情报，包括反毒品活动、反恐怖主义活动、武器监视与跟踪、情报收集等。

2. 国外军事应用系统示例

美国国防制图局（Defense Mapping Agency，DMA）是美国军事 GIS 的管理部门，1989 年以来投入大量的人力和物力来开发军事 GIS 系统。例如：

1）数字化海图

数字化海图（Digital Navigation Chart，DNC）和 GPS 结合用于海军的导航，来取代以前使用的 4500 张纸质海图。这些数字化海图可以支持广泛的空间分析和地理查询。数字化海图一般包含 12 个特征数据库：地名注记、水文要素、界限、港口设施、水下地形、航道、航海标志、救援标志、海洋环境、陆地地形地物、航海障碍物、数据的优先级。

2）数字地图

数字地图 VMAP（Vector smart MAP）数据分两个层次，分别对应于 1∶250 000 比例尺和 1∶50 000 比例尺的地形图。该系统包括 9 个数据层：交通、网络、界限、水文、城市、公用设施、植被、等高线、工业设施。

3）水文资源评估系统

水文资源评估系统用于水文和测深数据的收集。

实际上，由于军事保密的特殊性，我们对国外许多功能强大的 MGIS 了解得都很少。自 20 世纪 70 年代以来，美军开始研究应用于军事上的 GIS 技术，并研制出世界上第一个 MGIS——美军地形分析系统。20 世纪 80 年代，美军又研制出"地形分析工作站"（TAWS），用于保障陆军在野战和守备环境下的作战规划和战术行动。20 世纪 90 年代，美国"国家影像与地图局"的通用"联合地图工具集"（Joint Mapping Toolkit，JMTK）已用于美军的全球指挥与控制系统（GCCS）和全球指挥与支持系统（GCSS）。作为军事情报的一个设施，美国正在建立和完善军事应用的全球空间信息和服务（Global Geospatial Information and

Services，GGI&S)系统。其中的数据包含两个层次：国家性的和全球性的，符合NOTA DIGEST、ISO TC/211 及 OGIS 标准。

　　另外，英国国家遥感中心(British National Remote Sensing Center，BNRSC)应用法国的 SPOT 图像与 MGIS 结合，模拟敌方的三维地形，对军方飞行员进行模拟训练，取得了较好的效果。

　　MGIS 在海湾战争、波黑战争、科索沃战争和"9.11"事件后的阿富汗战争中都发挥了重要作用，被美军形容为一把"大伞"。特别是在阿富汗战争中，美陆、空军联合研制的战场信息处理系统及陆、海军联合研制的武器支援系统，都广泛利用 MGIS 技术处理和分析战场信息，并向战术指挥官实时发布与作战有关的信息。GPS获取的位置信息、卫星和无人机获取的侦察与监测信息、战场损毁评估信息等，均迅速汇集在 MGIS 这把"大伞"之下，构成了完整的卫星对地观测系统。

　　海湾战争的实践也证明，利用 MGIS 技术和遥感技术相结合，可为战时提供实时的地理信息保障。美国国防制图局(DMA)在海湾战争的战场上的 MGIS 实时服务，主要包括利用自动影像匹配和自动目标识别技术处理卫星和高低空侦察机实时获得的数字影像，及时为军事决策提供 24 小时的实时服务。对于冲突地区，最基本的地理信息保障是为作战部队提供作战地图。与传统的地图制图技术相比，MGIS 的制图功能无疑是出色的，它既可以提供数字地图，也可以输出精美的印刷地图，其生产速度比传统的制图方法要快得多，特别是在遥感技术支持下，可实时获得制图数据。在海湾战争期间，美国国防制图局进入一天 24 小时生产状态，共开发了 12 000 套新的地图产品，其中 600 套数字地图，印刷了 100 万幅战地地图，这些地图覆盖科威特、沙特阿拉伯、伊拉克、叙利亚等国家和地区，比例尺为 1∶50 000 不等。由于对这些战地地图的迫切需要，多国部队在这次战争中使用 C130 远程运输机运送军事地图到沙特阿拉伯，优先于药品的运输，仅次于爱国者导弹发射架部件的运输。由此可见，战时的实时地理信息保障是何等重要。

　　除上述地图产品外，美国国防制图局和工程地形实验室还使用了数字地形高程数据、栅格图形数据、地名字典等。在没有现成地图资料的地区，利用 MGIS 处理 SPOT 和 LANDSAT 影像及机载雷达影像，得到可直接应用的影像地图。因此，MGIS 和 RS 相结合，可较好地完成战时的实时地理信息保障任务。

3. MGIS 的发展方向

概括而言，为满足现代战争的要求，军事地理信息系统有以下发展趋势：

(1) 基础数据、基础设施大型化。

(2) 各领域应用专业化。

(3) 实用化、简单化、易学易用。

(4) 小型化。

(5) 标准化。

5.2.7　校园地理信息系统

　　校园地理信息系统(Campus Geographic Information System，CGIS)是一种基于地球地理坐标系建立的关于校园的空间信息模型，通过信息网络将现实校园的各种信息收集、整理、归纳、存储、分析和优化，进而对校园的各种资源、生态环境、社会环境、教学环境等方面的实体和现象进行模拟、仿真、表现、分析和深入认识的系统，它是地理信息系统的一个分支。

随着世界各国校园地理信息化建设的发展，"数字校园"的概念也相应出现。"数字校园"的历史要追溯到上个世纪，1990 年由美国克莱蒙特大学教授凯尼斯格林（Kenneth Green）发起并主持的一项大型科研项目"信息化校园计划"（The Campus Computing Project，CCP），被认为是数字化校园概念的最早出现。在实践过程中，数字校园的理念得到了逐步完善和扩充。在传统校园的基础上构建一个数字空间以拓展现实校园的时间和空间维度，从而提升传统校园的效率，扩展传统校园的功能，最终实现教育过程的全面信息化，达到提高教学质量、科研和管理水平的目的。现在许多高等院校都建立了自己的校园地理信息系统，将地理信息系统技术与传统的管理信息系统相结合，利用 GIS 提供的空间管理和空间分析功能去解决常规管理方法难以解决的许多问题。

1. 系统总体设计

校园地理信息系统总体设计包括系统设计目标、系统设计思路和系统设计流程。

1）系统设计目标

（1）初步建立校园图形库。拟建立校区现状平面图、分区规划图、功能分区规划图及总体规划平面图等，实现图形数据的统一综合管理，包括图形的输入、输出、编辑等，并能满足规划管理的要求。在图形库初步建成基础上，初步建立属性数据库。

（2）对系统数据进行动态更新。

（3）对系统图件实现图像、文本与地图的动态连接，实现查询功能；建立现状建筑物实体照片图库，作为发展中校园的历史保存；对校园规划文本实现网上查询，方便规划管理部门对校园规划的管理和监督。

（4）实现统计报表和统计专题图的显示和输出功能。

（5）实现空间分析功能，如最短路径分析、空间距离计算等。

2）系统设计思路

·针对目标的思路

系统设计要充分考虑校园现状管理和校园规划建设两方面的多要素共同发生作用的特性，同时又有各自独立特性的特点。把以往只是用于手工或计算机将数据、表格和图形单一输出方式的规划管理，改变成为将规划管理所需要的图、文、表、数据及相关的空间要素和属性信息通过计算机功能一体化地表现出来的管理方式。

·面向用户的使用特性

校园地理信息系统研制的设计从实用原则出发，以管理部门的需求为基础，开发与应用相结合，经过对用户需求的分析，使系统的使用特性符合管理部门日常工作性质、内容及习惯等方面的需要，充分满足管理部门对工作图表的建立，以及对各种基础信息的查询、使用、更新与输出等的需求。

·友好的人机界面

GIS 作为一种可视产品，人机界面是否友好、简单易学、操作方便，直接关系到用户的使用效果，所以应用系统在设计上要充分考虑界面的布局及其内容、菜单的布局及其内容等，并应以鼠标为主要操作工具，使界面直观、清晰、准确、易懂、操作方便，以满足不同管理部门的使用。

·系统数据的标准化和规范化

该系统的建立应充分考虑到学校的规划建设与市政建设有关方面的一致性。随着 GIS 技术的成熟及逐步普及,特别是城市规划建设方面的应用,系统数据的采集和组织,应以城市建设有关规范为依据,力求系统数据的标准和规范,以保证系统的兼容性和开放性。

·系统的预见性

要充分考虑当今 GIS 技术的快速发展,在系统功能设置时应留有发展余地和良好的接口。系统的功能、数据的更新、系统的应用领域及硬件均应可扩展,尽量建成一个可扩展的系统。

总而言之,设计应简单实用,符合用户需要,并融合校园管理信息系统的功能。

3)系统设计流程

系统的设计流程见图 5-3。

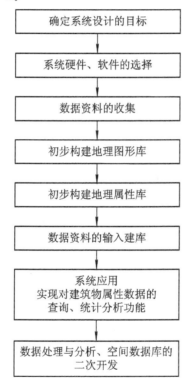

图 5-3 系统设计流程图

2. 系统数据库建库分析及设计

校园地理信息种类繁多、内容丰富,如何将它们进行有机地组织,以及有效地存储、管理和检索应用是一项十分重要的工作。它直接影响数据库乃至地理信息系统的应用效率。将校园地理信息系统按一定的规律进行分类和编码,并将其有序地存入计算机,才能对它们进行按类别的存储,按类别和代码进行检索,以满足各种应用分析需要。校园地理信息分类与编码是一项十分重要的基础工作。数据库设计是信息系统设计的中心内容,系统依赖的存在基础是具有良好的数据库设计支持。在进行数据库设计时,首先建立空间数据库,再进行属性数据库的设计,最后是空间数据库与属性数据库的连接关系。

1）数据信息分类

校园数据的获取主要是通过校园地形图、校内管理部门收集的现状及规划数据、对现状资料调查的相关信息等而得，按数据的类型主要可分为空间数据（主要指图形信息、图像信息）和非空间数据或称作属性数据（包括统计表信息、文本信息等）。

· 空间数据

空间数据也称为图形数据，包括地形图、建筑平面图、道路图、水系图、规划系列图、航测相片、校园建筑相片等。

一般情况下，空间数据可通过下面的途径取得：

（1）数字测图；

（2）地形图屏幕扫描数字化；

（3）通过遥感技术来获得各种分辨率的遥感图像；

（4）用 GPS 来获得接收点的空间坐标数据等。

可对所获取的校园空间数据进行如下的分类及建库：

（1）校园地形图，表示主校区的整个地形情况。主要包括主校区内的建筑物、构筑物、道路、操场、绿地等。

（2）校园建筑物分布平面图根据用途特征和分析需要可初步分为四类：

教学建筑：包括院办公楼、各系办公楼、各教学楼等；

辅助教学建筑：包括实验楼、图书馆、体育场等；

公共建筑：包括大学生活动中心、体育馆、食堂等；

公寓：包括大学生公寓、研究生公寓、教师公寓等。

（3）道路，包括主要干道和次要干道。

（4）绿化及水面，如人工水景等。

（5）各类楼层平面分布图，主要包括以下几类：

办公楼平面分布图，主要包括校长办公室、人事处、组织部、财务处、教务处、科研处、校园规划办等办公管理部门的位置。

新建教学楼平面分布图，包括学生上课的教室、语音室、多媒体教学室的位置等。

图书馆平面分布图，包括查询处、书库、阅览室、电子阅览室、自习室、馆长室、采编部等的分布位置。

校医院平面分布图，包括挂号处、急诊室、输液室、各科室及院长室的分布位置。

学生公寓平面分布图，包括值班室、入住房间。

教师公寓平面分布图，包括各种户型。

除了以上图形库外，还可以根据需要建立一些更详细的图形库，如校区交通路线图、校区规划绿化景观分析图、各个院系的建筑结构图等。以上图形主要通过对已有的地形图、规划图等数字化，以及实地野外数据采集，利用计算机绘图获得。

· 属性数据

属性数据既可以是独立于专题地图的社会经济统计数据，也可以是与专题地图相关，表示地物类别、数量、等级的字符串或数字。另外，系统量算得到的面积、长度等指标也可作为属性数据来管理。

（1）属性数据分类。属性数据一般分为统计表数据和文字数据。统计表数据可以是建筑物使用类型、用地等级、规划道路等级、规划建筑物类型等；文字数据可以是建筑物情况、用地规划说明、规划文本书、系统说明等。

现在 GIS 数据库的组成已在原来属性数据库和图形库（也称空间数据库）的基础上又增加了图片、符号和媒体等数据库，它们可以选择以文件或数据库的形式存放。这里的符号包括点状符号、线状符号和面状符号，可通过对已绘好的符号数字化入库或用扫描仪扫描后入库，也可用绘图软件（如 AutoCAD）直接在计算机中设计所需的符号并入库。它的建立为以后的空间数据的查询、显示与输出提供了有力的工具。多媒体数据的加入主要是为了丰富信息表达手段，它的类型有声音、图片、动画和网页等。

（2）属性数据的录入。非空间数据的输入首先要定义其数据的结构，基于 GIS 的地物类型复杂，属性特征多种多样，描述它们的属性项及值域也不相同，因此其录入方法有两种：

① 用户需要自定义数据结构，然后利用数据库软件建立起非空间数据。

② 在图形编辑环境下输入非空间数据，该方法较为直观，可以随时对所关心图元的属性结构和属性进行修改，并且查找方便。

数据库的建立是通过空间数据库和属性数据库的连接完成的。在相关数据的属性表中添加一个关键字字段，该字段内容为链接数据的识别符，通过识别该字段来完成数据连接。

空间数据输入时虽然可以在图形实体上附加一个特征编码或识别符，但这样交互式地输入大量复杂的非空间数据，其效率就降低了，空间和非空间数据连接的较好方法是用特殊程序把非空间属性数据与已数字化的点、线、面空间实体连接在一起。这样只要求空间实体带有唯一性的识别符即可，识别符可以手工输入，也可以由程序自动生成并与图形实体的坐标存储在一起。

非空间属性数据的数据项目很多，把属于同一个实体的所有数据项放在同一个记录中，并将记录的顺序号或某一特征数据项作为该记录的识别符或关键字。它和图形的识别符都是空间与非空间数据的连接及相互检索的联系纽带。

2）系统数据库的建立

校园地理信息系统数据库由空间数据库和属性数据库组成，如图 5-4 所示。

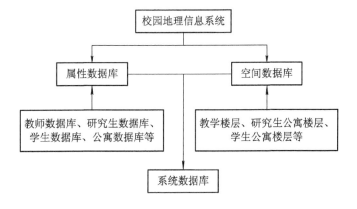

图 5-4　数据库结构示意图

　　校园数据的获取主要是通过校内管理部门收集的现状和规划数据，以及对现状资料调查的相关信息而得的，主要分为空间数据和属性数据。

　　空间数据来源于数字测图和地形图扫描屏幕数字化；属性数据的采集、录入采用的是基本属性数据信息同步输入。属性数据是那些需要在系统中处理的空间实体的特征数据，但它本身不属于空间数据类型。要输入属性库的属性数据一般通过键盘输入，而要直接记录到矢量数据文件中的属性数据，则必须进行编码，将各种属性数据变为计算机可以接受的数字或字符形式，便于 GIS 存储和管理。在校园地理信息系统中，可对各划分的图层考虑其各自的属性特征，在 Access 数据库中建立其属性数据库结构（如建筑图层，其属性数据库结构可以包含建筑物名称、建筑物用途分类、建筑物结构、建筑物楼层等字段），而对于这些需要处理的数据采用 Access 数据库录入，其他的一些说明性文件采用 Word 文档录入。校园地理信息系统数据的录入方式及流程如图 5 - 5 所示。

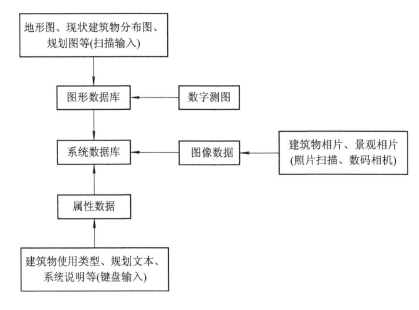

图 5 - 5　数据的录入方式及流程图

　　校园地理信息系统数据根据不同类型，采用了不同的采集方式。图像数据一般为照片采用数码相机直接输入，利用数码相机拍摄校园建筑物和所需要的实验室、教室及校园景观等图像资料；图形数据的采集通过地形图屏幕扫描数字化和全站仪数字测图并用绘图软件成图，生成校园数字地形图；属性数据的采集结合校园数字地形图通过现场调查来完成，主要包括各个楼、楼层、房间、权属、人员设置、设备等各种相关信息。这样就可以将采集好的数据依系统的结构及需要，根据空间数据与属性数据之间的关联性构建彼此间的相关性，建立图文并茂的界面形式。

3. 系统功能设计

　　校园地理信息系统要满足各类用户对管理信息系统的不同需求，一般应实现如下功能：

　　（1）建立空间和属性数据库，实现信息的可视化管理、浏览、查询、输出等功能。

　　（2）提高校园的日常管理自动化水平，实现各种报表的自动生成、排序、印刷等功能。

（3）提供一定的空间分析能力，为校园规划和管理决策提供依据。

（4）提供访问校园主页的便捷功能。

按系统功能要求，可将系统分解为几个功能模块来设计，功能模块图如图 5-6 所示。

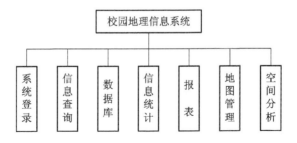

图 5-6　系统主要功能模块

系统主要完成的功能有：信息查询、数据库管理、地图管理、信息统计、空间分析等，各个功能又有更多详细的分类。例如，信息查询功能有如下分类：

（1）图形信息查询。直接查询图上对象的相关属性信息，也可以通过属性表的相关属性信息对图上校园实体进行查询。

（2）公寓信息查询。可以通过所输入的公寓名称、房间号等属性信息来得到该房间内住宿者的相关信息。

（3）学生信息查询。可输入想查询的学生的姓名或学号，查询该生的信息。将学生信息与地图信息相结合，从而实现对学生信息及其居住公寓地理位置等地理信息的互查与维护，从而实现学生档案信息的地理定位。

（4）教学部门信息查询。可根据所输入的部门名称，得到该部门所处的地理位置、系、部门结构、人员组成等相关介绍。

（5）课程信息查询。对学校所开课程进行详细介绍，如课程名称、上课时间、任课教师、学分等。

4. 系统界面设计

对于用户来说，界面就是系统，用户界面的好坏决定了用户使用系统的效率。在系统的界面设计中，主要依据以下几个基本原则：

1）一致性

界面应和用户的思维方式一致，界面的概念、表达方式应尽可能接近用户的想法，系统的风格、布局及颜色以一致的方式给出，使用户能很自然地操作。

2）灵活性

界面必须灵活可变，以适应不同用户的需求，提供多种方式供用户选择。

3）可读性

界面应清晰简洁、易于阅读，便于用户理解，以最简洁的方式提供用户所需的信息。

4）图形与文字统一

图形是 GIS 用户界面最大的特点。图形表示形象直观、易于理解，不同内容可用不同的颜色符号表示，使用图例能增强图形的可读性。设计时应处理好图形和文字的关系，合理地安排在同一个界面中。

复习与思考题

1. 地理信息系统的开发方法有哪些?
2. 简述地理信息系统开发的过程。
3. 地理信息系统的评价指标是什么?
4. 简述地理信息系统标准化的意义和作用。
5. 地理信息系统标准化的内容是什么?
6. 谈谈你对数字化城市(西安)的理解和设想。
7. 简述 GIS 在选址中的应用(公园、工厂、学校、瞭望塔等)。
8. 简述 GIS 在现代物流系统中的应用。
9. 简述 GIS 在移动通信网本地网管中的应用。
10. 根据你的了解论述 GIS 中路径分析系统的设计与实现。
11. 根据你的了解论述基于 GIS 的"数字校园"信息系统的设计与实现。

第6章　全球定位系统

全球定位系统（Global Positioning System，GPS）是20世纪70年代由美国陆海空三军联合研制的新一代空间卫星导航定位系统。其主要目的是为陆、海、空三大领域提供实时、全天候和全球性的导航服务，并用于情报收集、核爆监测和应急通信等一些军事目的，是美国独霸全球战略的重要组成。

全球定位系统的主要用途有：

（1）陆地应用，主要包括车辆导航、应急反应、大气物理观测、地球物理资源勘探、工程测量、变形监测、地壳运动监测、市政规划控制等；

（2）海洋应用，包括远洋船最佳航程航线测定、船只实时调度与导航、海洋救援、海洋探宝、水文地质测量，以及海洋平台定位、海平面升降监测等；

（3）航空航天应用，包括飞机导航、航空遥感姿态控制、低轨卫星定轨、导弹制导、航空救援和载人航天器防护探测等。

6.1　导航卫星系统简介

6.1.1　概述

1957年10月4日，前苏联发射了人类历史上第一颗人造地球卫星"Sputnik"号。美国霍普金斯大学应用物理实验室的科学家们通过对这颗卫星用无线电方法跟踪观察，发现了所测得的多普勒频移与卫星运动之间的关系。进一步研究认为，在对地球重力场充分了解的基础上，通过对已知轨道卫星的观测，可以确定观测者自己的位置，这就是卫星定位导航的思想。这一设想正好是美"北极星"潜艇导航所需要的，为此该实验室得到了第一笔经费，揭开了导航系统研究的序幕。

第一代导航卫星系统是20世纪60年代出现的美国Transit（子午仪）系统和20世纪70年代前苏联建立的Cicada系统。美国和前苏联分别从20世纪70年代和20世纪80年代开始研制新一代导航卫星系统——GPS和GLONASS（GLObal NAvigation Satellite System）系统，并分别于1995年和1996年达到各自的实用水平，而且其使用在不断地迅猛增长。特别是GPS系统应用已相当广泛，随着美国GPS政策的改变和GPS现代化的发展，GPS系统的应用在世界范围内再次掀起高潮。GPS系统和GLONASS系统组合使用的实用化，使卫星导航系统的定位精度和完整性得到了很大提高。然而，这两个系统分别由各自的军事部门控制。为了打破一个或两个国家军事部门对卫星导航系统的控制、满足民用和各自国家的军事需要，世界上许多国家正在发展完全由民间控制的全球导航卫星系统（Global Navigation Satellite System，GNSS）和研制地球同步卫星定位导航系统。从 20 世纪 90 年代开始，国际民航组织、国际移动卫星组织、欧洲等一直倡导发展完全由民间控制的全球导航卫星系统 GNSS。同时，欧洲多年来一直在争取发展欧洲导航卫星系统，并力图在发展未来 GNSS 中扮演主角。目前欧洲已启动伽利略（Galileo）导航卫星星座系统的建设，该系统是一个独立于 GPS 但对其兼容的全球系统，它的建设成功将保证欧洲在发展下一代全球导航卫星系统中发挥充分作用。我国大陆从 20 世纪 80 年代提出建设双星定位导航系统"北斗一号卫星定位导航系统"。双星定位导航系统的建设，使我们在卫星导航领域逐步走出了受制于人的境地，具有重要的实用价值和重大的战略意义。目前，"北斗一号"双星定位导航通信系统，已于 2000 年 10 月 30 日和 12 月 21 日分别成功发射两颗导航卫星，2003 年 5 月发射了第三颗"北斗"导航备份卫星，2007 年 4 月 14 日，又一颗北斗导航卫星（COMPASS – M1）在西昌卫星发射中心用"长征三号甲"运载火箭发射成功，标志着我国已拥有了自主完善的第一代卫星导航定位系统，该系统就是一个有源导航定位与通信系统。

可见，随着卫星导航应用的普及和发展，整个世界都在规划和关注未来导航卫星系统的发展。

6.1.2　典型的导航卫星系统

典型的卫星定位导航系统有：第一代卫星导航系统子午仪；1978 年由法国国家空间研究中心、美国 NASA 和美国海洋和大气监督局发展起来的多普勒卫星系统（ARGOS）；1983 年因商业需要而提出的世界上第一个能够提供无线电测量、无线电导航、无线电定位、双向数字通信和救援服务的商用网络（GEOSTAR）系统；1985 年由欧洲 ESA 开发的多用途卫星定位系统（NAVSAT）；苏联开发的 GLONASS、美国的 GPS 和欧洲的 GAL-LIEO 系统。

1. 子午仪导航系统

子午仪系统由 6 颗卫星组成，卫星轨道近似圆形，轨道倾角为 90°左右，轨道高度为 1100 km，周期约 107 min，每颗卫星覆盖半径为 3000～3500 km。对地面用户来说，1 颗卫星每次通过其上空时仅有 18 min 的跟踪观测弧段。卫星连续发播 400 MHz 和 150 MHz 两种载波信号，供用户对卫星进行观测。在 400 MHz 的载波上调制有导航电文，它向用户提供卫星位置和时间信息，用于用户的位置解算。

子午仪导航系统是第一代导航系统。该系统的第一颗卫星在 1959 年 9 月发射升空，1964 年开始交付海军使用，1967 年正式组网并允许民用。作为第一代卫星导航系统，子午仪实现了全球、全天候导航。它解决了一系列关键技术，如能源系统、振荡器设计、重力梯度稳定试验等，完成了开创性工作。该系统当时主要用于陆、海、空三军以及诸如海上钻井平台定位等测量方面。虽然子午仪系统基本上满足了当时的要求，但尚存在不少问题，如不能进行连续实时导航，两次定位时间间隔为 1.5～4 h，其"单星、低轨、低频测速"体制无法满足现代军事和民用的高精度要求。

鉴于这些缺点，美国军方提出了对子午仪的修改计划，同时在 1964 年 9 月开始发展海军的 TIMATION 计划及空军 621B 系统。1973 年 12 月，这两种系统合并成为现在的 Navstar – GPS 方案（轨道采用海军系统，信号结构和频率采用空军系统）。

GPS 基本上弥补了子午仪的不足，这是因为它采用了几项关键技术，如：超稳定原子钟技术，其稳定度达到 10～14 量级；晶体振荡器技术，使用户设备在可接受的价格范围内保持了足够的精度；精密星历跟踪和预报技术，直接提高了定位精度。

2. GPS 及其发展

GPS 全称为定时和测距的导航卫星（Navstar GPS-Navigation System for Timing and Ranging，Global Positioning System），是用来授时和测距的导航系统。它是由美国国防部（Department of Defense，DOD）研制和发展的，其目的是针对军事用途，例如战机、船舰、车辆、人员、攻击目标的精确定位等。目前，它已成为世界上应用最广泛的卫星定位导航系统之一。

GPS 由空间部分（卫星星座）、监控部分和用户部分组成。

（1）空间部分。由高度为 20 183 km 的 21 颗工作卫星和 3 颗在轨热备份卫星组成卫星星座，卫星分布在 6 个等间隔的、倾角为 55°的近圆轨道上，运行周期为 11 小时 58 分。空间部分的主要任务是发播导航信号，星上设备有具有长期稳定度的原子钟（其误差为 1 秒/300 万年）、L 波段双频发射机、S 波段接收机、伪码发生器和导航电文存储器。卫星采用 3 种频率工作：L1(1575.42 MHz)和 L2(1227.6 MHz)用于导航定位，L3 (1381.05 MHz)是 GPS 卫星的附加信号，发射星载传感器探测到的大气中核爆炸的信息。卫星发播的导航电文包括卫星星历、时钟偏差校正参数、信号传播延迟参数、卫星状态信息、时间同步信息和全部卫星的概略星历。导航电文由 5 个子帧组成 1 个主帧，长度为 30 s 共 1500 bit。用户通过对导航电文的解码，可以得到以上各参数，用于定位计算。

（2）监控部分，包括监控站、注入站和主控站。在初期阶段，设了 4 个监控站分别在范登堡空军基地、夏威夷、关岛和阿拉斯加。为了提高系统性能，现采用改进的业务控制系统，利用 5 个监控站来跟踪卫星（分别设在科罗拉多的斯普林斯、亚森逊岛、迪戈加西亚岛、夸贾林、夏威夷），各监控站配有 GPS 接收机、环境数据测量仪、原子频标和处理机，它们将收集到的数据传送到主控站。主控站利用卡尔曼滤波器对伪距和累积距离差的数据进行处理，并以此来估算卫星轨迹、时钟相位、频率及其变化。注入站的任务是当每颗卫星运行至头顶上时，把导航数据和主控站的指令注入到卫星。

（3）用户即 GPS 接收机。它的主要功能是接收卫星发播的信号，并利用本机产生的伪随机码取得距离观测值和导航电文。根据导航电文提供的卫星位置和钟差改正信息，计算接收机的位置。用户接收机可以有许多种类：按使用环境可以分为低动态用户接收机和高动态接收机；按所要求的精度可分为单频粗捕获码(C/A 码)接收机和双频精码(P 码)接收机；按用途可分为测量型和导航型，后者又有机载式、弹载式、星载式、舰载式、车载式、手持式等。

GPS 是卫星导航系统中最早研制和投入使用的一种。由空间、地面监控和用户接收机三大部分组成的 GPS 全球网已于 1995 年 7 月投入运行，目前正在向使用多样化、功能模块标准化、应用全球化、体系结构开放化的方向发展，已经并继续在军事和民用领域获得广泛应用。

同时，美国为了继续维持其在全球导航定位系统中的主导作用和对该领域的控制，遏制其他国家导航卫星系统的发展，扩大 GPS 的应用和美国 GPS 产业的快速发展，美国政府制定了相应的 GPS 政策。美国政府已多次承诺 GPS 标准定位服务(SPS)免收直接用户费，并在 2000 年 5 月 1 日起取消了 SA(Selective Availability)。此外，还决定 GPS 将由国防部和运输部联合主持下的执行理事会管理；国防部将开发高精度 GPS 增强可能被敌人利用的对抗手段，但无损于民间用户；确认以 GPS 为基础的增强系统可以提供比 SPS 更高的精度，并倡导国际使用；GPS 执行理事会可以和外国政府、国际组织磋商 GPS 及增强系统的国际协议。

随着全球 GPS 应用的迅速发展，美军对"导航战"的关注和研究越来越重视了。导航战概念具有既要保护友军正常使用卫星导航信号，同时又要防止敌方使用的双重任务。在导航战计划的驱动下，美国将对 GPS 系统做出重要改进，以实现 GPS 的现代化，主要包括：关闭 SA、增加民用频率、增大星座、增加后向天线、增强信号功率、改进卫星信号结构、空间信号精度改善、接收机改进、发展 GPS 的区域星基增强系统(SBAS)、本地地基增强系统(MSAS)和特殊应用的增强系统。

(1) 关闭 SA：美国政府关闭 SA 是一个很重要的变化。对于民间 GPS 用户，这个变化将会改善空间信号的精度，消除由 SA 所产生的大约 24.2 m 的伪距误差。

(2) 增加民用频率：增加民用频率是 GPS 的另一个重要变化。1998 年决定在新一代 Block ⅡF 卫星上附加第二民用频率，1999 年初又决定附加第三民用频率。对于民用 GPS 用户，这种变化将使用双频测量来直接补偿由电离层延迟所产生的伪距误差，以提高定位的精度，同时增加民用频率将增加信号的安全性和实时动态定位的能力。

(3) 增大星座：24 颗卫星的可用性或许是认识当前已经形成 GPS 星座维持策略的一种更为重要的途径。这一策略的结果是导致任一时间在星座中总有 24 颗以上的卫星在工作。空军已承诺将维持一个 24 颗卫星的星座，并使新的替补卫星将在实际需要之前进入轨道，以免因卫星故障而出现可见卫星数目减少和覆盖漏洞。但研究表明，30 颗卫星的星座大小将支持新的覆盖性能要求，改善 GPS 在需要的完好性水平上的连续性功能，同时较大的星座对提高定位精度也有利。现已提出了几种星座增强方案，其中包括 24＋备份星座、用 GEO 增强和 MEO 完好性通道。

(4) 增加后向天线：增加后向天线的目的在于支持更高高度上的卫星(如 GEO)能够接收导航信号，以扩大 GPS 的应用。

(5) 增强信号功率：和其他几个重要变化有所不同，增加 30 dB 的抗干扰能力几乎完全用于军方用户，这项变化有助于 GPS 导航能力在未来战场上的生存。可能采取的措施包括特制天线、先进信号处理技术和对空间信号本身的潜在改进。

(6) 改进卫星信号结构：现有 GPS 信号结构的缺点是军民信号容易同时受到干扰的威胁，因此需要找到一种方法既对军用安全可靠又拒绝敌方使用，同时于民更易利用或对民用影响最小。这就涉及 GPS 信号结构的改进。现已提出多种方案，主要途径是增加军码和把军码与民码分开。目前美国正在改进 Block ⅡR 和 Block ⅡF 卫星信号的结构，决定在 L1 和 L2 上加载专供军用的 M 码信号和在 L2 上加载民用信号。

(7) 改善精度：精度一直是美国制订 GPS 政策的焦点，也是全世界民用团体与非 GPS 系统拥有国和国际组织为之奋斗的主要目标之一。与此同时，继续提高精度也是推动 GPS 系统和应用发展的关键课题之一。在 GPS 精度改善倡议(AII)中，2.5 m 的 SIS URE(空间信号用户测距误差)是与 GPS 运行控制系统(OCS)相关的大量工作改进的结果。一方面是把国家成像与测绘局的 10 个 PPS 基准站并入 OCS，以改善在轨卫星性能的实时可观测性；另一方面是继续努力，使 OCS 的工作更加灵活。PPS 的 SIS URE 值(1σ)从 1992 年的 4.3 m 降到了 1997 年的 1.9 m(实际上还小于预计的 2.5 m)，并有望在 2007 年达到亚米级，这完全证明了 AII 计划所取得的成就。对军方用户来讲，这种由 2.5 m 的 SIS URE 所产生的精度提高是非常有用的，但民间用户能够获得的改善与 SA 和单频电离层延迟补偿所产生的不精确性性相比几乎微不足道。如果这两个误差源可以忽略不计，那么民间用户也可以从 2.5 m 的 SIS URE 的变化中获益。

(8) 接收机改进：在接收机改进方面，主要采取功能模块标准化和开放式结构，并应用选择可用性与抗干扰模块(SAASM)，提高接收机的抗干扰能力。

3. GLONASS 的现状

GLONASS 是由前苏联国防部独立研制和控制的军用导航系统，开始于 20 世纪 70 年代中期，经历 20 多年的曲折历程，于 1996 年 1 月 18 日实现满星座 24 颗卫星正常播发信号。至此，GLONASS 可以实现全天候、连续实时的为用户提供三维位置、三维速度和时间信息。

GLONASS 由 24 颗卫星组成卫星星座(21 颗工作卫星和 3 颗在轨备用卫星)，均匀分布在 3 个轨道平面内，卫星高度为 19 100 km，轨道倾角为 64.8°，卫星运行周期为 11 小时 15 分。GLONASS 与 GPS 极为相似，主要区别在于，前者采用频分制，后者采用码分制，对于频分制，每颗卫星采用不同的射电频率。此外，GLONASS 采用的 C/A 码长度比 GPS 的 C/A 码短一半，而码率又比 GPS 的 C/A 码率低一半。GPS 的星历数据是由轨道的开普勒根数给出，根据星历计算卫星在 WGS—84 坐标系中的直角坐标和速度分量，而 GLONASS 的星历是直接采用直角坐标和速度分量表示的。

GLONASS 系统需要大约每年 3900 万美元来保证其基本功能。由于经济原因，俄罗斯目前难以维持 GLONASS 的正常运行，如果没有资金支持用于新星补充发射，这个老化的系统会很快崩溃。因此，俄罗斯建议与欧盟共有这个系统，并提供它的有价值的频率以换取发射新卫星的费用。

1999 年 2 月 18 日俄罗斯总统叶利钦决定同意军民共同分享控制 GLONASS，希望这样能吸引投资来挽救困难重重的 GLONASS 导航系统。并希望使 GLONASS 成为 GNSS 系统的基础，他责成俄罗斯空间局和俄军方共同确定哪些民用组织可以使用该系统，以及可以怎样使用这个系统。他还授权建立一个军民联合组织来控制、维护和使用该系统。

到 2000 年年底，GLONASS 系统只有 7 颗卫星保持连续工作。对于需要三维定位信息的 GLONASS 用户来说，在特定时间里看到 2 颗卫星的概率只有 35%。

近年来，俄罗斯政府批准执行的"GLONASS 系统 2002～2011 年的发展计划"和"2006～2015 年航天发展规划"，主要目标就是成功地开发、有效地应用 GLONASS 系统，保证国家、社会、经济的发展，保障国家安全；通过保证为俄罗斯和全球用户提供高质量的服务，保持俄罗斯在卫星导航领域的先进地位。

在经费支持方面，由于充分认识到导航卫星系统的重要性，近年俄政府对 GLONASS 的拨款也逐年增长，2006 年拨款 1.7 亿美元(47.2 亿卢布)，2007 年拨款 3.6 亿美元(98.8 亿卢布)。另外，2007 年已经额外拨出 18 亿卢布，以确保 2008～2009 年发射 GLONASS 卫星；2008 年 9 月俄罗斯总理普京签署指令，增加 26 亿美元开发 GLONASS 系统。

4. GNSS 的发展

GNSS 的目的是为民用航空导航和自主着陆提供星基和地基的导航信号,并具备要求的精度、可靠性和可用性,也不会受到其他干扰源和阻塞的影响,其长期目标是要建设一个完全受控于民间方面的全新系统 GNSS - 2,以替代现有的军用 GPS 和 GLONASS 系统。GNSS - 2 计划分三个阶段实施:第一步是欧洲静止导航覆盖系统(EGNOS),由 GPS 和 GLONASS 加上它们的陆基与星基增强系统组成;第二步是建立欧洲导航卫星系统(ENSS),由 12 个倾斜地球同步轨道(IGSO)卫星加上 3 个地球静止卫星(GEO)组成;第三步是建立 GNSS - 2,有两种代表性的方案,一种是德国提出的包括 36 个倾斜圆轨道地球同步(IGSO)卫星和 9 颗 GEO 卫星的全球性系统,另一种是法国提出的由在 1500 km 高度的 56~63 颗卫星组成的革新欧洲导航系统(INES)。

5. INMARSAT 系统

INMARSAT 系统是由国际移动卫星组织(原名国际海事卫星组织,简称 INMARSAT)筹建。最初,该系统仅具有卫星通信能力,在其 4 颗 INMARSAT2 型卫星于 1992 年全部投入运营后,便着手改进 4 颗 INMARSTA 3 型卫星的设计,在其上加装卫星导航舱。这 4 颗新星入轨运行之后,1996 年初,在向全球提供通信服务的同时,已具备了导航定位能力。

6. 双星定位导航系统

1)双星定位原理

双星导航定位是利用两颗地球同步卫星作信号中转站;用户收发机接收一颗卫星(主星)转发的地面中心站测距信号,并向两颗卫星同时发射信号作应答;地面中心站根据两颗卫星转发的用户的同一个应答信号以及其他数据计算用户位置和导航信息;用户收发机在允许的时间或规定的时间后,接收到卫星转发的信息,从而实现用户自身的定位和导航。用户的点位是利用卫星位置、用户至卫星的斜距以及用户的大地高计算出来的。如何由卫星位置、两条斜距和大地高计算用户的位置就是双星定位的定位原理问题。双星定位原理可以从定位的几何原理进一步来表述。

双星定位的几何原理是:以卫星为球心,以卫星至用户(测站)的斜距为半径,可以作两个大球,在满足一定条件下,两大球面相交形成交线圆,并穿过赤道面,在地球的南半球和北半球各有一个交点,其中一个交点就是用户的点位,在已知用户大地高时,可唯一确定用户的位置。根据双星定位的几何原理和几何分析,要唯一确定用户的点位必须满足以下三个条件:两卫星间的弦长必须小于两斜距之和,即两卫星间的最大夹角不得超过 162°,否则以卫星至用户的斜距为半径的两个大球不能形成交线圆。而当两卫星弧距为 60°时,几何强度最好;交线圆必须与用户水平面相交,否则产生同步卫星定位的"模糊区";必须已知用户点的大地高。

2)双星定位系统的组成

双星定位系统由空间卫星、地面中心站和用户终端组成。

空间卫星部分:由 2~3 颗地球同步卫星组成,执行地面中心站与用户终端之间的双向无线电信号的中继业务。每颗卫星上的主要载荷是变频转发器,以及覆盖定位通信区域点的全球波束或区域波束天线。保证系统正常工作至少需要两颗卫星,两颗卫星间弧距要大于 30°，在 60°左右最好。第三颗卫星为备份星。

地面中心站部分：主要由无线电信号发射和接收，整个系统的监控和管理，数据的存储、交换、传输和处理，以及电源等组成。地面中心站连续地产生和发射无线电测距信号，接收并快速捕获用户终端转发来的响应信号，完成全部用户定位数据的处理工作和通信数据的交换工作，把地面中心站计算得到的用户位置和经过交换的通信内容分别送给用户。因此，一切计算和处理集中在地面中心站，地面中心站是双星定位系统的中枢。

用户终端部分：用户终端接收地面中心站经卫星转发的测距信号，变频后注入有关信息，并向两颗卫星发射应答信号，此信号经卫星转发到地面中心站进行数据处理。具有这种应答电文能力的设备都叫用户终端，又可称为测站收发机。根据执行任务的不同，用户终端分为：定位通信终端、卫星测轨终端、气压测高标准站终端、校时终端、集团用户管理站终端等。系统的大量终端是定位通信终端，即常说的用户收发机。根据设备形式不同，分别有便携式终端、车载式终端、船载式终端、机载式终端、弹载式终端等。各种终端设备的基本原理和组件大致相同，即都是一台自动信标转发器，包括接收和发射，信息输入键盘和信息显示，其他接口等。

3）双星定位系统的功能

双星定位系统具有四大功能：快速定位、实时导航、简短通信、精密授时。

（1）快速定位：地面中心站发出的测距信号（具体为格式化的帧结构及其伪码）含有时间信息，经过卫星—测站（用户）—卫星，再回到中心站，由出入站信号的时间差可计算出距离。因为卫星位置和地面中心站位置已知，测站至两卫星的观测距离很容易算出，根据双星定位原理，有了两卫星的观测边和测站大地高，便可求出测站坐标。双星定位系统信号在中心站—卫星—测站（用户）—卫星—中心站四条边上的传播时间约为 0.48～0.56 s，中心站信号处理不到 0.4 s，因此，对于优先级最高的用户，可在 1 s 之内完成快速定位。

（2）实时导航：双星定位系统的中心站有庞大的数字化地图数据库和各种丰富的数字化信息资源，中心站根据用户的定位信息，参考地图数据库可迅速地计算出用户距目标的距离和方位，可对用户发出防撞和救援信息等。另外，用户收发机也具有一定的信息存储和处理能力，可以设置多个航路点、目标点、用户航行允许最大偏差等信息，计算用户距目标的距离和方位，导引用户到达目的。因此，双星定位系统具备实时导航的能力。

（3）简短通信：双星定位系统询问信号和响应信号的帧格式结构中都有通信信息段。用户想向指挥部请求指示，或想与其他用户联系时，用收发机的信息键盘键入对方地址码和通信电文。中心站把通信电文放入要联系的测站（用户）能够解出通信码的信息中，随询问信号发射出去，对应测站或指挥站便可得到通信信息。非对应地址码的测站解不出通信段内容，只出现干扰噪声。需要回答的测站，可重复上述过程。

（4）精密授时：双星定位系统的授时与定位、通信是在同一信道完成的。地面中心站的铯原子钟产生标准时间和标准频率，通过询问信号将时标的时间码送给测站。授时测站与定位通信测站的不同之处在于有一个解码器和一个计数器。解码器解出询问信号的时间码，计数器记录时间码的时标与测站钟的钟差。通过测站的响应信号，地面中心站计算出时延，连同协调世界时 UTC 与 UTC1 的改正数一起送给测站，测站便可得到 UTC 标准时间，或再加改正数得到 UTC1 标准时间。

4）系统的工作过程

系统的工作过程如图6-1所示。首先，由地面中心向卫星1和卫星2同时发送询问信号，经卫星上转发器向服务区内的用户广播，用户响应其中一颗卫星的询问信号，并同时向两颗卫星发送响应信号（用户的申请服务内容包含在内），经卫星上转发器向地面中心转发，地面中心接收解调用户发送的信号，测量出用户所在点至两卫星的两个距离和量，然后，根据用户的申请服务内容进行相应的数据处理。对定位申请，根据测出的两距离和量，加上从储存在计算机内的数字地图查询到的用户高程值（或由用户携带的气压测高仪提供），计算出用户所在点的坐标位置，然后置入出站信号中发送给用户，用户收此信号后便知自己的坐标位置。对通信申请，地面中心将通信内容置入出站信号中，按收信地址转发给收信人。对定时申请，地面中心将计算出该用户精确的定时时延修正值，然后将此时时延修正值置入出站信号中发送给用户，用户按此数据调整本地时钟，使之与地面中心时钟同步（用户在发送入站信号时要测量出发送时刻与本地时钟秒信号时刻的差值）。

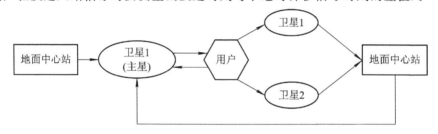

图6-1 北斗导航系统工作过程

5）信号传输体制

无线电定位系统的基本信号是电信号，电信号传输体制的选择应根据系统服务特性和要求去设计。双星系统的基本功能是快速导航、实时定位、双向通信和精确授时，所以传输体制应当满足下述要求：

（1）为完成定位必须进行准确的测距，准确测距就必须能精确测量信号的传输时延，为保证足够的时间精度，就必须以足够的带宽为代价，而扩频调制提供了这种功能；

（2）对外部和内部的抗干扰性能要强，使系统能够工作在很高的背景噪声中，信号之间的干扰要很小；

（3）通信数据调制在载波上，要技术成熟，调制和解调简单可靠，频带利用率高。

双星系统的信号调制采用扩频调制。采用扩频调制的主要目的在于：使系统具有较好的抗干扰能力；获得高精度的测距数据；获得一定的保密和安全效果；减少用户终端的复杂性。

询问信道和响应信道之所以采用不同的传输体制，在于地面中心站发往用户终端的询问信号采用时分体制，即中心站以一定帧周期的信号形式连续地经卫星向所有用户发送询问信号，这样就可以在正向线路中避免系统内部干扰，使用户终端设备大大简化，但时间利用率低。这可以加大星上功率，提高信息速率和帧速率来补偿。

用户终端发往中心站的响应信号采用随机时分/码分体制，即用户将响应以突发形式经卫星发回中心站，共用一个频道。当两个信号同时到达可能要发生碰撞，但由于采用扩频技术，在一个码周期内，即使有多个信号到达，只要相互到达的时间错开一个码元周期都可以设法分别接收并处理。采用多重接收技术，可大大降低信号的碰撞率，增大系统容量。

6) 双星定位系统的特点

·双星定位系统具有以下优点：

（1）可以对大覆盖区内的用户进行 24 小时全天候连续实时定位。双星定位系统采用地球同步卫星，卫星相对地面静止。从地面观察，卫星永远悬在空中某一点，所以为昼夜 24 小时的定位、导航、通信和授时提供了条件。微波传递信息对大气穿透力强。采用差分定位技术可消除绝大部分卫星位置误差和电离层延迟误差，因而可以全天工作，定位精度不会有太大的影响。地球同步卫星距地面约 $3.6 \times 10^4 \sim 4.2 \times 10^4$ km，无线电信号从地面发出经卫星再返回地面的上、下行时间约为 $0.24 \sim 0.28$ s。从测站应答测距信号到接收定位结果，信号经过两个上、下行路程，所以信号在空中的传播不会超过 0.56 s。也就是说，连同计算时间在内，测站可在 1 s 之内完成定位。除信息传播时间很短外，双星定位系统快速的原因还有两个：一是快速捕码和跟踪，二是高速率、大容量的数据处理计算。所以，双星定位系统是实时定位系统，适合于需要快速服务的用户。

（2）定位精度较高：双星系统的定位精度由下述几个因素所决定。计算定位的几何图形、点位的大地高精度、点位的地理纬度、观测和计算方法、测站收发机发射功率和伪码长度。描述卫星和测站之间几何关系的常用因子是几何精度系数 GDOP，它是误差的几何放大系数，表示 1 m 的定位参与量误差传播给定位误差的放大倍数。双星定位的 GDOP 值在中纬度地区为 $1.5 \sim 2.0$。点位精度随测站纬度的降低而降低。采用差分定位法和扩频技术，可以使测距精度达到 3 m 左右，数字地图高程平均精度在平原地区可达 5 m 左右，因而双星定位精度一般情况下可以达到 $9 \sim 12$ m。在用几个校准站修正的情况下，保证 10 m 以内的精度是完全可能做到的。另外，采用数字地图用户数据修正等措施，可进一步提高系统的定位精度。

（3）仅用两颗卫星就可以进行导航通信，资金投入少。现有的卫星导航定位系统卫星数目较多，子午仪系统有 $6 \sim 9$ 颗卫星，GPS 系统预计要有 $18 \sim 24$ 颗卫星，因此费用较高。而双星定位系统工作卫星只需两颗，连同备份星 $3 \sim 4$ 颗已足够。因此，同其他系统相比，投资最少，建设周期短。另外，由于每个收发机有专门识别码，专用识别码到地面中心站注册登记后，才能够使用系统进行定位和通信，中心站可用计费形式控制收发机的使用。高效益、低收费，必然会有大量的民间用户申请使用。同时，一个国家的双星定位系统可覆盖周围几个国家，周围国家交费使用，又是一项效益收入。因此，双星定位系统是高效益比的工程系统。

（4）用户设备比较简单。双星定位系统的数据处理完全由中心站计算完成，测站收发机仅仅是个应答器。测站收发机用突发形式向卫星发射信息，不仅能增加系统的容量，还可以节省测站功耗。利用大批量生产的微波半导体元件和大规模集成电路设计，从而使测站收发机结构简单，小型轻便，操作简单，价格低廉。

（5）具有通信功能，信息高度集中，便于集中指挥控制和管理。

（6）可提供高精度的时间信息。双星定位系统采用较高的伪码频率（一般为 10 兆左右），即码元宽度为 10^{-7} s，以 $\frac{1}{25}$ 的量化精度测量，则最小时间测量可达 4×10^{-9} s。因此，时间测量值可小于 10^{-8} s，双星定位系统可提供高精度的时间信息。

·双星定位系统的主要不足之处:

(1)系统抗毁能力差,定位精度有限。由于系统采用集中式处理,从而导致了该系统为节点系统。一旦中心被毁坏,将导致整个系统瘫痪,这对于军事用户尤其重要;同时,由于所有用户的定位都是在中心站完成,这就导致对中心站设备的处理能力要求极高,而且也导致定位数据有较大的滞后误差。

(2)系统采用有源工作方式,用户数量有限且隐蔽性差。双星定位系统的用户测站必须发射信号才能完成定位和通信,这对民用不存在问题,但军事用户会暴露目标,有被敌方截获信息的危险,只有在加强保密措施之后,此危险才能减弱或避免,因此用户隐蔽性差。另外,采用有源工作方式,用户定位数据更新率难以提高,不能满足高机动用户的要求,而且限制了系统的用户数目。

(3)不能全球覆盖。双星系统只能提供覆盖区内的通信定位,不能进行全球覆盖,一旦战争中需要其他地区的信息、导航和通信,系统将无能为力。

(4)卫星通信能力有限。系统的通信信息要通过地面站接收、解译和传送等复杂的过程,其通信的容量和速度都有限,仅仅是允许参加通信的测站与测站或测站与地面站之间的简短报文通信。

(5)由于同步卫星位于地球赤道平面内,因此对赤道附近的测站定位精度很差。

(6)双星定位系统要求用户提供高度信息或中心站提供数字地图以确定用户高程。

7.“北斗一号”卫星导航定位系统

为了适应新时期国防事业发展的需要,根据国情,我国于 20 世纪 80 年代中期提出并拟定了发展双星定位系统计划,其工程代号取名为“北斗一号”,该系统是我国自己独立研制开发的卫星导航定位通信系统。“北斗一号”卫星导航定位系统是利用地球同步卫星对目标实施快速定位,同时兼有报文通信和授时定时功能的一种新型、全天候、高精度、区域性的卫星导航定位系统。系统由两颗地球同步卫星、一个地面控制系统(简称地面中心)、若干专用标校机和各类用户机等部分组成,各部分通过出站链路(即中心控制系统→卫星→用户)和入站链路(用户→卫星→中心控制系统)相连接。两颗地球同步卫星间弧距为 60°,分别定点于东经 140°(BD1－D)和东经 80°(BD1－X),另一颗备份卫星定点于东经 110.5°(BD1－B)。系统在同一信道中完成的主要功能有:

(1)定位(导航):快速确定用户所在点的地理位置。

(2)通信:用户与用户、用户与中心控制系统均可实行双向简短数字报文通信。

(3)定时:中心控制系统定时播发授时信息,由用户确定自己的准确时间并与地面中心进行严格的时间同步。

“北斗一号”系统的覆盖范围为北纬 5°～55°,东经 70°～140°之间一个心脏区域,上大下小,最宽处在北纬 35°左右。其定位精度是水平 100 m,在实行标校站之后为 20 m(类似差分工作);高程控制精度为 10 m,系统能容纳的用户为每小时 540 000 户;其定位响应时间为:1 类用户＜5 s,2 类用户＜2 s,3 类用户＜1 s;一次定位成功率为 95%。

“北斗一号”系统采用三球交会测量原理进行定位,即以两颗卫星(位置已知)为两球心,两球心至用户的距离为半径作二球面;另一个球面是以地心为中心,以地球半径与用户所在点的高程之和为半径的球面,三球交会点即为用户的位置。

“北斗一号”系统是我国的第一代导航定位系统,具有双星定位系统的不足,但也具有

GPS 系统所没有的优点。更重要的是它结束了我国无自主导航定位系统以及完全依赖美国
GPS 系统的历史。

6.2　GPS 的定位原理

6.2.1　定位原理

GPS 卫星定位是利用了测距交会的原理确定点位。就无线电导航定位来说，设在地面
上有三个无线电信号发射台，其坐标为已知，用户接收机在某一时刻采用无线电测距的方
法分别测得了接收机至三个发射台的距离 d_1，d_2，d_3。只需以三个发射台为球心，以 d_1，
d_2，d_3 为半径作出三个定位球面，即可交会出用户接收机的概略位置。

若将无线电信号发射台从地面搬到卫星上，组成一个卫星导航定位系统，应用无线电
测距交会的原理，便可由三个以上地面已知点(控制站)交会出卫星的位置，反之利用三个
以上卫星的已知空间位置也可交会出地面未知点(用户接收机)的位置。这便是 GPS 卫星
定位的基本原理，如图 6-2 所示。

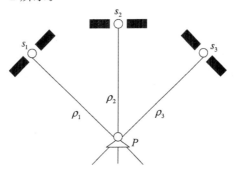

图 6-2　GPS 卫星定位原理

GPS 卫星发射测距信号和导航电文，导航电文中含有 GPS 卫星的位置信息。用户用
GPS 接收机在某一时刻同时接收三颗以上的 GPS 卫星信号，测量出测站(接收机天线中
心)P 至三颗以上 GPS 卫星的距离，并解算出该时刻 GPS 卫星的空间坐标，据此利用距离
交会法解算出测站 P 的位置。设在时刻 t_i 在测站 P 用 GPS 接收机同时测得 P 点至三颗
GPS 卫星 s_1，s_2，s_3 的距离 ρ_1，ρ_2，ρ_3，通过 GPS 电文解译出该时刻三颗 GPS 卫星的三维
坐标分别为$(X_j，Y_j，Z_j)$，$j=1，2，3$。用距离交会的方法求解 P 点的三维坐标$(X，Y，Z)$
的观测方程为

$$\begin{cases} \rho_1^2 = (X-X_1)^2 + (Y-Y_1)^2 + (Z-Z_1)^2 \\ \rho_2^2 = (X-X_2)^2 + (Y-Y_2)^2 + (Z-Z_2)^2 \\ \rho_3^2 = (X-X_3)^2 + (Y-Y_3)^2 + (Z-Z_3)^2 \end{cases} \tag{6-1}$$

在 GPS 定位中，GPS 卫星是高速运动的卫星，其坐标值随时间在快速变化着。需要实
时地由 GPS 卫星信号测量出测站至卫星之间的距离，实时地由卫星的导航电文解算出卫
星的坐标值，并进行测站的定位。依据测距的原理，其定位原理与方法主要有伪距法定位、
载波相位测量定位和差分 GPS 定位等。对于待定点来说，根据其运动状态可以将 GPS 定
位分为静态定位和动态定位。静态定位是指对于固定不动的待定点，将 GPS 接收机安置于

其上,观测数分钟乃至更长的时间,以确定该点的三维坐标,又叫绝对定位。若以两台 GPS 接收机分别置于两个固定不变的待定点上,则通过一定时间的观测,可以确定两个待定点之间的相对位置,又叫相对定位。而动态定位则至少有一台接收机处于运动状态,测定的是各观测时刻(观测历元)运动中的接收机的点位(绝对点位或相对点位)。

GPS 导航卫星系统是无源测距系统。在无源测距系统中,用户通过比较接收到的卫星发射的信号和本地参考信号,测量传播延时。若卫星时钟和用户时钟同步,即两时钟同频同相,或已知相差,那么测得的延时 τ 正比于卫星和用户间的距离 r,则 $r = c\tau$,其中 c 为电波传播的速度。

然而,卫星钟与用户接收机时钟难以保持严格同步,所以观测的测站至卫星之间的距离均含有卫星钟和接收机钟同步差的影响(故习惯上称之为伪距)。关于卫星钟差,可以应用导航电文中所给出的有关钟差参数加以修正,而接收机的钟差一般难以预先准确地确定。所以,通常均把它作为一个未知参数,与观测站的坐标在数据处理中一并求解。因此,在 1 个观测站上,为了实时求解 4 个未知参数(3 个点位坐标分量和一个钟差参数),便至少需要 4 个同步伪距观测值。也就是说,至少必须同时观测 4 颗卫星。

观测四个卫星测其伪距,建立方程组,就能解得观测点的三维位置和用户钟偏差。用户设备接收到四颗卫星的导航电文后,就可进行时间校正、计算卫星位置和计算观测点的三维位置。

GPS 定位误差通常可以用几何精度系数 GDOP 来表示,它反映了用户与所选卫星之间的几何关系对定位误差的影响。也可以分别采用定位精度系数 PDOP、水平位置精度系数 HDOP、垂直方向精度系数 VDOP、钟偏差系数 TDOP 来表示。GPS 系统定位误差主要来源于卫星部分、传播路径和用户设备等三个方面。其中,因测量带来的定位误差,可以全部等效为伪距测量时带来的距离误差,而总的定位误差,可用 GDOP 和用户等效测距误差的乘积来确定。

6.2.2 定位算法

卫星定位是利用人造地球卫星(导航卫星)进行用户点位测量的技术。卫星导航是用导航卫星发送的导航定位信号确定载体位置和运动状态、引导运动载体安全有效地到达目的地的一门新兴科学。卫星定位导航在军事和民用领域具有重要而广泛的应用。

广义上的定位实际上是一个统称,它包括位置确定和速度确定。狭义上的定位就是单指确定位置。

1. GPS 绝对定位与相对定位

GPS 的定位方法从不同的角度可有多种分法,依据根本的定位方式可分为绝对定位和相对定位两类。

GPS 绝对定位也叫单点定位,它是利用一台接收机观测卫星,独立地确定出自身在 WGS-84 地心坐标系中的绝对位置。这一位置在 WGS-84 坐标系中是唯一的,所以称为绝对定位。因为利用一台接收机能完成定位工作,又称为单点定位。

GPS 相对定位,是在两个(或若干个)测量站上设置 GPS 接收机,同步跟踪观测同一组 GPS 卫星,测定它们之间的相对位置。它测量的位置是相对于其中一个已知点(基准点)的位置,而不是在 WGS-84 坐标系中的绝对位置。也就是说,它精确测定出两点之间的坐标分量(ΔX，ΔY，ΔZ)和基线长(B)。这样，如果一点的绝对坐标已知，则根据这点的已知坐标可计算出另一点的精确坐标。

绝对定位在空间和时间上都是独立的。也就是说，它的每一次定位代表了该测点在该时刻的位置，与其他测点和其他时刻无关。这一特点说明，如果将接收机安装在运动目标上，例如船舶、飞机和车辆等，就可以测量出运动目标的瞬时位置和运动速度。绝对定位是指提供定位信息的唯一性，而非固定不动。相反地，绝对定位几乎全部应用于移动目标的动态定位中。这就实现了运动目标动态中的导航功能。美国政府建立 GPS 的初衷就是为了达到这一目的，利用 GPS 卫星技术彻底解决地球上运动目标的定位和导航问题。

2. 定位算法

GPS 系统采用的是 WGS - 84 坐标系，属于地球坐标系。

GPS 绝对定位利用的是伪距观测值，所以又称为伪距定位。伪距方程的常用形式为：

$$\rho_i = r_i + c\delta t_u \qquad (i = 1,2,3,4) \tag{6-2}$$

式中：

ρ_i—— 卫星至用户的测码伪距观测量；

r_i—— 卫星至用户的真实距离：

$$r_i = [(x - x_{si})^2 + (y - y_{si})^2 + (z - z_{si})^2]^{\frac{1}{2}} \tag{6-3}$$

δt_u—— 用户接收机时钟相对卫星钟的钟差；

注意：卫星之间的钟差是利用导航电文中给出的钟差改正系数校正的，这里考虑的钟差是指卫星钟与接收机时钟之间的钟差。

c—— 电波传播速度，300 000 000 m/s。

令 $c\delta t_u = l_u$，则

$$\rho_i = [(x - x_{si})^2 + (y - y_{si})^2 + (z - z_{si})^2]^{\frac{1}{2}} + l_u \qquad (i = 1,2,3,4) \tag{6-4}$$

设用户真实位置状态为 $X_u = [x\ y\ z\ l_u]^T$，用户估计位置状态为：$X_u' = [x'\ y'\ z'\ l_u']^T$，$\delta X_u$ 为用户真实位置状态与估计位置状态的差值。在计算开始时采用接收机的概略坐标 X_u'，第一次计算出的结果是不精确的。因此，必须反复迭代计算，直到满足规定的限差为止。

将伪距 ρ_i 在 X_u' 处 Taylor 展开，有

$$\rho_i = \rho_i' + \frac{\partial \rho_i}{\partial X_u}\Big|_{X_u'} \cdot \delta X_u + \frac{\partial^2 \rho_i}{\partial X_u^2}\Big|_{X_u'} \cdot \delta^2 X_u + \cdots \qquad (i = 1,2,3,4) \tag{6-5}$$

忽略上式中二阶以上的高阶项，得

$$\rho_i = \rho_i' + \frac{\partial \rho_i}{\partial X_u}\Big|_{X_u'} \cdot \partial X_u$$

或

$$\delta \rho_i = \rho_i - \rho_i' = \frac{\partial \rho_i}{\partial X_u}\Big|_{X_u'} \cdot \delta X_u = h_i^T \delta X_u \tag{6-6}$$

式中：

$$h_i^T = \left[\frac{\partial \rho_i}{\partial x}\ \ \frac{\partial \rho_i}{\partial y}\ \ \frac{\partial \rho_i}{\partial z}\ \ \frac{\partial \rho_i}{\partial l_u}\right] = \left[\frac{x' - x_{si}}{\rho_i' - l_u'}\ \ \frac{y' - y_{si}}{\rho_i' - l_u'}\ \ \frac{z' - z_{si}}{\rho_i' - l_u'}\ \ 1\right]$$

$$= [e_{i1}'\ \ e_{i2}'\ \ e_{i3}'\ \ 1] \tag{6-7}$$

对应于 4 颗卫星，则有

$$\delta\rho = \begin{bmatrix} \delta\rho_1 \\ \delta\rho_2 \\ \delta\rho_3 \\ \delta\rho_4 \end{bmatrix} = \begin{bmatrix} h_1^{\mathrm{T}} \\ h_2^{\mathrm{T}} \\ h_3^{\mathrm{T}} \\ h_4^{\mathrm{T}} \end{bmatrix} \delta X_{\mathrm{u}} = \boldsymbol{H}\delta X_{\mathrm{u}} \tag{6-8}$$

式中：

$$\boldsymbol{H} = \begin{bmatrix} e_{11}' & e_{12}' & e_{13}' & 1 \\ e_{21}' & e_{22}' & e_{23}' & 1 \\ e_{31}' & e_{32}' & e_{33}' & 1 \\ e_{41}' & e_{42}' & e_{43}' & 1 \end{bmatrix}$$

当 $\boldsymbol{H}$ 为非奇异矩阵时（由选星程序加以保证），可得：

$$\delta X_{\mathrm{u}} = \boldsymbol{H}^{-1}\delta\rho \tag{6-9}$$

用户的真实位置状态：

$$X_{\mathrm{u}} = X_{\mathrm{u}}' + \delta X_{\mathrm{u}} = X_{\mathrm{u}}' + \boldsymbol{H}^{-1}\delta\rho \tag{6-10}$$

这种算法的流程见图 6-3。

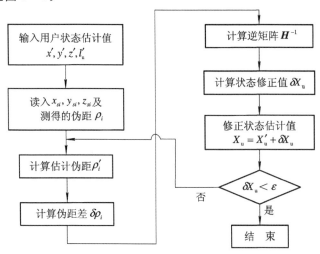

图 6-3 线性化定位算法流程图

3. 测速算法

与建立伪距观测方程相似，用户时钟和卫星钟之间存在有频差，而系统借助测量到达信号的多普勒频移来确定运动速度（距离变化率）。频差将直接包含在被测量的多普勒频率中，从而使测量值不是真实的用户至卫星距离的变化率 $\dot{r}$，而是伪距的变化率

$$\dot{\rho} = \dot{r} + c\delta\dot{t}_{\mathrm{u}} \qquad (i = 1, 2, 3, 4) \tag{6-11}$$

这时有

$$\dot{\rho}_i = \frac{(x - x_{si})(\dot{x} - \dot{x}_{si}) + (y - y_{si})(\dot{y} - \dot{y}_{si}) + (z - z_{si})(\dot{z} - \dot{z}_{si})}{[(x - x_{si})^2 (y - y_{si})^2 + (z - z_{si})^2]^{\frac{1}{2}}} + \dot{l}_{\mathrm{u}} \tag{6-12}$$

速度求解的方法与位置求解相类似，设用户当前的位置状态估计值为 $X_{\mathrm{u}}' = [\dot{x}\ \dot{y}\ \dot{z}\ l_{\mathrm{u}}']^{\mathrm{T}}$，速度状态估计值为 $V_{\mathrm{c}}' = [\ddot{x}\ \ddot{y}\ \ddot{z}\ l_{\mathrm{u}}']^{\mathrm{T}}$。

把式(6-12)在 X'_u、V'_c 处展成 Taylor 级数,并略去二阶以上的高阶项,则得

$$\dot{\delta\rho}_i = \dot\rho_i - \dot\rho'_i = \frac{\partial\dot\rho_i}{\partial X_u}\bigg|_{X'_u,\,V'_c} \cdot \delta X_u + \frac{\partial\dot\rho_i}{\partial V_c}\bigg|_{X'_u,\,V'_c} \cdot \delta V_c \qquad (6-13)$$

由式(6-12)推得,$\dot\rho_i$ 对 X_u 的偏导数为

$$\left.\begin{aligned}
\frac{\partial\dot\rho_i}{\partial x}\bigg|_{X'_u,\,V'_c} &= \frac{\dot{x}' - \dot{x}_{si}}{\rho'_i - l'_u} - d(x' - x_{si}) = g_1 \\[2mm]
\frac{\partial\dot\rho_i}{\partial y}\bigg|_{X'_u,\,V'_c} &= \frac{\dot{y}' - \dot{y}_{si}}{\rho'_i - l'_u} - d(y' - y_{si}) = g_2 \\[2mm]
\frac{\partial\dot\rho_i}{\partial z}\bigg|_{X'_u,\,V'_c} &= \frac{\dot{z}' - \dot{z}_{si}}{\rho'_i - l'_u} - d(z' - z_{si}) = g_3 \\[2mm]
\frac{\partial\dot\rho_i}{\partial l_u}\bigg|_{X'_u,\,V'_c} &= 0 = g_4
\end{aligned}\right\} \qquad (6-14)$$

式中:

$$d = \frac{(x' - x_{si})(\dot{x}' - \dot{x}_{si}) + (y' - y_{si})(\dot{y}' - \dot{y}_{si}) + (z' - z_{si})(\dot{z}' - \dot{z}_{si})}{\big[(x' - x_{si})^2 + (y' - y_{si})^2 + (z' - z_{si})^2\big]^{\frac{3}{2}}}$$

将式(6-13)中第一项的系数表示为

$$\frac{\partial\dot\rho_i}{\partial X_u}\bigg|_{X'_u,\,V'_c} = g_m^{\mathrm{T}} = \begin{bmatrix} g_1 & g_2 & g_3 & g_4 \end{bmatrix} \qquad (6-15)$$

同样,由式(6-12)可推得,$\dot\rho_i$ 对 V_c 的偏导数为

$$\left.\begin{aligned}
\frac{\partial\dot\rho_i}{\partial \dot{x}}\bigg|_{X'_u,\,V'_c} &= \frac{x' - x_{si}}{\rho'_i - l'_u} = h_1 \\[2mm]
\frac{\partial\dot\rho_i}{\partial \dot{y}}\bigg|_{X'_u,\,V'_c} &= \frac{y' - y_{si}}{\rho'_i - l'_u} = h_2 \\[2mm]
\frac{\partial\dot\rho_i}{\partial \dot{z}}\bigg|_{X'_u,\,V'_c} &= \frac{z' - z_{si}}{\rho'_i - l'_u} = h_3 \\[2mm]
\frac{\partial\dot\rho_i}{\partial \dot{l}_u}\bigg|_{X'_u,\,V'_c} &= 1 = h_4
\end{aligned}\right\} \qquad (6-16)$$

由此,式(6-13)中第二项的系数可表示为

$$\frac{\partial\dot\rho_i}{\partial V_c}\bigg|_{X'_u,\,V'_c} = \boldsymbol{h}_m^{\mathrm{T}} = \begin{bmatrix} h_1 & h_2 & h_3 & h_4 \end{bmatrix} \qquad (6-17)$$

应当指出,式(6-16)中的 h_m 与式(6-6)中的 h_i 是完全相同的。这也就决定了在求速度解时可以利用求解位置时所得的结果。

由式(6-15)和式(6-17),可将式(6-13)改写为

$$\dot{\delta\rho} = \boldsymbol{G}\delta X_u + \boldsymbol{H}\delta V_c \qquad (6-18)$$

式中:

$$\delta\dot\rho = \begin{bmatrix} \dot{\delta\rho}_1 & \dot{\delta\rho}_2 & \dot{\delta\rho}_3 & \dot{\delta\rho}_4 \end{bmatrix}^{\mathrm{T}}$$

$$\boldsymbol{G} = \begin{bmatrix} g_1^{\mathrm{T}} & g_2^{\mathrm{T}} & g_3^{\mathrm{T}} & g_4^{\mathrm{T}} \end{bmatrix}^{\mathrm{T}}$$

$$\boldsymbol{H} = \begin{bmatrix} h_1^{\mathrm{T}} & h_2^{\mathrm{T}} & h_3^{\mathrm{T}} & h_4^{\mathrm{T}} \end{bmatrix}^{\mathrm{T}}$$

将由式(6-9)求得的伪距差表示的用户状态关系式:$\delta X_u = \boldsymbol{H}^{-1}\delta\rho$,代入式(6-18)

中得

$$\dot{\delta\rho} = \boldsymbol{GH}^{-1}\delta\rho + \boldsymbol{H}\delta V_c \tag{6-19}$$

由此，求得 δV_c 的表达式

$$\delta V_c = -\boldsymbol{H}^{-1}\boldsymbol{GH}^{-1}\delta\rho + \boldsymbol{H}^{-1}\dot{\delta\rho} \tag{6-20}$$

求得用户速度状态修正值 δV_c 后，可按下式计算修正后的用户速度：

$$V_c = V_c' + \delta V_c \tag{6-21}$$

这种算法的流程见图 6 - 4。

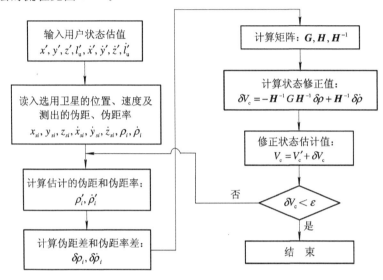

图 6 - 4 　线性化测速算法流程图

6.2.3 误差分析

GPS 系统的定位误差直接影响着 GPS 用于导航、定时和定位的精度，只有深入地理解产生这些误差的原因，才能建立合理正确地误差修正模型。

GPS 的主要误差来自三个方面：

(1) 空间飞行器部分（GPS 卫星误差）：卫星星历误差、卫星钟误差与设备延迟误差；

(2) 用户系统部分：用户接收机测量误差、用户计算误差；

(3) 信号传播路径：电离层的信号传播延迟、对流层的信号传播延迟和多路径效应。

1. GPS 卫星误差

空间飞行器误差主要由地面控制部分跟踪站的分布及其站址误差、跟踪站所取得观测量精度、卫星所受摄动力模型的精确程度、计算精度和卫星钟的稳定性等因素决定的。这些因素具体体现为卫星星历预报误差和卫星钟钟差误差。

被当作已知值的卫星位置与卫星钟差具有误差时，可以等效为伪距误差。由于 GPS 卫星很高，它的位置误差之径向分量可近似地认为等效于伪距误差。这样，卫星位置误差和钟差误差被认为是与接收机相对卫星的位置无关的。这对评定定位精度是很方便的，尽管将这两项误差认为是独立的误差源有不严格之处。在使用卫星导航电文的情况下，一般估计卫星星历误差的等效伪距误差约为 4 m，卫星钟差误差的等效伪距误差约为 3 m。

2. 用户系统的误差

用户系统所产生的误差主要是测距码的分辨率和接收机噪声。测距分辨率取决于码元宽度，通常认为可以达到一个码元的 64^{-1}，由此而产生的测距误差对于 P 码和 C/A 码分别约为 0.3 m 和 3 m。

而接收机测距噪声涉及的因素更多些。通常伪距观测值是利用码跟踪环路取得的，由码跟踪环路(例如延迟锁定环路)的工作原理可知，它是利用早发码与迟发码所产生的误差信号经滤波器驱动压控时钟而实现码跟踪的。这一动态过程的误差可以等效为接收机测距噪声，它取决于码元宽度、信号品质(码特性、调制方式、信噪比等)和接收机质量。一般估计 P 码的伪距测量噪声误差为 1.5 m 左右，C/A 码为 7 m 左右。

3. 信号传播中的误差

信号传播路径误差主要是由电离层传播延迟误差、对流层传播延迟误差和多路径效应所造成的误差。

1) 电离层延迟误差及修正模型

• 电离层延迟误差

电离层是高度位于 50～1000 km 之间的大气层。由于太阳的强辐射，电离层中的部分气体分子将被电离而形成大量的自由电子和正离子。当电磁波信号穿过电离层时，传播速度会发生变化，所以信号传播时间乘以真空中的传播速度 $c(c=3\times10^8$ m/s$)$就不等于信号的实际传播距离，从而引起测距误差。此误差称之为电离层延迟误差。

用伪随机码所测定的伪距，其电离层延迟误差为

$$\delta\rho = -40.28\frac{\int_s N_e\,\mathrm{d}s}{f^2} \tag{6-22}$$

式中：N_e——电子密度，是指每立方米中的电子数；

f——卫星信号的频率(载波频率)。

现引进一个新的量：电子总量 N_Σ，即指底面积为一个平方米贯穿整个电离层的柱体内所含的总电子数。用 N_Σ 代替式(6-22)中的积分，则有：

$$\delta\rho = -40.28\frac{N_\Sigma}{f^2} \tag{6-23}$$

由此可知，电离层延迟误差取决于电子总量 N_Σ 和信号频率 f。计算电离层延迟误差的主要困难在于电子总量 N_Σ 的复杂性。它随多种因素(地方时、太阳活动强度、季节等)而变化，至今尚未完全搞清楚其每一种因素通过什么方式来影响 N_Σ，还无法用一个严格的数学模型来描述其变化规律。

虽然难以计算电子总量 N_Σ，但还是可以通过其他途径来对电离层误差进行改正，而不用计算式(6-22)或式(6-23)。

对于 C/A 码单频接收机，其电离层延迟改正方法有两种：一是采用相对定位或差分定位的方法，因当两站相距不远时，两站观测同一颗卫星的电离层延迟误差可认为基本相同，因此通过相对定位或差分定位可以基本消除；二是模型修正的方法。

• 修正模型

修正模型也有多种，常用的是 Klobuchar 模型。该模型利用 GPS 卫星导航电文中所给

出的 8 个电离层延迟校正参数 α_0，α_1，α_2，α_3 和 β_0，β_1，β_2，β_3 计算电离层延迟。

在 Klobuchar 模型中，根据电离层延迟随地方时的变化规律，将晚上电离层延迟看做是一个常数，而将白天看作是余弦波的中正部分，如图 6-5 所示。

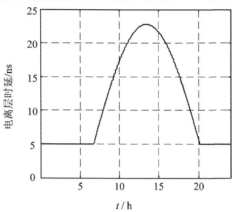

图 6-5　电离层延迟随地方时的变化规律

· 计算修正公式

（1）任一时刻 t，天顶方向（仰角 $E=90°$）的电离层延迟改正 T_g(s)为：

$$T_g = \mathrm{DC} + A \cos\left[\frac{(t-\phi) \cdot 2\pi}{T_p}\right] \tag{6-24}$$

式中：t——地方时(s)；

　　ϕ——最大电离层改正所对应的地方时，由图 6-5 可看出最大电离层时延对应的地方时是 14 时，$\phi = 14 \times 3600 = 50\ 400$(s)；

　　DC——基础电离层延时（晚间电离层延时），DC=5 ns；

　　A——电离层延迟函数振幅(m)；

　　T_p——电离层延迟函数周期(s)。

$$\left.\begin{array}{l} A = \sum\limits_{i=0}^{3} \alpha_i \phi_m \\[2mm] T_p = \sum\limits_{i=0}^{3} \beta_i \phi_m \end{array}\right\} \tag{6-25}$$

式中：α_i，β_i——导航电文提供的电离层校正参数；

　　ϕ_m——电离层 K' 点的地磁纬度，K' 点是测站 K 至卫星的连线与中心电离层的交点。

（2）任一时刻 t，仰角为 E 的观测方向电离层延迟改正 T_g'(s)为

$$T_g' = \mathrm{SF} \cdot T_g \tag{6-26}$$

式中，SF——与观测方向仰角有关的倾斜因子。

$$\mathrm{SF} = \sec\left[\arcsin\left(\frac{R_0}{R_0+h}\cos E\right)\right] \tag{6-27}$$

式中：R_0——地球平均半径；

　　h——点位高程。

所有的电离层延迟改正模型基本上都是一种经验估计公式，用 Klobuchar 模型校正

时，通常只能校正掉电离层误差的 $50\% \sim 60\%$，也只是一种近似模型。在实际应用中，如果能采用双频接收机或用差分 GPS 来消除电离层误差，效果会更好。

2）对流层延迟误差及修正模型

对流层是高度为 40 km 以下的大气层。由于其离地面近，所以大气密度较电离层的密度大，且大气状态随地面气候的变化而变化。当电磁波通过对流层时，传播速度将产生变化，从而引起传播延迟。天顶方向的对流层延迟约为 2.3 m，仰角 E 为 $10°$ 时，对流层传播延迟将增大到约 13 m。

目前采用的对流层延迟的校正模型较多，常用的一种比较简洁而有效的模型可写为：

$$\rho_{\text{tropo}} = c\Delta t = \frac{2.4224}{0.026 + \sin E}\exp(-0.133\,45H) \tag{6-28}$$

式中：H——用户的海拔高度(km)；

　　　E——卫星仰角(rad)。

此模型能修正掉对流层误差的 90%。

3）多路径误差

在实际的 GPS 测量中，接收机天线除接收直接来自卫星方向的信号外，还能接收到其他物体反射回来的信号。因此，接收到的信号是直射波和反射波产生干涉后的组合信号。由于直射波和各反射波路径不同，从而使信号变形，产生测量误差，称为多路径效应误差。

4. GPS 的随机误差模型

GPS 的大部分误差即使经过校正仍然存留一些随机误差，存留的随机误差都可以被等效为时钟误差。

将时钟偏置和时钟频漂分别用等效距离和等效距离变化率来表示，则 GPS 的随机误差模型可写为：

$$\left.\begin{aligned}\dot{\delta l}_{u} &= \delta l_{ru} + w_{lu} \\ \dot{\delta l}_{ru} &= -\beta_{lru}\delta l_{ru} + w_{lru}\end{aligned}\right\} \tag{6-29}$$

式中：δl_{u}——等效时钟误差(时钟偏置)相应的距离误差；

　　　δl_{ru}——等效时钟频率误差(时钟频漂)相应的距离变化率误差；

　　　w_{lu}，w_{lru}——零均值白噪声；

　　　β_{lru}——反相关时间。

6.3　GPS 的应用

6.3.1　GPS 在航空中的应用

卫星导航在航空应用上已经打开局面，不论其宣布正式使用与否，实质上早已进入了向卫星导航的过渡时期。根据美国 FAA 的统计，全球已有 25 个国家宣布正式采用 GPS，其中大部分作为辅助导航手段。美国已于 1994 年终止对罗兰 C 的需求，并关闭美国国外的罗兰 C 台运行；奥米伽(OMEGA)导航系统于 1997 年 9 月 30 日关闭，在奥米伽导航系统关停服务前后，许多国家不得不以 GPS 代替原有奥米伽系统；夫尔/测距仪(VOR/

DME)从 2005 年开始到 2010 年逐步淘汰，改用 GPS 代替；塔康(TACAN)在 GPS 达到一定要求后，于 2006 年开始淘汰；仪表着陆系统(ILS)通过引入 GPS、WAAS 等，在 2010 年全部被 GPS 及其增强系统代替；原有的无线电信标台经改造发射差分 GPS(DGPS)修正信号。目前对海洋空域的国际航班飞行以及边远地区无地面导航设施空域的过境飞行和某些随机航线飞行都采用了 GPS 或 GPS/INS 组合导航。

对于军用飞机，GPS 系统是美国军用飞机导航装备发展的趋势。正在研究和实施的 GPS 导航战计划不仅在飞机、舰船和陆上导航方面的很多用途，将在武器制导、目标瞄准、军事通信系统时间同步、指挥与控制方面产生巨大的作用，而且非常注重以下技术的发展：

1）GPS/惯导组合技术

GPS 的优点是全球覆盖而且精度很高，惯导的优点是不怕干扰、短期精度高，但长期漂移很大。把两者组合起来，便能产生一种精度高且不怕干扰的系统。最简单的组合是当有干扰使 GPS 不能工作时，惯导将继续维持高精度导航，而当干扰停止后，GPS 又开始起主导作用。

2）发展地形辅助导航

美国有发达的卫星遥感系统，因此能及时掌握世界地形变化动态，这是美国使用地形辅助导航的有利条件。在有了地形辅助导航系统后，为了能在平坦地形上空和高空均有良好的导航性能，应在原有系统中组合 GPS，为此美国发展了联合 Kalman 滤波技术，以便把包括 GPS 在内的多种导航传感器组合在一起。

3）发展联合战术信息分发系统(JTIDS)

联合战术信息分发系统本质上是一种用于三军联合作战的无线网络通信系统。由于 GPS 的现代化和军用飞机最终都要装备 GPS，美国将用 GPS 代替 JTIDS 的相对导航功能。

总之，美国军用飞机导航的发展趋势是以 GPS 为主，其次是惯导及组合导航系统；地形辅助适于山区低空作战；JTIDS 是己军联合作战及空海军单独作战的 C^3I 的重要组成部分。

6.3.2　GPS 在军事中的作用

军事需要是现代导航技术发展的主要推动力，并为此发展了多种系统以满足各种现代战争的军事需求。导航系统所提供的精确位置、速度和时间(PVT)信息，已深入到了各种级别的军事单位，在战争的各阶段影响着战争的方式和效能，对现代战争的成败起着至关重要的作用。在战前的部队调动与布署，战中的指挥控制、机动与精确作战，战后的评估，全空间防卫，以及在综合后勤支持中都发挥着重要作用。卫星导航系统的卫星处在空间，又是移动的，其抗毁能力高于陆基系统；同时，卫星导航军码是保密的，具有抗欺骗和反利用能力。因此，卫星导航正在迅速装备海陆空几乎所有的军事平台以及步兵、导弹、炸弹和炮弹等系统。

从军用方面看，卫星导航的主要发展方向是：提高全球覆盖和定位精度；提高战时生存能力；提高抗干扰能力；提高对各种作战环境的适应能力。

到目前为止，美国是卫星导航技术和应用发展最快的国家。美国为了克服 GPS 容易被干扰的缺点，一方面，大力发展 GPS 用户设备抗干扰技术，包括空间滤波技术、接收机线路抗干扰技术和与惯导的组合技术；另一方面，把 GPS 军用信号和民用信号的频谱分开，以加大军用信号发射频率，以便在干扰敌方使用 GPS 民用信号时，不影响军用信号。为了提高 GPS 军用精度，美国军方执行了广域 GPS 增强计划，主要是增布 GPS 地面监控站和地面天线的数量，提高相应的测量与处理技术，目标是要把 GPS 军用精度提高到 1 m。为了阻止敌方在战场上利用 GPS 民用信号对付美国军队，美国把重点放到在战场上施放干扰。同时，军用 GPS 接收机使用了 PPS 信号，带有多种抗干扰措施，能适应各种环境条件和动态的要求，满足相应军用标准、保密和电磁兼容性等要求。

总结 GPS 在军事上的应用归纳起来大致有下列五个方面：

（1）用于各种精密打击武器的制导。目前，美国各种海陆空作战平台、弹道导弹、巡航导弹、炸弹，甚至炮弹均已开始装备 GPS 或 GPS/惯导组合导航系统，这将使武器命中精度大为提高，极大地改变未来作战方式。在高空侦察及精确测定目标位置时，GPS 也起着重要作用。

（2）构成 C^3I 系统的重要组成部分。GPS 为分布在整个战场上的各参战单位提供准确的实时位置，再通过网络通信广播出来，以便能让所有参战成员了解整个战场己方单位的分布及相对位置，极大地方便了指挥员的决策和友邻部队的作战配合。有了卫星导航提供的准确位置和时间信息，作战部队可以按指挥部的命令在准确的时间出现在准确的地点，从而使新型作战思想能够得以实施。

（3）用于各种需要精确定位与时间信息的战术操作中，如陆上和海上的布雷与扫雷，越过雷区，物资与人员的空投，敌情侦察，海上和陆上的搜索与救援，无人驾驶飞行器的控制与回收，火炮前方观测员的定位，火炮及雷达阵地的快速布列，军用地图快速测绘，以及卫星测控与跟踪等。

（4）用于各种军事通信系统和计算机网络的时间同步，以及用于信息保密系统中。

（5）用于武器试验场的高速武器（如导弹和反导弹）的跟踪和精确弹道测量，时间系统的统一建立与保持，雷达威力及精度校验等，极大地提高精度、效率和节约经费。

可见，GPS 已成为重要的军事传感器，成为现代武器系统的重要组成部分。

6.3.3　卫星导航系统在导弹武器中的应用

GNSS 在导弹武器系统中的主要应用有：GNSS/IMU 组合导航系统，GNSS 精密授时，导弹再入和落点控制，弹道测量与安全控制，基于 GNSS 的航姿测量，GNSS/Autopilot 组合控制系统，导弹火控系统。

目前，各国都在积极研究具有精确制导系统的灵巧武器，如防区外发射的巡航导弹、制导炸弹和子弹药布散器等。美国军方开展的"阻击手"精确打击武器组合制导技术采用嵌入 GPS 的组合式固态惯性制导系统（GGP），用于空中发射常规巡航导弹（CALCM）、高速反辐射导弹（HARM）、联合直接攻击弹药（JDAM）、联合防区外武器（JSOW）、防区外对地攻击武器（SLAM）。美国陆军在现成的 BAT 反坦克子弹药弹体上加装 GPS 接收机，以装备陆军战术导弹系统，德国迪尔公司也成功地进行了 GPS 制导的多管火箭系统的新弹头试验。英国国防部也拨款给国防研究局，使皇家空军进行普通炸药上安装制导装置的可行性论证。英国空军考虑了 GPS 辅助瞄准系统/GPS 辅助弹药。法国航空航天公司导弹分公司研制的 VESTA 超音速"弹体",也利用了 GPS 的自主惯性导航系统体制。

由于军用 GPS 接收机只向美国授权的盟国提供,因此为减少美国的控制,非授权国家大都本着"用而不靠"的原则开展 GPS 的应用研究。同时,许多国家逐渐关注 GPS/GLO-NASS 组合的 GNSS。这是由于 GPS 和 GLONASS 的组合定位导航有许多优点,如提高系统的完整性和可靠性,提高系统的定位精度,减少对某一系统的依赖。

6.3.4 GPS 在空间飞行器上的应用

在空间飞行器应用方面,GPS 逐渐应用于地面附近飞行器的定位和近地卫星的定轨。利用 GPS 的码相位、载波相位或二者的综合来进行航天器的测控,已进行了许多试验,某些技术已进入实用阶段,其中利用码相位来得到伪距的方法应用最早,但定位精度较差。近年来受到广泛重视并在深入研究和发展的主要是利用差分技术和 GPS 载波相位信号作为观测值来进行定位研究。目前,高精度差分 GPS 已成为航天器精确定轨和相对导航的重要技术手段;GPS 载波相位差分技术为 GPS 用于飞行器的姿态测定开辟了新途径,通过测量安装于航天器表面的多个天线之间的载波相位差,来确定航天器的姿态是 GPS 在空间飞行器上的最新研究和应用。

GPS 在空间飞行器上研究和实验的结果表明:单独一台星载 GPS 接收机具有可同时为空间飞行器提供三维位置、三维速度、精确时间和三维姿态(Posotion, Velocity, Time and Attitude, PVTA)等 10 维信息的能力。只要在飞行器上适当配置 GPS 接收机天线,GPS 接收机可为各类航天器提供三轴姿态确定和三维位置测量,这种定位/定姿的方式既适用于惯性定向平台,也适用于对地观测平台,既适用于自旋稳定航天器,也适用于三轴稳定航天器。这使得传统上由不同的专用设备来完成的空间飞行器轨道和姿态确定,如今用单独一台 GPS 接收机就可完成全部在轨测量。因此,GPS 作为一种集定位、测速、定姿和授时多种功能于一体的全能敏感器,对于尺寸、重量、功耗和费用等都受到限制的空间飞行器具有相当大的吸引力,它的应用减少了星载导航和姿态传感器的数量,大大降低了空间开发和应用的成本,同时又增加了空间飞行器的自主能力。利用卫星导航系统能够使空间飞行器主动地进行测量和计算,以确定自身的运动状态、轨道参数和时间基准,从而可以摆脱对地面测控系统的依赖,实现智能化、自主式导航,为整个空间飞行器的测量和控制体系由陆基向星基转变奠定了基础。

6.3.5 GPS 在道路工程中的应用

目前,GPS 在道路工程中的应用主要是用于建立各种道路工程控制网及测定航测外控点等。随着高等级公路的迅速发展,对勘测技术提出了更高的要求,由于线路长,已知点少,因此用常规测量手段不仅布网困难,而且难以满足高精度的要求。国内已逐步采用 GPS 技术建立线路首级高精度控制网,然后用常规方法布设导线加密。实践证明,这一应用在几十千米范围内的点位误差只有 2 厘米左右,达到了常规方法难以实现的精度,同时也大大提前了工期。由于无需通视,可构成较强的网形,提高点位精度,同时对检测常规测量的支点也非常有效,GPS 技术也同样应用于特大桥梁的控制测量中。GPS 技术在隧道测量中也具有广泛的应用前景,GPS 测量无需通视,减少了常规方法的中间环节,因此,速度快、精度高,具有明显的经济和社会效益。

6.3.6　GPS 的其他应用

GPS 除了用于导航、定位、测量外，由于 GPS 系统的空间卫星上载有的精确时钟可以发布时间和频率信息，因此以空间卫星上的精确时钟为基础，在地面监测站的监控下，传送精确时间和频率是 GPS 的另一重要应用，应用该功能可进行精确时间或频率的控制，为许多工程实验服务。此外，还可利用 GPS 获得气象数据，为某些实验和工程应用。

6.4　组　合　导　航

6.4.1　导航及导航系统

导航（Navigation），就是导引航行的意思，也就是确定航行体运动到什么地方和向哪个方向运动。

通过导航所要得到的基本导航参数是运动体的即时位置、速度和航向，现代导航还常常需要得到运动体的姿态和时间信息。

早期的导航工作一般是由领航员完成的，随着科学技术的发展，现在越来越多地使用导航仪器，使其代替领航员的工作而自动地执行导航任务。因此，能够向航行体的操纵者或控制系统提供航行体的位置、速度、航向等即时运动状态的系统叫做导航系统。

6.4.2　导航系统的三个基本特征

总的来说，一般的导航系统具备下面三个特征：

（1）导航系统首先应该是一套探测系统，必须要通过测量才能得到导航参数。当然许多用户感兴趣的导航参数是通过解算得到的，但是也必须先有观测值才能解算。

（2）导航系统必须是一套能执行测量功能的硬件设备。用户不可能凭空去测量导航参数，一定要有硬件形式的仪器、设备来执行测量功能。

（3）导航系统要有导航解算功能。原始观测值往往不能包含我们想要的全部导航参数，而且通常包含噪声，因此必须要由计算机按照一定的算法，消除噪声干扰，得到用户感兴趣的全部导航参数。

6.4.3　导航系统的分类

导航系统分为自主式和非自主式两种。

1）自主式导航系统

自主式导航系统是指不依靠外界信息或不与外界发生联系，独立完成导航任务的导航系统。其特点是只用载体设备就能提供充分的导航信息，安全性很强，是导航技术发展的一个方向。常用的自主式导航系统有惯性导航系统（Inertial Navigation System，INS）、天文导航（Chronometer Navigation System，CNS）、航位推算法（Dead Reckoning，DR）等。

2）非自主式导航系统

必须有地面设备或依靠其他外部信息才能完成导航任务的就是非自主式导航系统。其实质就是指无线电导航，一般由导航台和装在运载体上的导航接收设备组成，二者用无线电波相联系。根据导航台设在陆上或是设在卫星上，相应的分别称为陆基导航系统和星基导航系统（卫星导航系统），总称为无线电导航系统。陆基系统有罗兰－C（Loran－C）、OMEGA、TACAN、VOR、DME 等。星基系统有子午仪、GPS、GLONASS、GALILEO 及我国的"北斗"双星导航系统等。

6.4.4　组合导航

组合导航系统通常采用数据融合方法将多个传感器的导航信息融合在一起，使得组合系统的精度、稳定性能、容错性能等各项性能指标均优于子系统单独工作时的性能。

GPS 为导航和定位领域所带来的成果和应用潜力愈来愈受到各个行业的重视，在陆地、海洋、空中、空间应用研究中更加显示出其不可替代的作用。

但是，GPS 系统同时也存在其固有的不足之处。随着用户对导航、定位精度和性能要求的不断提高，单独 GPS 系统往往难以独立完成任务。利用多种传感器构成性能完备的组合导航系统已经成为近年来导航系统发展的主要方向。常见的有 GPS 与 INS 技术，GPS 与计算机技术，GPS 与 GSM 技术，GPS 与 GIS 技术，GPS 与其他传感器的数据融合等。其中以 GPS 为基础的 GPS/INS，GPS/GIS，越来越受到应用部门的重视。

6.5　GPS/INS 组合导航

6.5.1　惯性导航系统

惯性导航系统是一个自主式的空间基准保持系统，由惯性测量装置、控制显示装置、状态选择装置、导航计算机和电源等组成。

惯性测量装置包括：

（1）3 个加速度计：用来测量运载器的 3 个平移运动的加速度，指示当地地垂线的方向，对测出的加速度进行两次积分，可算出运载器在所选择的导航参考坐标系的位置。

（2）3 个陀螺仪：用来测量运载器的 3 个转动运动的角位移，指示地球自转轴的方向。

按照惯性测量装置在运载器上的安装方式，可分为平台式惯性导航系统和捷联式惯性导航系统。平台式惯性导航系统是将加速度计和陀螺仪安装在惯导平台上，按照建立坐标系的不同，又可分为空间稳定和当地水平的惯性导航系统，前者的惯导平台相对惯性空间稳定，后者的惯导平台能跟踪当地水平面，但其方位相对于地球可以是固定的，也可以是自由的、游动的。由于平台能隔离运载体的振动，惯性仪表的工作条件较好，可减少测量误差，提高导航精度，但结构复杂，体积大，造价高。捷联式惯性导航系统是将加速度计和陀螺仪安装在运载体上，由计算机软件建立一个数学平台，取代机械惯性平台，因而结构简单，体积小，重量轻，成本低，但惯性仪表工作条件较差，测量误差增大，导航精度下降，故对陀螺仪的要求很高，能耐冲击、振动，角速度测量范围要大，采用静电陀螺、激光陀螺、光纤陀螺等新型陀螺较为理想。

最早采用惯性导航系统制导的武器是二次世界大战期间法西斯德国的 V-2 地地弹道导弹。战后发展的各种远程导弹,大都采用惯性导航系统作为中段制导或全程制导;各种近距战术导弹则广泛采用捷联式惯性导航系统作为制导系统。

6.5.2　INS 的优缺点

惯性导航系统的主要优点是不依赖任何外界系统的支持能独立自主地进行导航,能连续地提供包括姿态基准在内的全部导航和制导参数,具有对准后良好的短期精度和稳定性。

其主要缺点是结构复杂,造价较高,导航误差随时间积累而增大,加温和对准时间较长,因此,不能满足远距离或长时间航行及高精度导航或制导的要求。

为了提高导航定位精度,出现了多种组合导航的方式,即把各具特点的不同类型的导航系统匹配组合,使之相互取长补短,从而形成一种更为优良的新型导航系统——组合导航系统,如惯性导航与多普勒组合导航系统、惯性导航与 VOR/DME 组合导航系统、惯性导航与 LORAN 或德卡(DECCA)或 OMEGA 或康索尔(CONSOL)或地面参照导航(TRN)或地形特征匹配(TCM)组合导航系统,以及 GPS/INS 组合导航系统。

GPS/INS 组合制导技术是目前最先进的、全天候、自主式制导技术,有着广泛的应用,是国外正在发展的第四代中/远距精确制导空地武器、尤其是第四代精确制导炸弹普遍采用的一项关键技术。

6.5.3　进行 GPS /INS 组合的必要性

GPS 是当前应用最为广泛的卫星导航定位系统,使用方便,成本低廉,其最新的实际定位精度已经达到 5 m 以内。但是 GPS 系统军事应用还存在易受干扰、动态环境中可靠性差及数据输出频率低等不足。

INS 系统则是利用安装在载体上的惯性测量装置(如加速度计和陀螺仪等)敏感载体的运动,输出载体的姿态和位置信息。INS 系统完全自主,保密性强,并且机动灵活,具备多功能参数输出,但是存在误差随时间迅速积累的问题,导航精度随时间而发散,不能单独长时间工作,必须不断加以校准。

将 GPS 和 INS 进行组合可以使两种导航系统取长补短,构成一个有机的整体。

6.5.4　GPS /INS 组合的优势

一般来说,GPS/INS 组合具有以下优势:

1. 改善系统精度

高精度的 GPS 信息可以用来修正 INS,控制其误差随时间的积累。利用 GPS 信息可以估计出 INS 的误差参数以及 GPS 接收机的钟差等量。另一方面,利用 INS 短时间内定位精度较高和数据采样率高的特点,可以为 GPS 提供辅助信息。利用这些辅助信息,GPS 接收机可以保持较低的跟踪带宽,从而可以改善系统重新捕获卫星信号的能力。

2. 加强系统的抗干扰能力

GPS 信号受到高强度干扰,或当卫星系统接收机出现故障时,INS 系统可以独立地进行导航定位。当 GPS 信号条件显著改善到允许跟踪时,INS 系统向 GPS 接收机提供有关的初始位置、速度等信息，以供在迅速重新获取 GPS 码和载波时使用。INS 系统信号也可用来辅助 GPS 接收机的天线对准 GPS 卫星，从而减小了干扰对系统的影响。

3. 解决周跳问题

对于 GPS 载波相位测量，INS 可以很好地解决 GPS 周跳和信号失锁后整周模糊度参数的重新解算，也降低了至少 4 颗卫星可见的要求。

4. 解决 GPS 动态应用采样频率低的问题

在某些动态应用领域，高频 INS 数据可以在 GPS 定位结果之间高精度内插所求事件发生的位置（如航空相机曝光瞬间的位置测定）。

5. 用途更广

GPS/INS 组合系统是 GPS 与 INS 互补、互相提高的集成，而不是二者的简单结合，组合系统性能更强，应用领域更广。

正是由于这两套系统具有极好的互补性，不仅可以低成本提供全球精确导航，也可以满足军事应用对保密性的要求。

6.5.5　GPS/INS 组合的关键器件

GPS/INS 两者组合的关键器件是作为两者的接口并起数据融合作用的卡尔曼滤波器。

卡尔曼滤波技术是由 R. C. 卡尔曼和 R. S. 布西于 20 世纪 60 年代初期为满足应用高速数字式计算机进行人造地球卫星轨道和导航等计算要求而提出的一类新的线性滤波的模型和方法，通称为卡尔曼滤波。采用卡尔曼滤波器，可以将惯导系统的误差、陀螺的随机漂移、加速度计的误差，作为状态变量列出离散化的状态方程，建立描述系统的统计数学模型，然后用该状态方程和测量方程共同描述卫星定位/惯航（GPS/INS）组合系统的动态特性，由滤波方程经数据处理，给出系统状态变量的最优估值，控制器根据这些误差的最优估值对惯导系统进行校正综合，使组合系统的导航定位误差为最小。由于卡尔曼滤波器是一种具有无偏性的递推线性最小方差估计，即其估计误差的均值或其数学期望为零。因此，GPS/INS 组合系统是最优的组合制导系统。

6.5.6　GPS/INS 组合方式分类

GPS 接收机和惯性导航系统的组合，根据不同的应用要求，可以有不同水平的组合，即组合的深度不同。按照组合深度，可以把组合系统大体分为两类：一类叫松散组合（Loose Coupling）或称简易组合（Easily Integration），另一类叫紧密组合（Tight Coupling）。

1. 松散组合

这是一种低水平的组合，其主要特点是 GPS 和惯导仍独立工作，组合作用仅表现在用 GPS 辅助惯导。属于这类组合的应用有两种。

1）用 GPS 重调惯导

这是一种简单的组合方式，可以有以下两种工作方式：

（1）用 GPS 给出的位置、速度信息直接重调惯导系统的输出，其原理框图如图 6-6 所示。

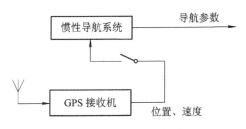

图 6 - 6 GPS 重调惯导

实际上，就是在 GPS 工作期间，惯导显示的是 GPS 的位置和速度；GPS 停止工作时，惯导在原显示的基础上变化，即 GPS 停止工作瞬时的位置和速度作为惯导系统的初值。

（2）把惯导和 GPS 输出的位置和速度信息进行加权平均，其原理框图如图 6 - 7 所示。

图 6 - 7 GPS 和惯导加权平均

在短时间工作的情况下，第二种工作方式精度较高，而长时间工作时，由于惯导误差随时间增长，惯导输出的加权随工作时间的增长而减小，因而长时间工作时，其性能和第一种工作方式基本相同。

2）用位置、速度信息组合

这是采用综合卡尔曼滤波器的一种组合模式，其原理框图如图 6 - 8 所示。用 GPS 和惯导输出的位置和速度信息的差值作为量测值，经综合卡尔曼滤波，估计惯导系统的误差，然后对惯导系统进行校正。

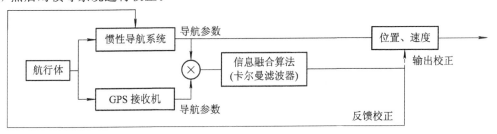

图 6 - 8 位置、速度综合

这种组合模式的优点是组合工作比较简单，便于工程实现，而且两个系统仍独立工作，使导航信息有一定余度。缺点是 GPS 的位置和速度误差通常是时间相关的，特别是 GPS 接收机应用卡尔曼滤波器时更是如此。解决这个问题的方法有多种，常用的有：

（1）加大组合滤波器的迭代周期，使迭代周期超过误差的相关时间，在这个周期内可把量测误差作为白噪声处理。由于 GPS 的位置误差和速度误差相关时间长短不同，因此可以把位置量测和速度量测分别处理，从而形成位置信息和速度信息交替使用的工作方式。这种工作方式比位置和速度信息同时使用时精度有所降低，但计算工作量却大大减小，因而这种工作方式在实用中是一种可取的工作方式。

（2）把 GPS 滤波器和组合滤波器统一考虑，用分散滤波器理论进行设计。

2. 紧密组合（或称深组合）

紧密组合是指高水平的组合或深组合，其主要特点是 GPS 接收机和惯导系统相互辅助。为了更好地实现相互辅助的作用，最好是把 GPS 和惯导系统按组合的要求进行一体化设计。紧密组合的基本模式是伪距、伪距率的组合，以及在伪距、伪距率组合基础上再加上用户惯导位置和速度对 GPS 接收机跟踪环路进行辅助，也可以再增加对 GPS 接收机导航功能的辅助。用在高动态飞行器上的 GPS/惯性组合系统通常都采用紧密组合模式。

1）用伪距、伪距率组合

这种组合模式的原理框图如图 6-9 所示。用 GPS 给出的星历数据和 INS 给出的位置和速度计算相应于惯导位置和速度的伪距 ρ_I 和伪距率 $\dot{\rho}_I$。把 ρ_I 和 $\dot{\rho}_I$ 与 GPS 测量的 ρ_G 和 $\dot{\rho}_G$ 相比较作为量测值，通过综合卡尔曼滤波器估计惯导系统和 GPS 的误差量，然后对两个系统进行开环或反馈校正。由于 GPS 的测距误差容易建模，因而可以把它扩充为状态变量，通过综合滤波加以估计，然后对 GPS 接收机进行校正。因此，伪距、伪距率组合模式比位置、速度组合模式具有更高的组合导航精度。在这种组合模式中，GPS 接收机只提供星历数据和伪距、伪距率即可，GPS 接收机可以省去导航计算处理部分。当然，如果仍保留导航计算部分，作为备用导航信息，使导航信息具有余度，也是一种可取的方案。

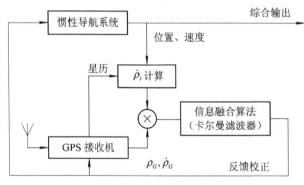

图 6-9　伪距、伪距率综合

2）用惯性速度信息辅助 GPS 接收机环路

用惯性速度信息辅助 GPS 接收机环路，可以有效地提高环路的等效带宽，提高接收机的抗干扰性，减小动态误差，提高跟踪和捕获性能。通常高动态用户接收机都采用惯性速度辅助。需要指出的是，GPS 接收机环路有了惯性速度辅助之后，环路的跟踪误差和惯性速度误差相关；同时由于有了惯性速度辅助，环路本身的带宽可以很窄，因而时间常数较大，从而使环路的跟踪误差又是时间相关的。在这种情况下，如果组合滤波器的设计仍采用普通卡尔曼滤波器，系统可能产生不稳定性。在组合导航系统的设计中这是必须要解决的。

3）用惯性位置和速度信息辅助 GPS 导航功能

GPS 接收机的导航功能有很多也采用卡尔曼滤波技术。对高动态接收机，其导航滤波器的状态为 3 个位置、3 个速度、3 个加速度、用户时钟误差和时钟频率误差共 11 个状态。而低动态接收机则去掉 3 个加速度状态，只有 8 个状态。如果把 GPS 接收机导航滤波器的位置、速度状态看作惯导系统简化的位置、速度误差状态，则用 GPS 滤波器的估计值校正惯导输出的位置和速度信息，即得到 GPS 的导航解。在这种情况下，称 GPS 的导航功能是在惯性辅助下完成的。

两种组合方式各有优缺点，从精度着眼，通常采用紧密组合方式。

GPS 提供的精确位置和速度能用于补偿惯性传感器固有的累积误差，以卡尔曼滤波器为基础的紧密组合系统能提供最佳性能。

最好的办法是将 GPS 接收机做入 INS 机箱中，将伪距及其变率直接与惯性数据组合，从而产生许多潜在的优点：只要接收到 2 颗甚至 1 颗卫星，系统仍能工作，可发现和消除整周跳变，可精确提供目标的位置、速度、时间、有关垂线偏差和高程异常的信息。

美国的所有重要军事平台，包括作战飞机、大型军用飞机、各型导弹，如果原先已有惯导，一般采用松散组合方式，这样 GPS 和 INS 是两个相对独立的设备；如果原先没有惯导，则一般采用紧密组合的 GPS/激光捷联惯性导航组合系统，即 GPS 是一块插件板，插在惯导机箱内。从信号处理和交联关系看，松紧两种组合差别较大。紧密组合能进一步发挥 GPS 和惯导的互补性，实现更多的功能，主要包括：在 GPS 辅助下，实现惯导的空中对准，这对于加快部队的反应速度有很大意义；在惯导辅助下，实现对 GPS 系统完善性的监视，即所谓空中自主完善性监视（AAIM）；在惯性速度数据辅助下，加大 GPS 的动态工作范围和提高其抗干扰能力。

复习与思考题

1. 简述几种典型的导航卫星系统。
2. 熟悉 GPS 系统组成及定位原理。
3. GPS 可应用于哪些领域？根据你的了解论述 GPS 的应用前景。
4. 熟悉组合导航系统及其特征。
5. GPS/INS 组合导航的优势有哪些？
6. 了解 GPS/INS 组合的方式。

第 7 章　3S 空间信息技术及 GIS 新技术

3S 技术是英文遥感技术(Remote Sensing，RS)、地理信息系统(Geographical Information System，GIS)、全球定位系统(Global Positioning System，GPS)这三种技术名词中最后一个单词字头的统称，是现代信息技术与空间分析研究的主要技术手段和发展方向。广义的 3S 技术包括空间信息获取、传感器和信息探测、图形和图像处理、空间定位、动态监测、信息管理与存储、预测评价与决策分析等。事实上，3S 技术为资源管理人员对自然资源的调查、监测和分析，提供了有效的手段和工具。卫星遥感主要用来定期提供（或生成）详尽的自然资源分类图，运用 GPS 可从空间获取地面调查样地的位置信息，并可把这些调查结果直接以数字方式编辑或连接到相应的可列表的数据库中，最后通过 GIS 把遥感监测图件、调查样地空间位置信息和可列表的资源调查数据（主要指属性）全部融合在一起。这种复杂的 GIS 数据库除可提供复杂的背景数据、资源多样性的真实描述和多层的数据结构外，还具有对生态系统实施无缝分析以及对数据库进行更新和增强的能力。3S 技术已经成为不可分割的有机整体，它们将会在众多领域产生重大的影响。

7.1　3S 技术

7.1.1　遥感简介

遥感(Remote Sensing)，通常是指通过某种传感器装置，在不与研究对象直接接触的情况下，获得其特征信息，并对这些信息进行提取、加工、表达和应用的一门科学技术。

作为一个术语，遥感出现于 1962 年，而遥感技术在世界范围内迅速的发展和广泛的使用，是在 1972 年美国第一颗地球资源技术卫星(Landsat - 1)成功发射并获取了大量的卫星图像之后。近年来，随着地理信息系统技术的发展，遥感技术与之紧密结合，发展更加迅猛。

遥感技术的基础是通过观测电磁波，从而判读和分析地表目标及现象，其中利用了地物的电磁波特性，即"一切物体由于其种类及环境条件不同，因而具有反射或辐射不同波长电磁波的特性"，如图 7 - 1 所示，所以遥感也可以说是一种利用物体反射或辐射电磁波的固有特性，通过观测电磁波，识别物体及物体存在环境条件的技术。

在遥感技术中，接收从目标反射或辐射电磁波的装置叫做遥感器(Remote Sensor)，而搭载这些遥感器的移动体叫做遥感平台(Platform)，包括飞机、人造卫星等，甚至地面观测车也属于遥感平台。通常用机载平台的称为航空遥感(Aerial Remote Sensing)，而用星载平台的则称为航天遥感。

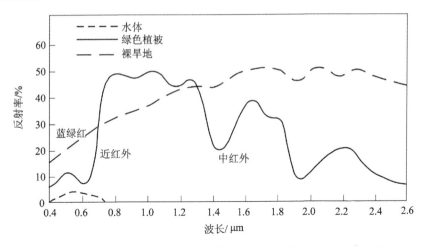

图 7-1　几种常见地物(水、绿色植被、裸旱地)的电磁波反射曲线

　　按照遥感器的工作原理,可以将遥感分为被动式遥感(Passive Remote Sensing)和主动式遥感(Active Remote Sensing)两种,而每种方式又分为扫描方式和非扫描方式,其中陆地卫星使用的 MSS(Multispectral Scanner,多光谱扫描仪)和 TM(Thematic Mapper,专题成像仪)属于被动式、扫描方式的遥感器,如图 7-2 所示。而合成孔径雷达(Synthetic Aperture Radar,SAR)属于主动式、扫描方式的遥感器。

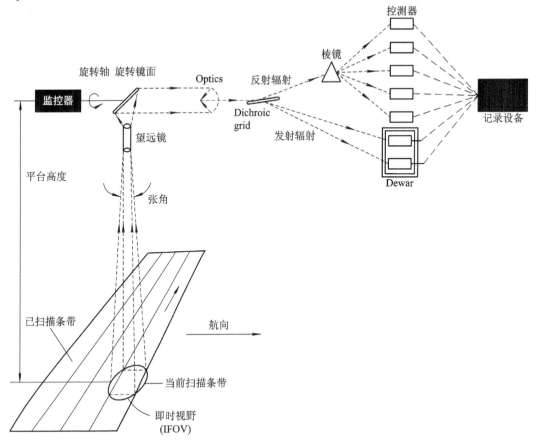

图 7-2　多光谱扫描仪示意图[Curran]

从遥感的定义中可以看出，首先，遥感器不与研究对象直接接触，也就是说，这里的"遥"并非指"遥远"；其次，遥感的目的是为了得到研究对象的特征信息；最后，通过传感器装置得到的数据，在被使用之前，还要经过一个处理过程。图 7-3 描述了从获取遥感数据到应用的过程。

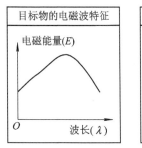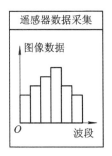

图 7-3　遥感数据处理过程

遥感数据的处理——通常是图像形式的遥感数据的处理，主要包括纠正(包括辐射纠正和几何纠正)、增强、变换、滤波、分类等功能，其目的主要是为了提取各种专题信息，如土地建设情况、植被覆盖率、农作物产量和水深等。遥感图像处理可以采取光学处理和数字处理两种方式，数字图像处理由于其可重复性好、便于与 GIS 结合等特点，目前被广泛采用。下面简单介绍数字图像处理的主要功能。

1. 图像纠正

图像纠正是消除图像畸变的过程，包括辐射纠正和几何纠正。辐射畸变通常由于太阳位置，大气的吸收、散射引起；而几何畸变的原因则包括遥感平台的速度、姿态变化，传感器，地形起伏等，如图 7-4 所示。几何纠正包括粗纠正和精纠正两种，前者根据有关参数进行纠正；而后者通过采集地面控制点(Ground Control Points，GCPs)，建立纠正多项式，进行纠正。

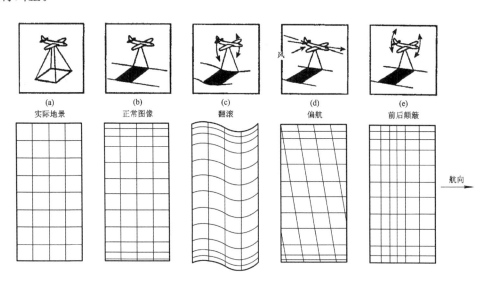

图 7-4　遥感图像几何畸变的各种情形［Lillesand and Kiefer］

2. 增强

增强的目的是为了改善图像的视觉效果，并没有增加信息量，包括亮度、对比度变化以及直方图变换等。

3. 滤波

滤波分为低通滤波、高通滤波和带通滤波等，低通滤波可以去除图像中的噪声，而高通滤波则用于提取一些线性信息，如道路、区域边界等。滤波可以在空域上采用滤波模板操作，也可以在频域中进行直接运算。

4. 变换

变换包括主成分分析（Principal Component Analyst）、色度变换和傅立叶变换等，还包括一些针对遥感图像的特定变换，如缨帽变换（缨帽变换是多光谱波段的一种线性变换，且该变换能消除多光谱图像的相对光谱响应相关性，并对全色图像可视化和自动特征提取都非常有用）。

5. 分类

利用遥感图像的主要目的是为了提取各种信息，一些特定的变换可以用于提取信息，但是最主要的手段则是通过遥感图像分类（Classification）。计算机分类的基本原理是针对计算图像上每个像元的灰度特征，根据不同的准则进行分类。遥感图像分类有两类方法，即监督分类（Supervised Classification）和非监督分类（Unsupervised Classification），前者需要事先确定各个类别及其训练区（Training Area），并计算训练区像元灰度统计特征，然后将其他像元归到不同类别；后者则直接根据像元灰度特征之间的相似和相异程度进行合并和区分，形成不同的类别。典型的监督分类算法有最小距离法、最大似然法、平行六面体法等，而 K －均值聚类属于非监督分类。将人工神经网络（Artificial Neural Network，ANN）应用于遥感分类，在有些情况下，可以达到较好的分类效果。

遥感的出现，扩展了人类对于其生存环境的认识能力，较之于传统的野外测量和野外观测得到的数据，遥感技术具有以下优点：

（1）增大了观测范围。

（2）能够提供大范围的瞬间静态图像，用于监测动态变化现象。

（3）能够进行大面积重复观测，即使是人类难以到达的偏远地区。

（4）大大"加宽"了人眼所能观察的光谱范围，遥感使用的电磁波波段从 X 光到微波，远远超出了可见光范围；而雷达遥感由于使用微波，可以不受制于昼夜、天气变化，进行全天候的观测。

（5）空间详细程度高，航空相片的空间分辨率可以高达厘米级甚至毫米级。

与航空遥感相比，航天遥感能够进行连续的、全天候的工作，提供更大范围的数据，其成本更低，是获取遥感数据的主要方式；而航空遥感主要应用于临时性的、紧急的观测任务，以获得高精度数据。目前，世界上许多国家都已经发射了服务于不同目的的各种遥感卫星，其遥感器的空间分辨率和光谱分辨率也都各异，形成了从粗到细的对地观测数据源系列，可以用于监测从土地利用、农作物生长、植被覆盖，到洪水、森林火灾、污染等现象的信息及其动态变化。

几种常用的遥感卫星及其遥感器参数见表 7－1。

表 7-1　几种常用的遥感卫星及其遥感器参数

卫星传感器	波段(μm)	空间分辨率	覆盖范围	周期	主要用途
Landsat TM	0.45～0.52 0.52～0.60 0.63～0.69 0.76～0.90 1.55～1.75 10.4～12.4 2.05～2.35	30 m (1～5，7 波段)	185 km×185 km	16 天	水深、水色 水色、植被 叶绿素、居住区 植物长势 土壤和植物水分 云及地表温度 岩石类型
SPOT-HRV	0.50～0.59 0.61～0.68 0.79～0.89 0.51～0.73	20 m 20 m 20 m 10 m	60 km×60 km	26 天	水色、植物状况 叶绿素、居住区 植物长势 制图
NOAA-VHRR	0.58～0.68 0.72～1.10 3.55～3.93 10.3～11.3 11.5～12.5	1.1 km	2400 km×2400 km	0.5 天	植物、云、冰雪 植物、水陆分界 热点、夜间云 云及地表温度 大气及地表温度
IKONOS	0.45～0.90 0.45～0.52 0.52～0.60 0.63～0.69 0.76～0.90	0.82 m 4 m 4 m 4 m 4 m	11 km×11 km	14 天	

总之，利用遥感技术，可以更加迅速、更加客观地监测环境信息；同时，遥感数据由于其空间分布特性，可以作为地理信息系统的一个重要的数据源，以实时更新空间数据库。

7.1.2　GIS 与遥感的集成

简而言之，地理信息系统是用于分析和显示空间数据的系统，而遥感影像是空间数据的一种形式，类似于 GIS 中的栅格数据，很容易在数据层次上实现地理信息系统与遥感的集成。但是，实际上遥感图像的处理和 GIS 中栅格数据的分析具有较大的差异。遥感图像处理的目的是为了提取各种专题信息，其中的一些处理功能，如图像增强、滤波、分类以及一些特定的变换处理（如陆地卫星影像的 KT 变换）等，并不适用于 GIS 中的栅格空间分析。目前大多数 GIS 软件也没有提供完善的遥感数据处理功能，而遥感图像处理软件又不能很好地处理 GIS 数据，这需要实现集成的 GIS。

在软件实现上，GIS 与遥感的集成可以有以下三个不同的层次[Ehlers]：

（1）分离的数据库，通过文件转换工具在不同系统之间传输文件；

（2）两个软件模块具有一致的用户界面和同步的显示；

（3）集成的最高目的是实现单一的、提供图像处理功能的 GIS 软件系统。

在一个遥感和地理信息系统的集成系统中，遥感数据是 GIS 的重要信息来源，而 GIS

则可以作为遥感图像解译的强有力的辅助工具。具体而言，集成系统有以下方面的应用：

1）GIS 作为图像处理工具

将 GIS 作为遥感图像的处理工具，可以在以下几个方面增强标准的图像处理功能：

·几何纠正和辐射纠正

在遥感图像的实际应用中，需要首先将其转换到某个地理坐标系下，即进行几何纠正。通常几何纠正的方法是利用采集地面控制点建立多项式拟合公式，它们可以从 GIS 的矢量数据库中抽取出来，然后确定每个点在图像上对应的坐标，并建立纠正公式。在纠正完成后，可以将矢量点叠加在图像上，以判断纠正的效果。为了完成上述功能，需要系统能够综合处理栅格和矢量数据。

一些遥感影像会因为地形的影响而产生几何畸变，如侧视雷达（Dideways-looking radar）图像的叠掩（Layover）、阴影（Shadow）、前向压缩（Foreshortening）等，进行纠正、解译时需要使用 DEM 数据以消除畸变。此外，由于地形起伏引起光照的变化，也会在遥感图像上表现出来，如阴坡和阳坡的亮度差别，可以利用 DEM 进行辐射纠正，提高图像分类的精度。

·图像分类

对于遥感图像分类，遥感与 GIS 集成最明显的好处是训练区的选择，通过矢量/栅格的综合查询，可以计算多边形区域的图像统计特征，评判分类效果，进而改善分类方法。

此外，在图像分类中，可以将矢量数据栅格化，并作为"遥感影像"参与分类，可以提高分类精度。例如，考虑到植被的垂直分带特性，在进行山区的植被分类时，可以结合 DEM，将其作为一个分类变量。

·感兴趣区域的选取

在一些遥感图像处理中，常常需要只对某一区域进行运算，以提取某些特征，这需要栅格数据和矢量数据之间的相交运算。

2）遥感数据作为 GIS 的信息来源

数据是 GIS 中最为重要的成分，而遥感提供了廉价的、准确的、实时的数据，目前如何从遥感数据中自动获取地理信息依然是一个重要的研究课题，包括以下几个方面的内容：

·线及其他地物要素的提取

在图像处理中，有许多边缘检测（Edge Detection）滤波算子，可以用于提取区域的边界（如水陆边界）和线形地物（如道路、断层等），其结果可以用于更新现有的 GIS 数据库，该过程类似于扫描图像的矢量化。

·DEM 数据的生成

利用航空立体像对（Stereo Images）和雷达影像，可以生成较高精度的 DEM 数据。

·土地利用变化以及地图更新

利用遥感数据更新空间数据库，最直接的方式就是将纠正后的遥感图像作为背景底图，并根据其进行矢量数据的编辑修改。而对遥感图像数据进行分类得到的结果可以添加到 GIS 数据库中。因为图像分类结果是栅格数据，所以通常要进行栅格转矢量运算。如果不进行转换，可以直接利用栅格数据进行进一步的分析，则需要系统提供栅格/矢量相交检索功能。

因为遥感图像可以视为一种特殊的栅格数据，所以不难实现遥感和 GIS 的集成工具软件——关键是提供非常方便的栅格/矢量数据相互操作和相互转换功能。由于各种因素的影响，使得从遥感数据中提取的信息不是绝对准确的，在通常的土地利用分类中，90% 的分类精度就是相当可观的结果，因而需要野外实际的考察验证——在这个过程中可以使用 GPS 进行定位。此外，还要考虑尺度问题，即遥感影像空间分辨率和 GIS 数据比例尺的对应关。例如，在实践中，一个常见的问题是：地面分辨率为 30 米的 TM 数据进行几何纠正时，需要多大比例尺的地形图以采集地面控制点坐标，而其分类结果可以用来更新多大比例尺的土地利用数据。根据经验，合适的比例尺为 1：50 000 到 1：100 000，太大则遥感数据精度不够，过小则是对遥感数据的"浪费"。

7.1.3　GIS 与全球定位系统的集成

作为实时提供空间定位数据的技术，GPS 可以与地理信息系统进行集成，以实现不同的具体应用目标。

1）定位

GIS 与全球定位系统的集成主要在诸如旅游、探险等需要室外动态定位信息的活动中使用。如果不与 GIS 集成，利用 GPS 接收机和纸质地形图，也可以实现空间定位；但是通过将 GPS 接收机连接在安装 GIS 软件和该地区空间数据的便携式计算机上，可以方便地显示 GPS 接收机所在位置，并实时显示其运动轨迹，进而可以利用 GIS 提供的空间检索功能，得到定位点周围的信息，从而实现决策支持。

2）测量

在土地管理、城市规划等领域，利用 GPS 和 GIS 的集成，可以测量区域的面积或者路径的长度。该过程类似于利用数字化仪进行数据录入，需要跟踪多边形边界或路径，采集抽样后的顶点坐标，并将坐标数据通过 GIS 记录，然后计算相关的面积或长度数据。

在进行 GPS 测量时，要注意以下一些问题，首先，要确定 GPS 的定位精度是否满足测量的精度要求，如对宅基地的测量，精度需要达到厘米级，而要在野外测量一个较大区域的面积，米级甚至几十米级的精度就可以满足要求；其次，对不规则区域或者路径的测量，需要确定采样原则，采样点选取的不同会影响到最后的测量结果。

3）导航和交通管理

三维导航是 GPS 的首要功能，飞机、轮船、地面车辆以及步行者都可以利用 GPS 导航器进行导航。汽车导航系统是在全球定位系统 GPS 基础上发展起来的一门新型技术。汽车导航系统由 GPS 导航、自律导航、微处理机、车速传感器、陀螺传感器、CD - ROM 驱动器、LCD 显示器组成。GPS 导航系统与 GIS、无线电通信网络、计算机车辆管理信息系统相结合，可以实现车辆跟踪和交通管理等许多功能。

图 7 - 5 描述了 GIS 与 GPS 集成的系统结构模型，为了实现与 GPS 的集成，GIS 系统必须能够接收 GPS 接收机发送的 GPS 数据（一般是通过串口通信），然后对数据进行处理，如通过投影变换将经纬度坐标转换为 GIS 数据所采用的参照系中的坐标，最后进行各种分析运算，其中坐标数据的动态显示以及数据存储是其基本功能。

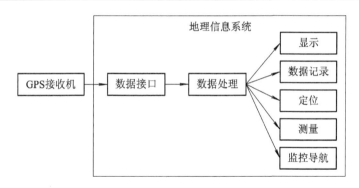

图 7 - 5　GIS 与 GPS 集成的系统结构模型

导航系统对于交通管理有以下功能：

・车辆跟踪

利用 GPS 和电子地图可以实时显示出车辆的实际位置，并可任意放大、缩小、还原、换图；可以随目标移动，使目标始终保持在屏幕上；还可实现多窗口、多车辆、多屏幕同时跟踪。利用该功能可对重要车辆和货物进行跟踪运输。

・提供出行路线规划和导航

提供出行路线规划是汽车导航系统的一项重要的辅助功能，它包括自动线路规划和人工线路设计。自动线路规划是由驾驶者确定起点和目的地，由计算机软件按要求自动设计最佳行驶路线，包括最快的路线、最简单的路线、通过高速公路路段次数最少的路线的计算。人工线路设计是由驾驶员根据自己的目的地设计起点、终点和途经点等，自动建立路线库。线路规划完毕后，显示器能够在电子地图上显示设计路线，并同时显示汽车运行路径和运行方法。

・信息查询

为用户提供主要物标(如旅游景点、宾馆、医院等)数据库，能够在电子地图上显示用户的位置。同时，监测中心可以利用监测控制台对区域内的任意目标所在位置进行查询，车辆信息将以数字形式在控制中心的电子地图上显示出来。

・话务指挥

指挥中心可以监测区域内车辆运行状况，对被监控车辆进行合理调度。指挥中心也可随时与被跟踪目标通话，实行管理。

・紧急援助

通过 GPS 定位和监控管理系统可以对遇有险情或发生事故的车辆进行紧急援助。监控台的电子地图显示求助信息和报警目标，规划最优援助方案，并以报警声光提醒值班人员进行应急处理。

7.1.4　3S 集成

3S 技术为科学研究、政府管理、社会生产提供了新一代的观测手段、描述语言和思维工具。3S 的结合应用，取长补短，是一个自然的发展趋势，三者之间的相互作用形成了"一个大脑、两只眼睛"的框架，即 RS 和 GPS 向 GIS 提供或更新区域信息及空间定位，GIS 进行相应的空间分析，如图 7 - 6 所示，以从 RS 和 GPS 提供的浩如烟海的数据中提取有用信息，并进行综合集成，使之成为决策的科学依据。

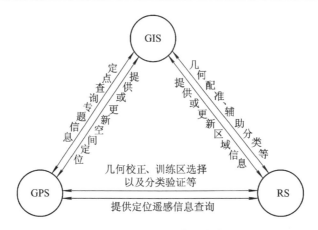

图 7-6　3S 的相互作用与集成

　　GIS、RS 和 GPS 三者集成利用，构成一个整体的、实时的、动态的对地观测、分析和应用的运行系统，提高了 GIS 的应用效率。在实际的应用中，较为常见的是 3S 两两之间的集成，如 GIS/RS 集成，GIS/GPS 集成或者 RS/GPS 集成等，同时集成并使用 3S 技术的应用实例则较少。美国 Ohio 大学与公路管理部门合作研制的测绘车是一个典型的 3S 集成应用，它将 GPS 接收机结合一台立体视觉系统载于车上，在公路上行驶以取得公路及两旁的环境数据，并立即自动整理存储于 GIS 数据库中。测绘车上安装的立体视觉系统包括有两个 CCD 摄像机，在行进时，每秒曝光一次，获取并存储一对影像，并作实时自动处理。

　　RS、GIS、GPS 集成的方式可以在不同的技术水平上实现，最简单的办法是三种系统分开而由用户综合使用，进一步是三者有共同的界面，做到表面上无缝的集成，数据传输则在内部通过特征码相结合，最好的办法是整体的集成，成为统一的系统。

　　单纯从软件实现的角度来看，开发 3S 集成的系统在技术上并没有多大的障碍。目前一般工具软件的实现技术方案是：通过支持栅格数据类型及相关的处理分析操作以实现与遥感的集成，而通过增加一个动态矢量图层以与 GPS 集成。对于 3S 集成技术而言，最重要的是在应用中综合使用遥感以及全球定位系统，利用其实时、准确获取数据的能力，降低应用成本或者实现一些新的应用。

　　3S 集成技术的发展形成了综合的、完整的对地观测系统，提高了人类认识地球的能力，拓展了传统测绘科学的研究领域。作为地理学的一个分支学科，Geomatics（地理信息学）主要针对包括遥感、全球定位系统在内的现代测绘技术的综合应用进行探讨和研究。同时，它也推动了其他一些相联系的学科的发展，如地球信息科学、地理信息科学等，并成为"数字地球"这一概念提出的理论基础。

7.2　数字地球简介

7.2.1　数字地球的基本概念

　　"数字地球"（The Digital Earth）最早提出于 1997 年下半年。1998 年 1 月 31 日，美国副总统戈尔在美国加利福尼亚科学中心发表了题为"数字地球：21 世纪认识地球的方式

(The Digital Earth：Understanding our planet in the 21st Century)"的讲演。正式提出数字地球的概念。

数字地球的概念目前尚未有一致的定义。在戈尔的演讲中，将数字地球描述为一个可以嵌入海量地理数据的、多分辨率的、真实地球的三维表示，可以在其上添加许多与我们所处的星球有关的数据；数字地球为科学家研究和理解人与环境复杂的相互作用关系提供了一个没有围墙的联合实验室，也是一个快速增长的网络地球空间信息体，并具备集成和显示多源信息的机制，使人们可以根据自己的需要从遥感、制图、地理模型和其他资源中获取和使用地理参考数据。

美国宇航局(NASA)认为：数字地球是关于地球的数字化表达，它使得人们能够体验和利用大量的、集中的、有关地球的自然、文化、历史等数据；数字地球是组织信息的一个比喻，是关于所有地球数据的分布式收集，是所有数据库之母；由于大多数 GIS 数据只是有代表性的时间碎片，用于提供事实，而理解地球则必须集中考虑过程；因此，数字地球必须是动态的，是关于地球动力学知识的集成，它应包括模型仿真库，具有对地球过去与未来的模拟能力，从而具有巨大的教育价值。

美国"数字地球跨部门协调机构"对数字地球的解释是：数字地球是对于地球的虚拟表达，它使人们可以发掘和交互使用有关地球的自然和人文信息；数字地球是为全人类服务的，是现在和将来的全球化商业和政府活动自然演变的结果，需要通过政府和商业组织进行有选择性的培植，以赋予其满足整个人类需要的属性。

美国国家科学基金会(NSF)认为：数字地球是我们这个星球的虚拟展示，它能够使我们对所采集的关于地球的自然与文化信息进行探索和互操作；它包括观测(卫星、GPS、天文台)、通讯(因特网、万维网)、计算(硬件、软件、建模)、科学(地球系统科学等多学科)，是技术与科学的聚合点；它有益于人类更好地理解环境和环境进程，改善对自然资源的管理。

在数字地球概念问题上，热心参与者基本是从各自的业务、技术、数据、权力角度诠释戈尔的原始概念，或者立足已有规划项目，针对数字地球概念做出调整。例如，1998 年10 月，世界电信联盟在经合组织加拿大会议上发表了《数字地球报告》，从网络与通信角度提出见解。美国的网络制图实验(WMT)、数字图书馆(DL)、国家大地图集(National Atlas)、数字政府倡议(Digital Government Initiative)、EPA 环境制图等项目的情况，都可能成为数字地球框架中的原材料。

我国多数学者认为，数字地球不是一个孤立的科技项目或技术目标，而是一个具有整体性、导向性和挑战性的战略目标，要以其来引导地球科学、信息科学技术及其产业的发展。数字地球也不是某个部门、某个领域局部发展的思想和目标，是带有全局性的国家发展战略，在中国提出数字地球概念要符合我国国情。

数字地球将数据的采集、存储、处理、传输、通信等一体化，通过一个系统平台，可最大限度地利用地球信息，分析和处理地球科学问题。数字地球是新技术革命的一个自然发展，是地球科学和信息技术发展的一个重要趋势，也是 21 世纪知识经济的战略制高点，应作为国家发展战略予以重视。数字地球的实现将极大地影响人们的生存和生活方式。

中国对数字地球的响应是比较积极的，从 1998 年开始，陆续有科技部、北京大学、中国科学院、高技术计划 308 主题等机构牵头组织研讨会、部门交流会及报告会等。1998 年北京大学成立"数字地球工作室",1999 年 2 月中国科学院地学部成立"数字地球软课题组",1999 年 4 月由科技部和科学院组织"数字地球战略软课题组",阶段性成果尚未公开。1999 年 11 月,首届数字地球国际会议在北京召开,发表了"数字地球北京宣言",将数字地球推上一个高潮。国家计委主持的地理空间信息协调委员会自 2000 年进入实际运行阶段,但专职于数字地球的组织尚未见报道。

在媒体宣传方面,人民日报、科技日报、中国科学报、科学新闻、中国计算机报、互联网周刊、网络世界、文汇报等均对数字地球进行了大量报道。中央电视台录制了"数字地球"专题节目共 5 集。此外,1998 年 10 月,第一个数字地球中文网站(www. digitalearth. net)开通,同时,电子版"数字地球论坛"开通。从媒体报道来看,数字地球已引起全社会的关注。

与此同时,数字地球专著也相继出版,如中国环境科学出版社出版的《数字地球》,科学出版社出版的《数字地球导论》、《数字地球百问》、《数字地球与空间信息基础设施》和《数字地球——人类认识地球的飞跃》等。

形象地说,数字地球是指整个地球经数字化之后由计算机网络来管理的技术系统。"数字地球"的核心思想有两点:一是用数字化手段统一性地处理地球问题,另一点是最大限度地利用信息资源。

"数字地球"主要是由空间数据、文本数据、操作平台、应用模型组成的。这些数据不仅包括全球性的中、小比例尺的空间数据,还包括大比例尺的空间数据(比如大比例尺的城市空间数据);不仅包括地球的各类多光谱、多时相、高分辨率的遥感卫星影像、航空影像、不同比例尺的各类数字专题图,还包括相应的以文本形式表现的有关可持续发展、农业、资源、环境、灾害、人口、全球变化、气候、生物、地理、生态系统、水文循环系统、教育、军事等不同类别的数据。操作平台是一种开放、分布式的基于 Internet 这样的网络环境的各类数据更新、查询、处理、分析的软件系统。应用模型包括在可持续发展、农业、资源、环境、灾害(水灾、旱灾、火灾)、人口、气候、生物、地理、全球变化、生态系统、水文循环系统等方面的应用模型。

数字地球计划是继信息高速公路之后又一全球性的科技发展战略目标,是国家主要的信息基础设施,是信息社会的主要组成部分,是遥感、遥测、全球定位系统、互联网络(Internet)—万维网(Web)、仿真与虚拟技术等现代科技的高度综合和升华,是当今科技发展的制高点。数字地球是地球科学与信息科学的高度综合。它为地球科学的知识创新与理论深化研究创造了实验条件,为信息科学技术的研究和开发提供了试验基地(Test Bed)或没有"围墙"的开放实验室。数字地球将成为没有校园的、最开放的、面向社会的、最大的学校,也是没有围墙的开放的实验室。数字地球建设将是一场具有更深远意义的技术革命。数字地球将促进产业规模的扩大,创造更多的就业机会;同时,还将使某些行业被淘汰而一些新产业诞生,它将把人类社会推向更高的发展阶段。

"数字地球"的特点具体表现在以下方面:

(1)"数字地球"的数据具有无边无缝的分布式数据层结构,包括多源、多比例尺、多分辨率的、历史和现时的、矢量和栅格格式的数据。

(2)"数字地球"具有一种可以迅速充实的、联网的地理数据库,以及多种可以融合并显示多源数据的机制。

（3）"数字地球"以图像、图形、图表、文本报告这几种形式分别提供免费或收费的全球范围的数据、信息、知识方面的服务。

（4）"数字地球"中的数据和信息同时也按普通、限制、保密等不同保密等级组织起来。不同的用户对不同的数据和信息具有不同的使用权限。

（5）用户可以以多种方式从"数字地球"中获取信息。任何一个用户都可以实时调用，无论生产者是谁，也无论数据在什么地方。国际互联网上的用户可以根据自己的权限查询"数字地球"中的信息，运用具有传感器功能的特制数据手套，还可以对"数字地球"进行各类可视化操作。

7.2.2　数字地球的基本框架

1. 数字地球的特征和性质

数字地球不仅是科技发展的战略目标，而且还是全新的学科领域。

数字地球的学科性质：是由地球系统科学与信息科学技术高度综合的学科，是位于两者之间的边缘学科。

数字地球的研究对象：与地球有关的信息理论、信息技术及信息应用模型。

数字地球的研究方法：侧重运用现代信息技术，包括遥感、遥测、数据库和信息系统、宽带网及仿真与虚拟技术的综合，包括信息化的全部过程。

数字地球的特色：为地球科学的知识创新与理论深化研究开创了实践条件，为信息技术的研究和开发提供了科学试验基地。

数字地球的服务对象：为全球、全国、城市、区域、资源、环境、社会、经济持续发展、科技与教育、行政及管理等开展全面性的服务。

根据以上情况，不难看出数字地球已经具备了形成新学科的要求，所以有充足的理由认为它是新生的学科。

2. 数字地球的基本框架

数字地球作为一门新的学科分支，它由三部分组成：基础理论、技术体系和应用领域。前面所提到的数字地球基础设施，属于技术体系（或技术系统），它们三者之间的关系可以用图 7-7 表示。

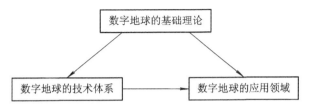

图 7-7　数字地球的框架结构（据承继成等）

7.2.3　数字地球的技术基础

1. 数字地球的主要技术

要在电子计算机上实现数字地球不是一件简单的事，它需要诸多学科，特别是信息科学技术的支撑。这其中主要包括：信息高速公路和计算机宽带高速网络技术、高分辨率卫星影像、空间信息技术、大容量数据处理与存储技术、科学计算以及可视化和虚拟现实技术。

1）信息高速公路和计算机宽带高速网

一个数字地球所需要的数据已不能通过单一的数据库来存储，而需要由成千上万的不同组织来维护。这意味着参与数字地球的服务器将需要由高速网络来连接。为此，美国前总统克林顿早在 1993 年 2 月就提出实施美国国家信息基础设施（NII），通俗形象地称为信息高速公路，它主要由计算机服务器、网络和计算机终端组成。

在 Internet 流量爆发性增长的驱动下，远程通信载体已经尝试使用 10 G/s 的网络，而每秒 10^{15} byte 的因特网正在研究中。本世纪将会有更加优秀的宽带高速网供人们使用。

2）高分辨率卫星影像

遥感卫星影像在卫星遥感问世的 30 多年分辨率已经有了飞快的提高，这里所说的分辨率是指空间分辨率、光谱分辨率和时间分辨率。空间分辨率是指影像上所能看到的地面最小目标尺寸，用像元在地面的大小来表示。从遥感形成之初的 80 m，已提高到 30 m、10 m、5.8 m，乃至 2 m，军用甚至可达到 10 cm。将来获取 1 m 或优于 1 m 的空间分辨率影像将会十分方便。光谱分辨率是指成像的波段范围，分得愈细，波段愈多，光谱分辨率就愈高，现在的技术可以达到 5～6 nm（纳米）量级，400 多个波段。细分光谱可以提高自动区分和识别目标性质及组成成分的能力。时间分辨率是指重访周期的长短。目前，一般对地观测卫星为 15～25 天的重访周期。通过发射合理分布的卫星星座可以实现 3～5 天观测地球一次。

高分辨率卫星遥感图像将可以优于 1 m 的空间分辨率，每隔 3～5 天为人类提供反映地表动态变化的详实数据，从而实现秀才不出门，能观天下事的理想。

3）空间信息技术与空间数据基础设施

空间信息是指与空间和地理分布有关的信息。经统计，世界上的事情有 80% 与空间分布有关，空间信息用于地球研究即为地理信息系统。为了满足数字地球的要求，将影像数据库、矢量图形库和数字高程模型（DEM）三库一体化管理的 GIS 软件和网络 GPS 将会十分成熟和普及，从而可实现不同层次的互操作，一个 GIS 应用软件产生的地理信息将被另一个软件读取。

当人们在数字地球上进行处理、发布和查询信息时，将会发现大量的信息都与地理空间位置有关。例如，查询两城市之间的交通连接，查询旅游景点和路线，购房时选择价廉而又环境适宜的住宅等都需要有地理空间参考。由于尚未建立空间数据参考框架，致使目前在万维网上制作主页时还不能轻易将有关的信息连接到地理空间参考上。因此，国家空间数据基础设施是数字地球的基础。

国家空间数据基础设施主要包括空间数据协调、管理与分发体系和机构，空间数据交换网站、空间数据交换标准及数字地球空间数据框架。这是美国克林顿总统在 1994 年 4 月以行政令下发的任务，美国于 2000 年元月初步建成，我国也将在本世纪初期抓紧建立我国基于 1∶50 000 和 1∶10 000 比例尺的空间信息基础设施。欧洲、俄罗斯和亚太地区也都纷纷进行空间数据基础设施建设。

空间数据共享机制是使数字地球能够运转的关键之一。国际标准化组织 ISO/TC211 工作组正为此而努力工作。只有共享才能发展，共享推动信息化，信息化又进一步推动共享。政府与民间的联合共建是实现共享原则的基本条件,因为任何国家的政府也不可能包揽整个信息化的建设。在我国,要遵循这一规律就必然要求打破部门之间和地区之间的界限,统一标准,联合行动,相互协调,互谅互让,分工合作,发挥整体优势。只有大联合才能形成规模经济的优势,才能在国际信息市场的激烈竞争中争取主动。

4) 大容量数据存储及元数据

数字地球将需要存储 10^{15} 字节的(Quadrillions)信息。美国 NASA(National Aeronautics and Space Administration)的行星地球计划 EOS – AM1 1999 年上天,每天将产生 1000 GB(即 1 TB)的数据和信息,1 米分辨率影像覆盖广东省大约有 1 TB 的数据,而广东只是中国的 1/53,所以要建立起中国的数字地球,仅仅影像数据就有 53 TB。这仅仅是一个时刻的,若是多时相的动态数据,其容量就更大了。目前美国的 NASA 和 NOAA(National Oceanic and Atmospheric Administration)已着手建立用原型并行机管理的可存储 1800 TB 的数据中心,数据盘带的查找由机器手自动而快速地完成。相信随着科技的发展,还会有新的技术发展。

另一方面,为了在海量数据中迅速找到需要的数据,元数据(metadata)库的建设是非常必要的,它是关于数据的数据,通过它可以了解有关数据的名称、位置、属性等信息,从而大大减少用户寻找所需数据的时间。

5) 科 学 计 算

地球是一个复杂的巨系统,地球上发生的许多事件,变化和过程十分复杂且呈非线性特征,时间和空间的跨度变化大小不等,差别很大,只有利用高速计算机,我们今日和跨世纪的未来才有能力来模拟一些不能观测到的现象。利用数据挖掘(Data Mining)技术,我们将能够更好地认识和分析所观测到的海量数据,从中找出规律和知识。科学计算将使我们突破实验和理论科学的限制,建模和模拟可以使我们更加深入地探索所搜集到的有关我们星球的数据。

6) 可视化和虚拟现实技术

可视化是实现数字地球与人交互的窗口和工具,没有可视化技术,计算机中的一堆数字是无任何意义的。

数字地球的一个显著的技术特点是虚拟现实技术。建立了数字地球以后,用户戴上显示头盔,就可以看见地球从太空中出现,使用"用户界面"的开窗放大数字图像;随着分辨率的不断提高,用户看见了大陆,然后是乡村、城市,最后是私人住房、商店、树木和其他天然景观和人造景观;当用户对商品感兴趣时,可以进入商店内,欣赏商场内的衣服,并可根据自己的体型,构造虚拟自己试穿衣服。

虚拟现实技术为人类观察自然、欣赏景观、了解实体提供了身临其境的感觉。最近几年,虚拟现实技术发展很快。虚拟现实造型语言(VRML)是一种面向 Web、面向对象的三维造型语言,而且它是一种解释性语言。它不仅支持数据和过程的三维表示,而且能使用户走进视听效果逼真的虚拟世界,从而实现数字地球的表示以及通过数字地球实现对各种地球现象的研究和人们的日常应用。实际上,人造虚拟现实技术在摄影测量中早已是成熟的技术,近几年的数字摄影测量的发展,已经能够在计算机上建立可供量测的数字虚拟技术。当然,目前的技术是对同一实体拍摄照片,产生视差,构造立体模型,通常是作为模型来处理。进一步的发展是对整个地球进行无缝拼接,任意漫游和放大,由三维数据通过人造视差的方法，构造虚拟立体。

2. 数字地球中的"3S"技术

数字地球的核心是地球空间信息科学，地球空间信息科学的技术体系中最基础和最基本的技术核心是"3S"技术及其集成。没有"3S"技术的发展，现实变化中的地球是不可能以数字的方式进入计算机网络系统的。

"3S"集成包括空基 3S 集成与地基 3S 集成。

（1）空基"3S"集成：发展多种卫星定位系统及惯性导航系统综合定位技术实现高精度、高动态（实时、准实时）空间定位；发展多分辨率、多（超）光谱及智能传感器系统，实现遥感图像信息快速获取；发展模式识别和人工智能方法进行空间信息自动提取，实现空间数据处理的智能化；利用虚拟现实技术进行动态三维景观的虚拟再现，实现空间数据的可视化；GPS、RS、GIS、INS、INSAR、激光成像雷达、摄影测量以及计算机、网络等技术相结合，实现技术系统的集成化，从而实现全天候、一体化的空间数据快速或实时采集、处理；研制网络环境下的数字化测绘生产与管理系统，实现对海量空间数据的网络化处理、管理和生产指挥调度，大大提高测绘生产的数字化、自动化和网络化水平，实现空间数据动态更新和建库。

（2）地基"3S"集成：车载、舰载定位导航和对地面目标的定位、跟踪、测量等实时作业。

7.2.4　数字地球的应用

"数字地球"对人类的积极作用很难确切估量，无论如何想象恐怕都不会过分。"数字地球"对社会和经济发展的意义主要体现在两大方面：

第一，"数字地球"是国家可持续发展和自主创新的必然依托，国家和民族安全的保障，国家经济建设的新的增长点。"数字地球"提供的数据和信息在农业、林业、水利、地矿、交通、通信、新闻媒体、城市建设、教育、资源（土地、森林、水、矿物、海洋等）、环境、人口、海洋以及军事等几十个领域都能产生广阔的社会和经济效益。如农作物监测、农作物估产、农作物面积估算、土地覆盖物的识别和评价、土地和地籍管理、水资源管理、环境监测、资源合理利用、数字天气预报、灾害监测与评估、灾害模拟和预报、渔场预报、智能交通管理、跟踪污染和疾病的传播区域、商业选址、市场调查、移动通信、民用工程、城市管道管理、在线政府公共信息服务等。

第二，在未来以知识经济为主体的经济建设中具有重大的作用。地球是一个有限体，地球上人类赖以生存的、可利用的自然资源无疑也是有限的。由于自然资源的有限，而以计算机技术的发展为特征的信息革命的深入，世界经济模式必然会从现行的以自然资源为主的工业经济模式逐步转换为以信息资源为主的知识经济模式。

在以知识经济为特征的信息社会中，信息是知识经济社会的主要经济资源，数字化信息是知识经济的物质形式。"数字地球"可以包容 80% 以上的人类信息资源，因此，以数字形式处理一切与空间位置相关的空间数据和与此相关的所有文本数据的"数字地球"则是信息资源的主体核心，知识经济社会的基础建设之一就是信息高速公路。"数字地球"是"信息高速公路"的车和货，它们彼此相辅相承，必将对形成一个广泛而又重要的产业产生决定性的影响。

在人类所接触到的信息中有 80% 与地理位置和空间分布有关，地球空间信息是信息高速公路上的货和车。数字地球不仅包括高分辨率的地球卫星图像，还包括数字地图，以及经济、社会和人口等方面的信息，它的应用有时会因为我们的想象力而受到限制，换句话说，数字地球的应用在很大程度上超出我们的想象，在此列举一些现实的应用。

1. 数字地球对全球变化与社会可持续发展的作用

全球变化与社会可持续发展已成为当今世界人们关注的重要问题，数字化表示的地球为我们研究这一问题提供了非常有利的条件。在计算机中利用数字地球可以对全球变化的过程、规律、影响以及对策进行各种模拟和仿真，从而提高人类应对全球变化的能力。数字地球可以广泛地应用于对全球气候变化、海平面变化、荒漠化、生态与环境变化、土地利用变化的监测。与此同时，利用数字地球，还可以对社会可持续发展的许多问题进行综合分析与预测，如自然资源与经济发展、人口增长与社会发展、灾害预测与防御等。

我国是一个人口多、土地资源有限、自然灾害频繁的发展中国家，十几亿人口的吃饭问题一直是至关重要的，资源与环境的矛盾越来越突出。1998 年的洪灾以及黄河断流、耕地减少、荒漠化加剧，已经引起了社会各界的广泛关注。必须采取有效措施，从宏观的角度加强土地资源和水资源的监测和保护，加强自然灾害特别是洪涝灾害的预测、监测和防御，避免第三世界国家和一些发达国家发展过程中走过的弯路。数字地球在这方面可以发挥更大的作用。

2. 数字地球对社会经济和生活的影响

数字地球将容纳大量行业部门、企业和私人添加的信息，进行大量数据在空间和时间分布上的研究和分析。例如，国家基础设施建设的规划，全国铁路、交通运输的规划，城市发展的规划，海岸带开发，西部开发。从贴近人们的生活看，房地产公司可以将房地产信息链接到数字地球上；旅游公司可以将酒店、旅游景点，包括它们的风景照片和录像放入这个公用的数字地球上；世界著名的博物馆和图书馆可以将其收藏以图像、声音、文字形式放入数字地球中；甚至商店也可以将货架上的商品制作成多媒体或虚拟产品放入数字地球中，让用户任意挑选。另外，在相关技术研究和基础设施方面也将会起到推动作用。因此，数字地球进程的推进必将对社会经济发展与人民生活产生巨大的影响。

3. 数字地球与精细农业

农业的发展趋势是要走节约化的道路，实现节水农业、优质高产无污染农业。这就要依托数字地球，每隔 3～5 天给农民送去他们的庄稼地的高分辨率卫星影像，农民在计算机网络终端上可以从影像图中获得他的农田的长势征兆，用 GIS 作分析，制定出行动计划，然后在车载 GPS 和电子地图指引下，实施农田作业，及时地预防病虫害，把杀虫剂、化肥和水用到必须用的地方，而不致使化学残留物污染土地、粮食和种子，实现真正的绿色农业。这样一来，农民也成了电脑的重要用户，数字地球就这样飞入了农民家。到那时，农民也需要有组织、有文化，掌握高科技。

4. 数字地球与智能化交通

智能运输系统(ITS)是基于数字地球建立国家和省、市、自治区的路面管理系统、桥梁管理系统、交通阻塞、交通安全以及高速公路监控系统，并将先进的信息技术、数据通信传输技术、电子传感技术、电子控制技术以及计算机处理技术等有效地集成运用于整个地面运输管理体系,而建立起的一种在大范围内全方位发挥作用的、实时、准确、高效的综合运输和管理系统,实现运输工具在道路上的运行功能智能化,从而使公众能够高效地使用公路交通设施和能源。具体地说,该系统将采集到的各种道路交通及服务信息经交通管理中心集中处理后,传输到公路运输系统的各个用户(驾驶员、居民、警察局、停车场、运输公司、医院、救护排障等部门),出行者可实时选择交通方式和交通路线;交通管理部门可自动进行合理的交通疏导、控制和事故处理;运输部门可随时掌握车辆的运行情况,进行合理调度。从而,使路网上的交通流处于最佳运行状态,改善交通拥挤和阻塞,最大限度地提高路网的通行能力,提高整个公路运输系统的机动性、安全性和生产效率。

对于公路交通而言,ITS 将产生的效果主要包括以下几个方面:

(1) 提高公路交通的安全性。

(2) 降低能源消耗,减少汽车运输对环境的影响。

(3) 提高公路网络的通行能力。

(4) 提高汽车运输生产率和经济效益,并对社会经济发展的各方面都将产生积极的影响。

(5) 通过系统的研究、开发和普及,创造出新的市场。

美国国会 1991 年颁布"冰茶法案"(Intermodel Surface Transportation Efficiency Act,ISTEA),1998 年颁布"续茶法案"(National Economic Crossroad Transportation Efficiency Act,NECTEA),目标是实现高效、安全和利于环境的现代交通体系。

5. 数字地球与 Cybercity

基于高分辨率正射影像、城市地理信息系统、建筑 CAD,建立虚拟城市和数字化城市,实现真三维和多时相的城市漫游、查询分析和可视化。数字地球服务于城市规划、市政管理、城市环境、城市通信与交通、公安消防、保险与银行、旅游与娱乐等,为城市的可持续发展和提高市民的生活质量提供依据和保证。

6. 数字地球为专家服务

数字地球是用数字方式为研究地球及其环境的科学家尤其是地学家服务的重要手段。地壳运动、地质现象、地震预报、气象预报、土地动态监测、资源调查、灾害预测和防治、环境保护等等无不需要利用数字地球。而且数据的不断积累,最终将有可能使人类更好地认识和了解我们生存和生活的这个星球,运用海量地球信息对地球进行多分辨率、多时空和多种类的三维描述将不再是幻想。

7. 数字地球与现代化战争

数字地球是后冷战时期"星球大战"计划的继续和发展。在美国眼里,数字地球的另一种提法是星球大战,是美国全球战略的继续和发展。显然,在现代化战争和国防建设中,数字地球具有十分重大的意义。建立服务于战略、战术和战役的各种军事地理信息系统,并运用虚拟现实技术建立数字化战场,这是数字地球在国防建设中的应用。这其中包括了地形地貌侦察、军事目标跟踪监视、飞行器定位、导航、武器制导、打击效果侦察、战场仿真、作战指挥等方面,对空间信息的采集、处理、更新提出了极高的要求。在战争开始之前需要建立战区及其周围地区的军事地理信息系统;战时利用 GPS、RS 和 GIS 进行战场侦察，信息的更新，军事指挥与调度，武器精确制导；战时与战后进行军事打击效果评估等等。而且，数字地球是一个典型的平战结合、军民结合的系统工程，建设中国的数字地球工程符合我国国防建设的发展方向。

　　总之，随着"3S"技术及相关技术的发展，数字地球将对社会生活的各个方面产生巨大的影响。其中有些影响我们可以想象，有些影响也许我们目前还无法想象。

7.2.5　国家信息基础设施和国家空间数据基础设施

　　数字地球作为一项技术政策，其建立必须要有政府的参与，除了组织和支持相关技术领域的研究之外，最重要的方面就是建设国家信息基础设施（National Information Infrastructure，NII）以及国家空间数据基础设施（National Spatial Data Infrastructure，NSDI）。

　　1. 国家信息基础设施

　　国家信息基础设施是一个能够给用户随时提供大容量信息的由通信网络、计算机、数据库及日用电子产品组成的完备的网络系统。目前全球被广泛采用的信息基础设施就是因特网，而 Web 服务无疑是因特网上最重要的应用。国家信息基础设施将促进经济的发展，其预期效益如下：

　　（1）推动新技术发展，如半导体、高速网络及其软件；

　　（2）形成大型产业，加速经济发展；

　　（3）促进电子商务的发展；

　　（4）协助解决医疗保健问题，降低医疗费用；

　　（5）促进科技研究；

　　（6）促进教育事业；

　　（7）为全国公民服务。

　　2. 国家空间数据基础设施

　　国家空间数据基础设施（NSDI）是国家信息基础设施之后的又一个国家级信息基础设施，其目的是为了协调基础地理空间数据集的收集、管理、分发和共享。空间数据基础设施主要由四个部分组成：数据交互网络体系、基础数据集、法规与标准、机构体系。从技术的角度来看，其内容主要有：空间数据标准、基础空间框架数据、空间数据交换网络及元数据等。

　　根据计算，目前全世界的数据中有 80% 的数据包括空间参考数据内容。也就是说，地理信息已经渗透到各个部门和学科。许多组织和单位都需要利用空间数据进行业务生产或科学研究。这样，确立数据标准，依据相应的制度和法规，指导空间数据的录入和管理，以实现数据共享，可以进一步推动地理信息的使用，使地理信息应用单位不需要重复录入空间数据，减少其工作成本，能为建设国家空间数据基础设施带来最大的收益。另一方面，数字地球的建设属于高新技术，难度大，需要大量资金投入，而国家空间数据基础设施可以视为一个国家数字地球工程重要的第一步，因为它构造了空间数据库，确立了相应的政策、法规和标准，这也是数字地球的实现框架中所必需的。

3. 我国空间数据基础设施建设

全球空间数据基础设施第三次大会于 1998 年 11 月在澳大利亚的堪培拉举行。大会的主题是"全球空间数据基础设施的政策和组织框架",大会的主要结论之一是:认识到国家制图机构(组织)在保证国家准确、实时地获取和更新地理空间框架数据中扮演着重要的角色。这些数据对于促进经济可持续发展,改善环境质量和资源管理,提高公众健康和安全,提高政府、区域、民族和国家的现代化,加快对自然灾害和其他灾害的反应等至关重要。因此,这样的组织在发展全球空间数据基础设施中有决定性的作用。

目前,我国在空间数据基础设施方面由多个部门建立了地理信息资源数据库,如测绘部门的国家基础地理信息系统,国土资源部门的国土资源、地质资源数据库,国家环保部门的环境监测数据库,中国科学院的国家 $\frac{1}{250\,000}$、$\frac{1}{100\,000}$ 土地资源数据库,国家信息中心的国家资源环境与区域经济监测数据库等,其中国家基础地理信息系统 $\frac{1}{1\,000\,000}$、$\frac{1}{250\,000}$、$\frac{1}{50\,000}$ 及 $\frac{1}{10\,000}$ 基础地理数据库是国家空间数据基础设施的重要组成部分,并在国家空间数据基础设施建设中起着基础和重要的作用。这种作用将通过测绘行业在技术升级和资源积累等方面的努力不断加强,推动社会对基础地理信息的广泛应用。

加快国家空间数据基础设施建设主要包括:

(1) 加快建设地理空间数据框架。经过多年的努力,测绘部门已经自主建设了 $\frac{1}{1\,000\,000}$、$\frac{1}{250\,000}$ 基础地理空间数据库,组建了国家基础地理信息中心,已在国家地理信息产业发展过程中占得先机,尽快建立 $\frac{1}{50\,000}$、$\frac{1}{10\,000}$ 地理空间数据库,并且在东部重点城市区域建设更大比例尺现势数据库,将使测绘业在市场经济环境中掌握更为丰富的数据资源、技术优势和组织优势。与此同时,测绘业需要建立面向市场的数据服务业,分别满足国家管理、科学研究和信息服务市场三个领域,提供权威数据,为相关各行业的数据应用奠定基础,并且避免应用部门自行建设基础数据库,压缩测绘业的发展空间。

(2) 加强地理空间数据的生产、使用的协调和管理。例如,地理空间数据采集的分工、协调;国家对基础地理空间数据采集的政策保障和投入机制;共享数据的分类、分级和共享的权利与义务等。要重点研究建立符合中国国情的地理空间数据社会化共享机制,制定一系列政策和法规。一方面确立国家基础地理信息系统的权威地位,另一方面促进地理空间数据的全社会共享。

(3) 制定和完善空间数据标准。本世纪将是空间数据得到全社会广泛应用的时期,人们对空间数据的依赖将大大加强,但是这些共享的空间数据必然是符合一定标准的。而谁制定标准,谁将拥有空间数据生产和管理的主动权。因此,测绘部门必须加快制定、发布和推广空间数据的国家标准。

测绘业应保持国家基础地理信息管理的主导地位,在地理信息获取、处理、分发、应用、网络服务各个环节上加强行业管理,形成具有自主知识产权的技术优势和数据资源优势。

7.3　GIS 新技术

7.3.1　WebGIS

1. 因特网和 GIS

因特网的发展为 GIS 发展带来了极大的便利,同时也为 GIS 理论及技术研究提供了新的领域。作为信息系统及一门学科,因特网的发展对 GIS 的影响主要有:

(1) GIS 研究者利用新闻组或者电子邮件进行 GIS 技术问题的探讨。

(2) 网络远程教育,即教师将教案以 HTML 文档形式放在网上,供学生下载使用,并且可以利用电子邮件进行提问,这样就形成了"虚拟大学(Virtual University)"。

(3) GIS 软件的下载。GIS 软件公司可以定期将其开发软件的最新版本放在其站点上,以供用户下载试用。

(4) 空间数据发布和下载。数据是 GIS 系统中最为重要的部分,数据的录入和预处理也是 GIS 应用开发过程中耗费时间、资金最多的一个环节,而通过因特网实现数据共享,可以降低 GIS 工程的开发成本。由于因特网的迅速发展,促进了电子商务的兴起,空间数据当然也可以作为一种特殊的商品在因特网上发售。与后面提及的 WebGIS 方式相比,这里的数据下载还主要是利用文件传输的方式实现。由于因特网上信息量浩大,常常使得找到真正需要的数据成为一件困难的事情,而应用空间元数据可以使用户迅速定位需要的数据并进行下载。1994 年美国政府开始发展国家空间数据基础设施(NSDI),通过确定元数据标准,要求各级政府机构采用元数据的方式在网络上对其所生产的数据进行描述,达到各机构间数据生产和共享的目的。

(5) 此外,由于因特网的发展,打破了传统的时间—空间联系方式,形成了空间事物的新的组织形式,称为计算机网络信息空间(Cyber Space),是目前人文地理学研究中的热点,也将是 GIS 探讨的重要课题。

2. WebGIS 简介

Web 技术和 GIS 技术相结合,最为激动人心的产物就是 WebGIS(万维网地理信息系统)。WebGIS 就是利用 Web 技术来扩展和完善地理信息系统的一项新技术。由于 HTTP 协议采用基于 C/S 的请求/应答机制,具有较强的用户交互能力,可以传输并在浏览器上显示多媒体数据,而 GIS 中的信息主要是需要以图形、图像方式表现的空间数据,用户通过交互操作,对空间数据进行查询分析。这些特点,就使得人们完全可以利用 Web 来寻找他们所需要的空间数据,并且进行各种操作。具体地讲,WebGIS 的应用可以分为以下几个层面:

1) 空间数据发布

由于能够以图形方式显示空间数据,较之于单纯的 FTP 方式,WebGIS 使用户更容易找到需要的数据。

2) 空间查询检索

利用浏览器提供的交互能力,进行图形及属性数据库的查询检索。

3）空间模型服务

在服务器端提供各种空间模型的实现方法，接收用户通过浏览器输入的模型参数后，将计算结果返回。换言之，利用 Web 不仅可以发布空间数据，也可以发布空间模型服务，形成浏览器/服务器结构（Browser/Server，B/S）。

4）Web 资源的组织

在 Web 上，存在着大量的信息，这些信息多数具有空间分布特征，如分销商数据往往有其所在位置属性，利用地图对这些信息进行组织和管理，并为用户提供基于空间的检索服务，无疑也可以通过 WebGIS 实现。

与传统的地理信息系统相比，WebGIS 有其特殊之处，主要表现在：

（1）它必须是基于网络的客户机/服务器系统，而传统的 GIS 大多数为独立的单机系统；

（2）它利用因特网来进行客户端和服务器之间的信息交换，这就意味着信息的传递是全球性的；

（3）它是一个分布式系统，用户和服务器可以分布在不同地点和不同的计算机平台上。

3. WebGIS 的特点

1）传统的 GIS 的特点及其存在的问题

传统 GIS 上的数据共享都是基于文件共享的低级分布式结构，数据集中存放于服务器，由空间数据库系统进行统一管理，在客户端采用 GIS 桌面系统进行远程文件调用。其存在的主要问题是：

（1）文件服务器结构的处理能力完全依赖于客户端，其效率低下。

（2）客户端的任何操作都要将服务器文件远程复制到本地进行。当多用户并发操作时，网上存在多个备份，因此，数据的完整性难以控制；大量数据频繁传输，易造成网络瓶颈，降低系统性能。

（3）成本高。企业用户使用 GIS 仅限于一般功能，而每个客户端都要配备昂贵的专业 GIS 软件，这无疑是巨大的浪费。

（4）GIS 桌面系统操作复杂，操作人员需要有专业基础和经过专门培训，不适合企业级以及大众化应用。

2）WebGIS 的特点

同传统的 GIS 相比较，WebGIS 具有以下特点：

万维网地理信息系统是地理信息系统在万维网上的实现，是利用万维网技术对传统地理信息系统的改造和发展。与传统的基于桌面或局域网的 GIS 相比，WebGIS 具有以下优点：

（1）更广泛的访问范围。客户可以同时访问多个位于不同地方的服务器上的最新数据，而这一 Internet/Intranet 所特有的优势大大方便了 GIS 的数据管理，使分布式的多数据源的数据管理与合成更易于实现。

（2）平台独立性。无论服务器/客户机是何种机型，无论 WebGIS 服务器端使用何种 GIS 软件，由于使用了通用的 Web 浏览器，用户就可以透明地访问 WebGIS 数据，在本机或某个服务器上进行分布式部件的动态组合和空间数据的协同处理与分析，实现远程异构数据的共享。

（3）可以大规模降低系统成本和减少重复劳动。普通 GIS 在每个客户端都要配备昂贵的专业 GIS 软件，而用户使用的经常只是一些最基本的功能，这实际上造成了极大的浪费。WebGIS 在客户端通常只需使用 Web 浏览器（有时还要加一些插件），其软件成本与全套专业 GIS 相比明显要节省得多，同时也可减少不同部门因数据的重复采集而带来的重复劳动。另外，由于客户端的简单性而节省的维护费用也不容忽视。

（4）更简单的操作。要广泛推广 GIS，就要降低对系统操作的要求，使 GIS 系统为广大的普通用户所接受，而不仅仅局限于少数受过专业培训的专业用户。

4. WebGIS 的实现技术

WebGIS 是网络 GIS 的一个重要组成部分，网络 GIS 的一些概念，如客户机/服务器模式、分布式数据管理等，也可以应用于 WebGIS，但是在 WebGIS 实现时，还要着重考虑两个问题，即控制网络传输数据量以及必须通过浏览器与用户进行交互。

目前已经有多种不同的技术方法被应用于研制实现 WebGIS，包括 CGI（Common Gateway Interface，通用网关接口）方法、服务器应用程序接口（Server API）方法、插件（Plug – ins）法、Java Applet 方法和 ActiveX 方法等，下面对这些技术进行简单的描述和比较。

1) CGI 方法

CGI 是一个用于 Web 服务器和客户端浏览器之间的特定标准，它允许网页用户通过网页的命令来启动一个存在于网页服务器主机的程序（称为 CGI 程序），并且接收到这个程序的输出结果。CGI 是最早实现动态网页的技术，它使用户可以通过浏览器进行交互操作，并得到相应的操作结果。

利用 CGI 可以生成图像，然后传递到客户端浏览器（目前大多数主页的访问者计数器就是采用 CGI 程序实现的）。这样从理论上讲，任何一个 GIS 软件都可以通过 CGI 连接到 Web 上去，远程用户通过浏览器发出请求，服务器将请求传递给后端的 GIS 软件，GIS 软件按照要求产生一幅数字图像，传回远程用户。

实际上，由于设计的原因，大多数 GIS 软件不能直接作为 CGI 程序连接到 Web 上，但是有两种技术比较成功。

（1）用 CGI 启动后端的批处理制图软件，这种软件的特点是用户可以直接在计算机终端逐行地输入指令来制图。其特点是用户的每一个要求都要启动相应的 GIS 软件，如果软件较大，启动时间就会很长。

（2）CGI 启动后端视窗（Windows）GIS 软件，CGI 和后端 GIS 软件的信息交换是通过"进程间通信协议（Inter Process Communication，IPC）"来完成，常用的 IPC 有 RPC（Remote Procedure Call）和 DDE（Dynamic Data Exchange）。由于 GIS 软件是消息驱动的，其优点在于 CGI 只要通过发送消息，驱动 GIS 软件执行特定操作即可，不需要每次重新启动。

2) Server API 方法

Server API 类似于 CGI，两者的不同之处在于 CGI 程序是单独可以运行的程序，而 Server API 往往依附于特定的 Web 服务器，如 Microsoft ISAPI 依附于 IIS（Internet Information Server），只能在 Windows 平台上运行，其可移植性较差。但是 Server API 启动后会一直处于运行状态，其速度较 CGI 快。

3) 插件方法

利用 CGI 或者 Server API，虽然增强了客户端的交互性，但是用户得到的信息依然是静态的。用户不能操作单个地理实体以及快速缩放地图，因为在客户端，整个地图是一个实体，任何 GIS 操作（如放大、缩小、漫游等）都需要服务器完成并将结果返回。当网络流量较高时，系统反应变慢。解决该问题的一个办法是利用插件技术，浏览器插件是指能够同浏览器交换信息的软件，第三方软件开发商可以开发插件以使浏览器支持其特定格式的数据文件。利用浏览器插件，可以将一部分服务器的功能转移到客户端。此外对于 WebGIS 而言，插件处理和传输的是矢量格式空间数据，其数据量较小，这样就加快了用户操作的反应速度，减少了网络流量和服务器负载。插件的不足之处在于，像传统应用软件一样，它需要先安装，然后才能使用，给使用造成了不方便。

4) Java Applet(Java 小应用)方法

WebGIS 插件可以和浏览器一起有效地处理空间数据，但是其明显的不足之处在于计算集中于客户端，称为"胖客户端"，而对于 CGI 方法和 Server API 方法，数据处理在服务器端进行，形成"瘦客户端"。利用 Java 语言可以弥补许多传统方法的不足，Java 语言是一种面向对象的语言，它的最大的优点就是 SUN 公司提出的一个口号"写一次，任何地方都可以运行(Write once, run anywhere.)"，即指其跨平台特性，此外 Java 语言本身支持例外处理、网络、多线程等特性，其可靠性和安全性使其成为因特网上重要的编程语言。

Java 语言经过编译后，生成与平台无关的字节代码(Bytecode)，可以被不同平台的 Java 虚拟机(Java Virtual Machine, JVM)解释执行。Java 程序有两种：一种可以独立运行；另一种称为 Java Applet，只能嵌入 HTML 文件中，被浏览器解释执行。用 Java Applet 实现 WebGIS，优于插件方法之处有：

(1) 运行时，Applet 从服务器下载不需要进行软件安装；

(2) 由于 Java 语言本身支持网络功能，可以实现 Applet 与服务器程序的直接连接，从而使数据处理操作既可以在服务器上实现，又可以在客户端实现，以实现两端负载的平衡。图 7-8 是利用 Java Applet 实现的 WebGIS 系统结构。

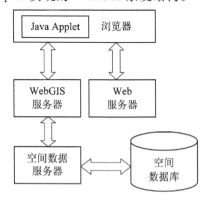

图 7-8　利用 Java Applet 实现的 WebGIS 系统框架

5) ActiveX 方法

另一项可以实现 WebGIS 的技术是 ActiveX，它是在微软公司 OLE(Object Linking and Embedding)技术基础上发展起来的因特网新技术，其基础是 DCOM(Distributed

Component Object Model)。它不是计算机语言，而是一个技术标准。基于这种标准开发出来的构件称为 ActiveX 控件，可以像 Java Applet 一样嵌入到 HTML 文件中，在因特网上运行。与 Java Applet 相比，其缺点是只能运行于 MS – Windows 平台上，并且由于可以进行磁盘操作，其安全性较差，但其优点是执行速度快。此外，由于 ActiveX 控件可以用多种语言实现，这样就可以复用原有 GIS 软件的源代码，提高了软件开发效率。

上面描述了几种 WebGIS 的实现方案，在实际的系统建设中，可以根据待发布数据的数据量、数据类型、Web 服务器软件、客户端的要求等确定采用的方案，选择相应的软件。

目前，在 WWW 领域，可扩展标记语言(Extensible Markup Language，XML)得到了越来越多的重视，它可以成为一种"元语言"，用于定义特定领域的标记语言，同样在空间信息的 Internet 发布中，也可以采用 XML 来定义地理信息的特定语言标记，以容易且一致的方式格式化和传送数据。

5. WebGIS 应用前景

WebGIS 使 GIS 应用走向公众，通过网络可以将空间信息传至千家万户，如美国纽约州某县通过电视有线网向公众发布城市和土地等信息。香港旅游局也正在着手建立香港旅游信息系统，该系统的基础数据直接来源于香港地政署的大型空间数据库，旅游信息则由旅游协会(TA)提供。计划首先在尖沙嘴等旅游热点安装触摸屏，游客可以通过它直接了解香港地理环境和查询旅游信息。

WebGIS 的数据传输量很大，目前 Internet 的速度还不能完全满足需求。MapGuide 的插件大约为 1 MB，使用 28.8 kb/s 的调制解调器(MODEM)也至少需要 6 分钟才能从服务器上下载过来。不过，网络技术日新月异。1997 年 2 月，美国总统克林顿提出"建立快 1000 倍的第二代互联网络，让 12 岁以上的青少年人人都上互联网"。微软正在实施的一项计划中准备发射 840 多颗人造地球卫星，这些卫星将用于取代光纤进行 Internet 数据传输。可以预见，随着 Internet 技术的发展，WebGIS 应用终将走上普通人的办公桌、走进千家万户的家用电脑，与 Internet 本身一样成为人们日常生活必不可少的实用工具。

WebGIS 还可以应用于 Intranet 建立企业/部门内部的网络 GIS，可以在科研机构、政府职能部门、企事业单位得到广泛应用。WebGIS 提供了一种易于维护的分布式 GIS 解决方案。尽管目前的 WebGIS 软件提供的空间分析功能很难满足专业应用的需要，但是随着技术的发展，WebGIS 终将取代传统的 GIS。

7.3.2　组件式 GIS

1. 组件式 GIS（ComGIS）的概念

目前，在软件开发领域，一场新的革命正在悄悄兴起，这是由日趋成熟的组件技术引发的。几年以前，当微软公司首先使用 OLE 的时候，其初衷是为了增强软件的互操作性。然而在使用过程中，人们逐渐认识到这一技术背后的实质性内容和它在软件开发中所扮演的重要角色。组件技术将以前所未有的方式提高软件产业的生产效率，这一点已逐步成为软件开发人员的共识。传统的 Client/Server 结构、群件、中间件等大型软件系统的构成形式都将在组件的基础上重新构造。

组件技术使近几十年兴起的面向对象技术进入到成熟的实用化阶段。在组件技术的概念模式下，软件系统可以被视为相互协同工作的对象集合，其中每个对象都会提供特定的服务，发出特定的消息，并且以标准形式公布出来，以便其他对象了解和调用。组件间的接口通过一种与平台无关的语言 IDL(Interface Define Language)来定义，而且是二进制兼容的，使用者可以直接调用执行模块来获得对象提供的服务。早期的类库提供的是原代码级的重用，只适用于比较小规模的开发形式；而组件则封装得更加彻底，更易于使用，并且不限于 C++之类的语言，可以在各种开发语言和开发环境中使用。

由于组件技术的出现，软件产业的形式也将会有所改变。大量组件生产商会涌现出来，并推出各具特色的组件产品；软件集成商则利用适当的组件快速生产出用户需要的某些应用系统；大而全的通用产品将逐步减少；很多相对较为专业但用途广泛的软件，如 GIS、语音识别系统等，都将以组件的形式组装和扩散到一般的软件产品中。

GIS 技术的发展在软件模式上经历了功能模块、包式软件、核心式软件，从而发展到 ComGIS 和 WebGIS 的过程。传统 GIS 虽然在功能上已经比较成熟，但是由于这些系统多是基于十多年前的软件技术开发的，属于独立封闭的系统。同时，GIS 软件变得日益庞大，用户难以掌握，费用昂贵，阻碍了 GIS 的普及和应用。组件式软件是新一代 GIS 的重要基础，ComGIS 的出现为传统 GIS 面临的多种问题提供了全新的解决思路。

ComGIS 是面向对象技术和组件式软件在 GIS 软件开发中的应用。认识 ComGIS，首先需要了解其所依赖的技术基础——组件式对象模型和 ActiveX 控件。

COM 是组件式对象模型(Component Object Model)的英文缩写，是 OLE 和 ActiveX 共同的基础。COM 不是一种面向对象的语言，而是一种二进制标准。COM 所建立的是一个软件模块与另一个软件模块之间的链接，当这种链接建立之后，模块之间就可以通过称之为"接口"的机制来进行通信。COM 标准增加了保障系统和组件完整的安全机制，COM 可扩展到分布式环境。这种基于分布式环境下的 COM 被称作 DCOM (Distribute COM)。DCOM 实现了 COM 对象与远程计算机上的另一个对象之间直接进行交互。

ActiveX 是一套基于 COM 的可以使软件组件在网络环境中进行互操作而不管该组件是用何种语言创建的技术。作为 ActiveX 技术的重要内容，ActiveX 控件是一种可编程、可重用的基于 COM 的对象。ActiveX 控件通过属性、事件、方法等接口与应用程序进行交互。

一些软件公司专门生产各种用途的 ActiveX 控件，如数据库访问、数据监视、数据显示、图形显示、图像处理及三维动画等等。几个著名的 GIS 软件公司把 COM 技术应用于 GIS 开发，纷纷推出由一系列 ActiveX 控件组成的 ComGIS 软件，如 Intergraph 公司的 GeoMedia、ESRI 的 MapObjects、MapInfo 公司的 MapX 等。

ComGIS 的基本思想是把 GIS 的各大功能模块划分为几个控件，每个控件完成不同的功能。各个 GIS 控件之间，以及 GIS 控件与其他非 GIS 控件之间，可以方便地通过可视化的软件开发工具集成起来，形成最终的 GIS 应用。控件如同一堆各式各样的积木，它们分别实现不同的功能(包括 GIS 和非 GIS 功能)，根据需要把实现各种功能的"积木"搭建起来，即可构成应用系统。

许多 WebGIS 软件包均采用 HTML 标准，活动内容采用 Java applets(SUN 标准)或者 ActiveX(Microsoft 标准)进行传递。新型的分布式面向对象 WebGIS 可以采用 CORBA/Java 或者 DCOM/ActiveX 技术进行开发。ActiveX 控件不仅可以用于一般的 ActiveX 容器程序（如 Visual Basic、Delphi 等），而且能嵌入 Web 页面中。任何 ActiveX

控件都可以设计成 Internet 控件,作为 Web 页面的一部分,Web 页面中的控件通过脚本(Script)互相通信。因此,ComGIS 是 WebGIS 的一种解决方案,而基于这一方案的 Web-GIS 通常比基于 Java 的运行速度快。

2. ComGIS 的特点

ComGIS 的发展符合当今软件技术的发展潮流,同时也极大地方便了应用和系统集成。同传统的 GIS 相比较,这一技术具有以下几方面的特点:

1) 高效无缝的系统集成

一个系统的建立往往需要对 GIS 数据、基本空间处理功能与各种应用模型进行集成。而系统集成方案在很大程度上决定了系统的适用性和效率,不同的应用领域、不同的应用开发者所采用的系统集成方案往往不同。

2) 无需专门的 GIS 开发语言

传统 GIS 往往具有独立的二次开发语言,如 Arc/Info 的 AML、MapInfo 的 MapBasic 等。对 GIS 基础软件开发者而言,设计一套二次开发语言是不小的负担,同时二次开发语言对用户和应用开发者而言也存在学习上的负担,而且使用系统所提供的二次开发语言,开发往往受到限制,难以处理复杂问题。ComGIS 则不需要额外的 GIS 二次开发语言,只需实现 GIS 的基本功能函数,按照 Microsoft 的 ActiveX 控件标准开发接口。这有利于减轻 GIS 软件开发者的负担,而且增强了 GIS 软件的可扩展性。GIS 应用开发者不必掌握额外的 GIS 开发语言,只需熟悉基于 Windows 平台的通用集成开发环境,以及 ComGIS 各个控件的属性、方法和事件,就可以完成应用系统的开发和集成。目前,可供选择的开发环境很多,如 Visual C＋＋、Visual Basic、Visual FoxPro、Delphi、C＋＋ Builder 和 Power Builder 等。

3) 大众化的 GIS

组件式技术已经成为业界标准,用户可以像使用其他 ActiveX 控件一样使用 ComGIS 控件,使非专业的普通用户也能够开发和集成 GIS 应用系统,推动了 GIS 的大众化进程。ComGIS 的出现使 GIS 不仅是专家们的专业分析工具,同时也成为普通用户对地理相关数据进行管理的可视化工具。

4) 成本低

由于传统 GIS 结构的封闭性,往往使得软件本身变得越来越庞大,不同系统的交互性差,系统的开发难度大。ComGIS 提供实现空间数据的采集、存储、管理、分析和模拟等功能,至于其他非 GIS 功能(如关系数据库管理、统计图表制作等),则可以使用专业厂商提供的专门组件,有利于降低 GIS 软件开发成本。另一方面,ComGIS 本身又可以划分为多个控件,分别完成不同功能。用户可以根据实际需要选择所需控件,最大限度地降低了用户的经济负担。

3. ComGIS 的设计与开发

设计 ComGIS 需要根据功能划分为多个控件。划分控件需要根据不同的数据结构和系统模型进行具体分析,要考虑以下几个方面的问题:

(1) 控件间差别最大、控件内差别最小;

(2) 纯设计用模块与将随集成系统发布的模块分开,例如地图符号编辑、线型编辑器应与空间查询分析等模块分开;

（3）相同显示窗口的模块尽可能设计在同一个控件里；

（4）处理相同数据文件的模块尽可能设计在同一个控件里；

（5）剔除空间查询分析控件中不必要的内容，减少 Internet 下载的数据量。

考虑到以上因素，ComGIS 可以划分为数据采集与编辑控件、图像处理控件、三维控件、数据转换控件、地图符号编辑/线性编辑控件、空间查询分析控件等。其中一些无需进行二次开发的模块不一定以组件方式提供，比如数据采集、数据转换、符号编辑/线型编辑等模块可以用独立运行程序方式提供，数据转换模块还可以编译成动态连接库。

传统 GIS 软件与用户或者二次开发者之间的交互，一般通过菜单或工具条按钮、命令及二次开发语言进行。ComGIS 与用户和客户程序之间则主要通过属性、方法和事件交互。

1）属性（Properties）

指描述控件或对象性质（Attributes）的数据，如 BackColor（地图背景颜色）、GPSIcon（用于 GPS 动态目标跟踪显示的图标）等。可以通过重新指定这些属性的值来改变控件和对象性质。在控件内部，属性通常对应于变量（Variables）。

2）方法（Methods）

指对象的动作（Actions），如 Show（显示）、AddLayer（增加图层）、Open（打开）、Close（关闭）等。通过调用这些方法可以让控件执行诸如打开地图文件、显示地图之类的动作。在控件内部，方法通常对应于函数（Functions）。

3）事件（Events）

指对象的响应（Responses）。当对象进行某些动作时（可以是执行动作之前，也可以是动作进行过程中或者动作完成后），可能会激发一个事件，以便客户程序介入并响应这个事件。比如用鼠标在地图窗口内单击并选择了一个地图要素，控件产生选中事件（如ItemPicked）通知客户程序有地图要素被选中，并传回描述选中对象的个数、所属图层等信息的参数。

属性、方法和事件是控件的通用标准接口，适用于任何可以作为 ActiveX 包容器的开发语言，具有很强的通用性。

支持 ActiveX 组件开发的程序设计语言都可以用来开发 ComGIS 软件，比如 Visual C++、Borland C++、Visual Basic、Delphi 等，其中前两种效率高、功能强，较为常用。

ComGIS 开发要注意以下几个方面的问题：

（1）优化的代码和高效的算法。尽管 COM 技术的二进制通信具有很高的效率，与独立运行程序相比较，OCX 控件在运行速度上仍有差距。不过大量实践证明，采用高效的算法并精心优化代码可以使软件整体效率有较大改善。经过对比测试，组件式 GIS 软件——ActiveMap 在图形显示上比目前 Windows 95/NT 平台上大多数商业化 GIS 软件快，其中甚至包括非组件式的 GIS 软件。

（2）紧凑、简练的数据结构。在能够充分表达地理信息并能有效进行各种处理、分析的前提下，软件数据结构要尽可能紧凑。这不仅可以加快数据存取速度，同时也为适应 Internet 传递的需要。

（3）流行 GIS 数据文件的数据引擎除提供与各种 GIS 数据文件格式的数据转换程序外，ComGIS 被设计为可以直接访问多种数据格式也是一大特色。Intergraph 的 GeoMedia 可以直接访问 MGE、Frame、ArcView、SDO（Service Data Objects）等著名软件的数据格式。ActiveMap 也可直接访问 MGE 等流行的数据格式，提高了数据共享方面的能力。

ComGIS 是一种全新的 GIS 概念，在同 MIS 耦合、Internet 应用、降低开发成本和使用复杂性等方面，具有明显优势。同时也打破了以往 GIS 基础软件由少数厂商垄断的局面，小的研究机构和厂商有机会以提供专业组件的方式打入 GIS 基础软件市场。我国 GIS 基础软件起步较晚，ComGIS 技术为我国 GIS 基础软件的开发提供了新的契机。我国 GIS 的发展比发达国家要落后许多年，尤其是 GIS 软件的开发与应用方面差距更大。组件式 GIS 开发平台的出现，特别是国产优秀组件式 GIS 平台的推出，大大缩短了我国与发达国家 GIS 软件之间的差距，为我国中小型 GIS 应用系统的建设带来了新的机遇。我们完全有可能一步跨越几个台阶，直接利用最新的技术，开发出先进的管理系统。

复习与思考题

1. 熟悉 GIS 与遥感的集成。
2. 熟悉 GIS 与 GPS 系统的集成。
3. 简述数字图像处理的主要功能。
4. 简述数字地球的基本概念及其特点。
5. 简述 WebGIS 的主要实现技术。

参 考 文 献

[1] 李志林，朱庆. 数字高程模型. 2 版. 武汉：武汉大学出版社，2003

[2] 黄杏元，汤勤. 地理信息系统概论. 北京：高等教育出版社，2001

[3] 黄杏元，汤勤. 地理信息系统概论. 北京：高等教育出版社，2008

[4] 汤国安，赵牡丹. 地理信息系统. 北京：科学出版社，2007

[5] 邬伦，刘瑜，张晶，马修军，韦中亚，田原. 地理信息系统——原理、方法和应用. 北京：科学出版社，2001

[6] 李建松. 地理信息系统原理. 武汉：武汉大学出版社，2006

[7] 张超. 地理信息系统应用教程. 北京：科学出版社，2007

[8] 邬伦，任伏虎，谢昆青，程承旗. 地理信息系统教程. 北京：北京大学出版社，1994

[9] 孙毅中，盛业华，周卫. 基础地理信息系统. 北京：科学出版社，2006

[10] 刘明德，林杰斌. 地理信息系统 GIS 理论与实务. 北京：清华大学出版社，2006

[11] 李旭祥，沈振兴，刘萍萍，张凡. 地理信息系统在环境科学中的应用. 北京：清华大学出版社，2008

[12] 吕新. 地理信息系统及其在农业上的应用. 北京：气象出版社，2004

[13] 余明，艾廷华. 地理信息系统导论. 北京：清华大学出版社，2009

[14] 张康聪(美). 地理信息系统导论. 3 版. 陈健飞，译. 北京：清华大学出版社，2009

[15] 倪金生，李琦，曹学军. 遥感与地理信息系统基本理论和实践. 北京：电子工业出版社，2004

[16] 吴信才. 地理信息系统原理与方法. 2 版. 北京：电子工业出版社，2009

[17] 田智慧，李永旺，武舫，熊伟. 地理信息系统导论. 郑州：黄河水利出版社，2009

[18] 方群，袁建平，郑谔. 卫星导航定位基础. 西安：西北工业大学，1998

[19] 许其凤. GPS 卫星导航与精密定位. 北京：解放军出版社，1989

[20] 周忠谟，易杰军，周琪. GPS 卫星测量原理与应用. 北京：测绘出版社，1991

[21] 徐绍铨，张华海，杨志强，王泽民. GPS 测量原理及应用. 武汉：武汉测绘大学出版社，1998

[22] 王广运. 差分 GPS 定位技术与应用. 北京：电子工业出版社，1996

[23] 秦永元，张洪钺，汪叔华. 卡尔曼滤波与组合导航原理. 西安：西北工业大学出版社，1998

[24] 申功勋，孙建峰. 信息融合理论在惯性/天文/GPS 组合导航系统中的应用. 北京：国防工业出版社，1998